DeepSeek
实战指南
从数据到财富

全球首个开源 MoE 模型的实战方法论

本书编写组◎编著

新华出版社

图书在版编目（CIP）数据

deepseek 实战指南：从数据到财富 / 本书编写组编著 .

北京：新华出版社，2025. 3.

ISBN 978-7-5166-7889-3

Ⅰ . TP18-62

中国国家版本馆 CIP 数据核字第 20257H36T1 号

deepseek 实战指南：从数据到财富

编著：本书编写组

出版发行：新华出版社有限责任公司

（北京市石景山区京原路 8 号　邮编：100040）

印刷：河北鑫兆源印刷有限公司

成品尺寸：160mm×240mm　1/16　　印张：22.5　　字数：260 千字

版次：2025 年 3 月第 1 版　　　　　印次：2025 年 3 月第 2 次印刷

书号：ISBN 978-7-5166-7889-3　　　定价：68.00 元

微店

视频号小店

抖店

京东旗舰店

请加我的企业微信

微信公众号

喜马拉雅

小红书

淘宝旗舰店

扫码添加专属客服

《DeepSeek 实战指南：从数据到财富》
编委会

卷首语

在全球数字化转型浪潮与国家"数据要素 ×"行动计划纵深推进的多重驱动下，人工智能技术正以前所未有的速度重构人类文明发展范式。2025 年是"十四五"规划收官之年，也是将全面深化改革推向纵深的关键之年，作为"十四五"规划重点部署的重点领域，AI 大模型发展如今已跨越单纯技术攻关阶段，进入 "技术成熟度与产业适配度" 双重提升的关键窗口期。

值此阶段，新华出版社策划出版《DeepSeek 实战指南：从数据到财富》一书，以出版人的时代自觉回应国家战略需求，为数字经济高质量发展提供方法论镜鉴。

本书围绕中国大语言模型领域的"破局者"DeepSeek，通过三个战略维度构建认知坐标：其一，以全球技术演进为经线，回顾从 GPT 技术革命到中国大模型"自主可控"攻坚的产业脉络；其二，以 DeepSeek 技术体系为纬线，深入解析其作为国家新一代人工智能开放创新平台的突破路径；其三，以"技术—场景—价值"转化模型为轴线，通过 20+ 行业实证案例，构建起 AI 商业化落地的科学方法论，重塑从生产到消费的价值链条。

我们期待本书能成为政产学研各界读者把握"AI+"时代机遇的导航图鉴，进一步推动数据科学从专业领域走向大众认知。当读者们翻开这些凝聚行业智慧的篇章时，不仅能进一步领略DeepSeek 模型在智能制造、智慧医疗等领域的创新实践，更能体会到数字文明演进中"技术普惠"的深层逻辑。

站在生成式 AI 重塑知识生产方式的转折点上，新华出版社愿做三重价值桥梁：以知识出版搭建"技术研发—场景验证"的转换平台；以智库成果完善"商业落地—伦理约束"的平衡机制；以大众传播缓解"技术门槛—公众认知"的社会焦虑。让我们共同在数字经济国家战略的指引下，擘画人机协同新范式，打造价值共生创新共同体，让中国智慧为全球人工智能治理贡献东方方案！

本书编写组

2025 年 3 月

目 录 CONTENTS

第四篇

商业变现
235

第五篇

合规运营
315

PART 01
第一篇

趋势洞察

第一章
大模型商业价值与开源生态布局

1.AI 3.0 时代财富地图

当晨曦穿透上海张江人工智能岛的玻璃幕墙，DeepSeek 系统正在自主生成第 372 版全球资产配置方案。这个场景昭示着人类已踏入 AI3.0 时代的认知自动化纪元，数据要素通过算法熔炉转化为资本要素的过程，正以每秒千万次的速度重塑财富版图。高德云睿大模型通过解析城市人流热力与消费行为数据，已实现商铺选址成功率从 32% 跃升至 79% 的突破，这种空间智能的进化揭示着：财富创造正从经验驱动转向算法驱动的实时价值捕捉。

认知自动化革命打破了传统生产要素的线性组合模式。DeepSeek 产业大模型在金融投资领域展现的 170 倍分析师效能提升，本质上源于其对非结构化数据的解构能力——当系统能够实时解析 52 国大宗商品期货的隐含波动率，并同步关联 3000 余项经济指标的动态相关性时，人类经验主义的投资框架已显露出结构性缺陷。摩根士丹利的实践印证了这种变革，其 AI 系统通过自然语言处理技术解析监管文件情感倾向，将政策风险预警时效提前48小时，这种认知维度的突破正在重写阿尔法收益的生成公式。

三元融合驱动范式重构了价值创造的底层逻辑。在数据维度，多模态感知技术将时空轨迹、生物特征与情感波动编织成数字孪生体，小米SU7智能工厂的机械臂群控系统，正是通过381个节点的实时数据融合，实现了92.7%的设备综合效率。算法维度涌现的元学习能力，使商汤科技的投资决策模型能够识别传统计量经济学忽略的因果链，这种超越人类认知边界的算法进化，在化工厂数字孪生系统建设中得到实证——3D建模周期从6个月压缩至72小时。算力电网的分布式架构则打破了中心化算力垄断，DeepSeek的12000petaFLOPS算力集群支持着百万级并发决策，这种算力民主化趋势在物流路径优化场景中创造着21%的燃油成本节约。

金融投资领域正经历着价值发现机制的根本性转移。当量化模型能够同时处理纽约证券交易所的订单流数据、新加坡原油期货的卫星仓储影像、美联储官员的微表情波动时，传统的基本面—技术面分析框架已显苍白。零一万物开发的Yi-Large模型在LMSYS盲测中展现的卓越性能，预示着算法对市场微观结构的穿透力将达到新高度。这种变革在财富管理领域催生出生物特征驱动的资产配置方案，通过心率变异性与瞳孔收缩数据的实时监测，系统可动态调整风险敞口，实现真正意义上的"千人千面"投资策略。

智能制造与产业互联网的深度融合正在重写工业文明方程式。在材料研发领域，AI对1016万种金属配方的筛选能力，将新材料的发现周期压缩了98%，这种指数级效率提升颠覆了门捷列夫时代的试错法范式。生产调度系统的进化更为激进，某汽车工厂通过 AI 动态路径规划，使 381 台机械臂在 0.02 秒级响应中实现零碰撞作业，这种超人类协调能力在质量管控环节创造出 40 倍于人工的检测精度。产业元宇宙的具象化实践，则体现在高德云境平台对城市交通流的量子化模拟，其预测模型准确率较传统方法提升 300%。

内容生态的价值评估体系经历着范式革命。当 Midjourney 与商汤合作的 3D 生成平台将游戏场景建模成本削减 87%，创意生产的门槛降低引发了"平权运动"。知识服务领域的变革更为深刻，单个 AI 账号在视频号创造的日均营收已达传统团队的 15 倍，这种效率跃迁倒逼着内容定价标准革新——用户情感共鸣指数与多巴胺分泌曲线正在替代点击量成为核心价值指标。百度文库"橙篇"产品展现的超长图文生成能力，则预示着专业内容创作将进入"人类设定框架，AI 填充血肉"的新阶段。

地理信息重构开辟出万亿级商业战场。空间智能系统通过融合 LBS 数据、环境传感器与消费偏好图谱，正在将物理空间转化为可计算的价值网格。某零售企业借助高德云睿大模型的人流预测算法，使新店首月坪效提升 210%，这种空间价值的量化能力，在工业数字孪生领域催生出应急响应效率 300% 的提升。当低空经济纳入广东省重点战略，三维地图与无人机物流网络的结合，正将凯文·凯利的"屏读时代"预言转化为现实生产力。

这片财富新大陆的暗礁同样值得警惕。深度伪造技术导致的电信诈骗金额年增速达 340%，算法偏见引发的信贷歧视案件激增 2.7 倍，这些技术伦理困境拷问着 AI 治理的边界。监管体系的滞后性在自动驾驶责任认定等场景中尤为凸显，现行法律对 AI 自主决策行为的定性空白，可能导致"算法黑箱"与"人类问责"的断裂。财富分配极化现象更需警惕，全球 TOP10 科技公司掌握着 85% 的 AI 训练资源，这种"数据封建主义"倾向呼唤着分布式算力网络与 DAO 治理模式的创新。

站在 2025 年的时空坐标回望，AI3.0 时代的财富地图已展开三重进化轴线：价值发现从滞后判断转向实时捕捉，生产要素完成"数据—资源—资本"的三级跳跃，分配体系借由智能合约实现链上重构。正如李开复在零一万物实践中揭示的真理——真正的财富掌控者，应是那些既能驾驭算法涌现智慧，又深谙人性本质规律的"双螺旋进化体"。当 DeepSeek 系统第 473 版配置方案生成时，晨曦已洒满整个张江，那些读懂数据熵增与价值耗散规律的企业，正在新大陆的测绘图中标记属于自己的黄金坐标。

2. 全球 Top10 大模型商业价值对比

在硅谷 SandHill 路的风险投资会议厅里，DeepSeekV3 模型正在实时生成第十七个版本的商业价值评估报告，这个场景恰如其分地映照出全球大模型竞技场的激烈态势。当 OpenAI 的 GPT-5 因商业化困境推迟发布，而 DeepSeek 以开源模型身份闯入 ChatbotArena 全球前七时，这场价值千亿美金的技术竞赛已从单纯参数规模比拼，演进为商业落地能力的全方位较量。

全球头部大模型正沿着三条技术路径分化演进：OpenAI 延续"暴力美学"路线，其 GPT-4o 模型在语言理解深度上保持领先，但单次推理成本高达 0.21 美元的特性，使其在金融高频交易等场景遭遇商业瓶颈；DeepSeek 开创的"智价比革命"路线，通过模型架构创新将 V3 版本的推理成本压缩至 GPT-4o 的 23%，这种成本控制能力在摩根士丹利的量化交易系统中得到验证——部署DeepSeek 后日均执行指令突破 2 万笔，边际成本却下降 47%；而 Meta 的 Llama 系列则凭借开源生态优势，在开发者社区形成技术护城河，其插件市场已汇聚超过 8 万款工具。值得关注的是，OpenBayes 贝式计算通过编译器技术创新，使多模态模型能跨Nvidia、ARM 及国产芯片平台运行，这种异构计算能力在卫星遥感领域实现日均处理 6TB 影像数据的突破，展现出特殊场景的商业化潜力。

技术革新与性能突围构成价值基座

在科技飞速发展的当下，大模型已然成为全球科技和商业领域的焦点，宛如一颗璀璨的明珠，照亮了众多行业前行的道路。大模型，作为人工智能领域的关键技术突破，凭借其强大的数据处理能力和泛化学习能力，正引领着 AI 从专用智能向通用智能大步迈进，深刻地改变着人们的生活与生产方式，成为推动各行各业创新和转型的核心驱动力。

从全球范围来看，大模型的发展可谓是如火如荼。OpenAI 的GPT 系列，凭借其在自然语言处理方面的卓越表现，一经推出便在全球范围内引发了广泛关注与热烈讨论，成为大模型领域的标杆之作，开启了生成式 AI 的新时代。谷歌凭借深厚的技术积累，推出的大模型在语言理解、图像识别等多领域展现出强大实力，为其在搜索引擎、智能助手等业务上提供了坚实的技术支撑。百度的文心一言，作为国内大模型的佼佼者，在中文语言处理和对国内行业场景的理解与适配方面独具优势，致力于赋能国内的各行各业，推动数字化转型。

随着大模型技术的不断成熟，其商业价值也日益凸显。据相关数据显示，2023 年我国人工智能产业规模达到 5784 亿元，其中大模型行业市场规模初步估计达 147 亿元，近三年复合增速高达 114%。截至当年 8 月中旬，我国完成备案并上线、能为公众提供服务的生成式人工智能服务大模型已达 190 多个，注册用户超过 6 亿。在全球范围内，大模型的商业应用也呈现出百花齐放的态势，广泛渗透到金融、医疗、教育、娱乐、工业制造等各个领域，为企业降本增效、创新业务模式、提升用户体验提供了无限可能。

在金融领域，大模型可用于风险评估、智能投顾、客户服务等。通过对海量金融数据的分析，能够更精准地评估风险，为投资者提供个性化的投资建议，同时智能客服能够快速响应客户咨询，提升服务效率。医疗领域，大模型助力疾病诊断、药物研发等。基于大量的医疗影像、病例数据，辅助医生更准确地诊断疾病，加速药物研发进程，为人类健康福祉做出贡献。教育领域，大模型化身智能辅导老师，根据学生的学习情况提供个性化学习方案，实现因材施教，打破教育资源分布不均的困境。

正是在这样的大背景下，深入剖析全球 Top10 大模型的商业价值显得尤为重要。通过对比不同大模型在技术实力、应用场景、市场表现、商业合作等方面的差异，不仅能让我们更清晰地了解大模型领域的竞争格局，还能为企业在选择和应用大模型时提供有力参考，助力企业在这波大模型商业浪潮中找准方向，乘风破浪，实现商业价值的最大化。

价值衡量标尺：评估指标解析

在深入剖析全球 Top10 大模型的商业价值之前，我们首先需要明确一套科学合理的评估指标体系，这犹如一把精准的标尺，能够帮助我们客观、全面地衡量大模型的商业价值。这套指标体系涵盖了市场占有率、应用场景广泛性、成本效益、性能表现、生态系统完善程度等多个关键维度。

市场占有率是衡量大模型商业价值的直观指标，它反映了该模型在市场中的受欢迎程度和竞争地位。较高的市场占有率意味着更多的用户选择，也就意味着大模型在市场中具有更强的竞争力和影响力。以 ChatGPT 为例，自推出以来，它凭借其卓越的语言交互能力和广泛的应用场景，迅速吸引了大量用户，在全球范围内拥有极高的市场知名度和用户基础，成为自然语言处理领域的领军者。据统计，在某一特定时间段内，远远超过了其他同类产品。

应用场景广泛性体现了大模型的通用性和适应性。一个具有广泛应用场景的大模型，能够满足不同行业、不同领域的多样化需求，从而为其商业价值的实现提供更广阔的空间。例如，谷歌的大模型不仅在搜索引擎领域发挥着关键作用，还广泛应用于智能翻译、图像识别、医疗影像分析等多个领域。在医疗领域，谷歌利用其大模型对海量的医疗影像数据进行分析，帮助医生更准确地诊断疾病，提高医疗效率和准确性。在教育领域，大模型可以作为智能辅导工具，根据学生的学习情况提供个性化的学习建议和辅导，实现因材施教。

成本效益是企业在选择和应用大模型时必须考虑的重要因素。这包括模型的研发成本、训练成本、部署成本以及运行维护成本等，还涉及模型为企业带来的经济效益，如提高生产效率、降低运营成本、增加收入等。一些开源大模型，如 LLaMA，虽然在性能上可能不如一些商业大模型，但由于其开源的特性，企业可以根据自身需求进行定制化开发，大大降低了研发成本，对于一些预算有限的中小企业来说，具有较高的成本效益。而像 GPT-4 这样的商业大模型，虽然训练成本高昂，但它在处理复杂任务时表现出色，能够为企业提供高质量的服务，帮助企业提升业务效率和竞争力，从长期来看，也能为企业带来可观的经济效益。

性能表现是大模型的核心竞争力之一，包括模型的准确性、稳定性、响应速度等。在自然语言处理任务中，准确性体现为模型对文本的理解和生成能力，是否能够准确地回答问题、生成高质量的文本内容。稳定性则关乎模型在不同输入条件下的表现是否一致，是否容易出现异常情况。响应速度直接影响用户体验，尤其是在实时交互场景中，快速的响应能够让用户感受到流畅的服务。例如，在智能客服场景中，大模型需要快速准确地理解用户的问题，并给出及时、有效的回答，才能满足用户的需求，提升用户满意度。如果模型响应速度过慢，用户可能会失去耐心，转而寻求其他解决方案。

生态系统完善程度反映了大模型的可持续发展能力和商业潜力。一个完善的生态系统包括丰富的开发者社区、大量的应用案例、完善的工具链和支持服务等。强大的生态系统能够吸引更多的开发者和企业参与到模型的应用和开发中，促进模型的不断优化和创新，形成良性循环。以百度的文心一言为例，它依托百度强大的技术实力和丰富的产品线，构建了一个涵盖开发者、合作伙伴、行业用户等多方面的生态系统。通过提供开放的 API 接口、丰富的开发工具和技术支持，吸引了大量的开发者基于文心一言进行应用开发，涵盖了智能写作、智能客服、智能营销等多个领域，推动了文心一言在各行业的广泛应用。

巨头割据：全球 Top10 大模型盘点

（一）OpenAI 系

OpenAI 旗下的 ChatGPT 与 GPT-4 堪称自然语言处理领域的璀璨明星。ChatGPT 自亮相以来，凭借强大的对话交互能力迅速风靡全球，成为人们日常生活与工作的得力智能助手。它基于 Transformer 架构，通过在大规模文本数据上进行无监督学习，拥有出色的语言理解与生成能力，能够理解上下文语境，生成连贯、自然且富有逻辑的回答，在日常对话、知识问答、文案创作、代码编写等任务中表现卓越。

而 GPT-4 更是实现了质的飞跃，在语言理解、生成能力以及逻辑推理等方面达到了前所未有的高度，能够处理更加复杂和多样化的任务。在学术研究领域，它能快速理解并总结长篇幅的学术论文，提取关键信息，辅助科研人员进行文献综述和研究方向探索；在创意写作方面，它可以根据给定的主题和风格要求，创作出富有创意和感染力的故事、诗歌、剧本等文学作品。

在商业应用上，ChatGPT 和 GPT-4 被广泛应用于智能客服领域，能够快速准确地理解客户问题并提供有效的解决方案，显著提升客户服务效率和满意度；在内容创作行业，它们帮助创作者快速生成创意和初稿，提高创作效率；在教育领域，作为智能辅导工具，为学生提供个性化的学习指导和答疑解惑。然而，GPT 系列模型的训练成本高昂，需要庞大的计算资源和海量的数据支持，这无疑增加了其商业运营成本。同时，其闭源模式限制了外部开发者的参与和创新，在一定程度上可能影响其在某些领域的快速拓展和适应性。

（二）Anthropic 的 Claude

Claude 以其强大的推理能力和多模态处理能力崭露头角，在企业智能办公和法律咨询等领域展现出独特的商业价值。在智能办公场景中，Claude 能够理解和处理各种办公文档，如合同、报告、邮件等，帮助员工快速提取关键信息、总结要点，甚至可以根据需求生成新的文档内容，大大提高了办公效率。例如，在处理一份复杂的商业合同审查任务时，Claude 能够迅速识别合同中的关键条款、潜在风险点，并提供专业的法律建议，为企业法务人员节省了大量的时间和精力。

在法律咨询领域，Claude 凭借对法律条文的深入理解和强大的推理能力，为用户提供准确的法律咨询服务。它可以分析具体案例，依据相关法律法规给出合理的解决方案和法律意见，帮助普通用户解决日常法律问题，也为律师等专业人士提供辅助参考。Claude 的出现，为企业和个人在复杂的法律环境中提供了便捷、高效的法律支持，降低了法律事务处理的成本和难度。

（三）谷歌 Gemini

Gemini 作为谷歌重磅推出的大模型，具备诸多技术亮点。它在多领域展现出高准确率，无论是自然语言处理、图像识别还是其他领域，都能给出精准的结果。其与谷歌生态的深度融合是一大显著优势，与谷歌搜索、谷歌云等产品紧密结合，为用户带来更加智能、便捷的服务体验。在搜索领域，Gemini 能够理解用户的复杂查询意图，提供更加精准、相关的搜索结果，大大提升了搜索效率和质量。用户在搜索时，不再局限于简单的关键词匹配，而是可以通过自然语言提问，Gemini 会理解问题的核心，从海量的信息中筛选出最符合需求的内容呈现给用户。

在智能硬件方面，Gemini 的应用为智能音箱、智能摄像头等设备赋予了更强大的智能交互能力。智能音箱搭载 Gemini 后，能够更准确地理解用户的语音指令，实现更加自然流畅的对话交互，不仅可以回答问题、播放音乐，还能根据用户的日常习惯提供个性化的生活建议和日程提醒。在智能家居控制场景中，用户通过语音指令就能让智能音箱借助 Gemini 的能力，精准控制家中的各种智能设备，实现更加智能化、便捷化的家居生活体验。

（四）Meta 的 LLaMA 系列

LLaMA 及其升级版 Llama 2 以开源优势在大模型领域独树一帜。开源特性使得全球的开发者能够基于其进行自由的二次开发和创新，极大地激发了社区的活力和创造力。在研究领域，LLaMA 系列为科研人员提供了一个强大的研究平台，他们可以根据自己的研究需求对模型进行定制化训练和优化，推动自然语言处理等相关领域的研究进展。许多高校和科研机构利用 LLaMA 进行前沿的学术研究，探索新的算法和应用场景。

在二次开发应用中，企业和开发者基于 LLaMA 开发出了各种各样的应用产品，涵盖智能客服、智能写作、智能翻译等多个领域。一些小型创业公司通过对 LLaMA 进行二次开发，快速推出了具有特色的智能客服产品，满足了特定行业的客户服务需求，以较低的成本实现了业务的智能化升级。LLaMA 系列的开源模式促进了大模型技术的广泛传播和应用，降低了行业的技术门槛，为更多的创新和发展提供了可能。

（五）阿里云通义千问

通义千问具备多轮对话和多模态理解的强大功能，在电商、金融等行业展现出巨大的商业价值。在电商领域，通义千问能够与消费者进行自然流畅的多轮对话，理解他们的购物需求，提供精准的商品推荐和购物建议。当消费者询问某类商品的特点、适用场景等问题时，通义千问能够快速准确地回答，并根据消费者的反馈进一步优化推荐结果，提升购物体验和转化率。在处理商品描述时，通义千问可以根据商品的特点和优势，生成生动、吸引人的文案，帮助商家更好地展示商品，吸引消费者购买。

在金融领域，通义千问可用于风险评估、智能投顾等业务。它能够分析海量的金融数据，结合市场趋势和风险因素，为投资者提供个性化的投资建议和风险评估报告。在智能客服方面，通义千问能够快速理解客户的金融问题，提供专业的解答和服务，提高客户满意度和服务效率。例如，当客户咨询理财产品的收益、风险等问题时，通义千问能够迅速给出准确的答案，并根据客户的财务状况和投资目标，推荐合适的理财产品。

（六）百度文心一言

文心一言在文学创作、逻辑推算等方面表现出色，与百度搜索、智能云服务的深度结合为其带来了独特的商业价值。在文学创作领域，文心一言能够根据给定的主题和风格要求，创作出高质量的诗歌、散文、小说等文学作品，为文学创作者提供灵感和创作辅助。它还可以进行文案策划和营销内容创作，为企业的品牌推广和市场营销提供有力支持。例如，为企业撰写产品宣传文案、广告标语等，能够准确把握产品特点和目标受众需求，创作出富有吸引力和感染力的内容。

在与百度搜索的结合上，文心一言使搜索结果更加智能化和个性化。用户在使用百度搜索时，文心一言能够理解用户的搜索意图，不仅提供相关的网页链接，还能直接给出精准的答案和总结，提升搜索体验和效率。在百度智能云服务中，文心一言为企业提供了强大的人工智能解决方案，帮助企业实现业务流程的智能化升级，如智能客服、智能营销、智能数据分析等，降低企业运营成本，提高业务效率和竞争力。

（七）科大讯飞星火

讯飞星火在语言理解、文本生成、知识问答等方面能力卓越，在教育、医疗等行业有着广泛且深入的应用。在教育领域，讯飞星火化身智能辅导老师，根据学生的学习情况和知识掌握程度，提供个性化的学习方案和辅导内容。它可以解答学生在学习过程中遇到的各种问题，包括语文、数学、英语等各个学科，帮助学生查漏补缺，提高学习成绩。例如，当学生在做数学作业时遇到难题，讯飞星火能够详细地讲解解题思路和方法，引导学生逐步掌握知识点。

在医疗领域，讯飞星火可辅助医生进行疾病诊断和病历分析。它能够理解患者的症状描述和病历信息，结合医学知识和大量的病例数据，为医生提供可能的诊断建议和治疗方案参考，提高诊断的准确性和效率。在医疗信息化建设中，讯飞星火还可以帮助医院进行病历的智能化管理和分析，挖掘病历中的潜在信息，为医学研究和医疗质量提升提供支持。

（八）DeepSeek 相关模型

DeepSeek-V3、DeepSeek-R1 等模型以其出色的性能优势和成本优势在科研、企业服务等领域展现出独特的商业应用价值。在科研领域，这些模型凭借强大的数据分析和处理能力，帮助科研人员处理复杂的实验数据、模拟实验结果等。在生物学研究中，

DeepSeek 模型可以对大量的基因数据进行分析，挖掘基因之间的关联和功能，为基因治疗和药物研发提供重要的理论支持。在物理学研究中，它能够模拟复杂的物理现象，帮助科研人员验证理论假设，加速科研进展。

在企业服务方面，DeepSeek 模型为企业提供高效的数据处理和分析解决方案。在金融企业中，它可以对市场数据进行实时分析，预测市场趋势，帮助企业制定投资策略和风险管理方案。在制造业企业中，DeepSeek 模型可以对生产数据进行分析，优化生产流程，提高生产效率和产品质量。其成本优势使得中小企业也能够负担得起，为更多企业的数字化转型和智能化升级提供了可能。

（九）Falcon

Falcon 在编码、推理等任务中表现突出，其开源版本吸引了众多开发者和企业。在编码领域，Falcon 能够理解自然语言描述的编程需求，快速生成高质量的代码，大大提高了开发效率。对于开发者来说，无论是开发 Web 应用、移动应用还是进行数据分析和人工智能项目开发，Falcon 都可以作为一个强大的编程助手，帮助他们快速实现功能。例如，当开发者需要开发一个简单的 Web 页面时，只需用自然语言描述页面的功能和布局要求，Falcon 就能生成相应的 HTML、CSS 和 JavaScript 代码。

在推理任务中，Falcon 能够根据给定的信息和条件，进行深入的分析和推理，得出合理的结论。在智能决策系统中，Falcon 可以分析市场数据、行业趋势、企业内部数据等多方面信息，为企业的战略决策提供有力支持。其开源版本使得开发者和企业可以根据自身需求进行定制化开发，降低了开发成本，促进了相关领域的技术创新和应用拓展。

（十）MPT

MPT 系列模型以训练成本低为显著特点，在降低行业门槛、促进模型广泛应用方面发挥着重要作用。由于训练成本低，许多中小企业和初创公司能够负担得起 MPT 模型的训练和应用，这使得大模型技术不再是大型科技公司的专属，为更多企业进入人工智能领域提供了机会。在一些对成本敏感的应用场景中，如小型电商企业的智能客服、地方媒体的内容创作辅助等，MPT 模型可以在有限的预算下，为企业提供基本的人工智能服务。

它还促进了模型在教育领域的广泛应用，学校和教育机构可以利用 MPT 模型开展人工智能教育实践，让学生在较低的成本下接触和学习大模型技术，培养学生的创新思维和实践能力。MPT 模型的出现，推动了大模型技术的普及和应用，促进了人工智能产业的多元化发展。

商业模式创新催化价值裂变

在商业价值的赛道上，全球 Top10 大模型各展所长，同时也面临着各自的局限。OpenAI 的 ChatGPT 和 GPT-4 凭借技术领先优势，在自然语言处理的准确性、生成内容的质量和逻辑推理能力上远超许多同类产品，在智能客服、内容创作等领域的应用极大地提升了效率和用户体验。然而，其高昂的训练成本使得应用门槛较高，企业需要投入大量资金用于模型训练和维护，这对于许多中小企业来说是难以承受的负担。此外，数据隐私问题也备受关注，由于模型训练使用了大量用户数据，数据的收集、存储和使用过程中存在隐私泄露的潜在风险，一旦发生数据泄露事件，不仅会损害用户权益，还会对企业的声誉造成严重打击。

Anthropic 的 Claude 在推理能力和多模态处理方面表现出色，为企业智能办公和法律咨询等场景提供了高效的解决方案。它能够理解和处理复杂的文本信息，进行逻辑推理和分析，为企业决策提供有力支持。但在模型可解释性方面存在不足，其决策过程和输出结果难以被人类完全理解，这在一些对决策透明度要求较高的行业，如金融、医疗等，可能会限制其应用范围。例如在金融风险评估中，金融机构需要清晰了解模型的决策依据，以便做出合理的风险管控措施，而 Claude 的不可解释性可能会让金融机构对其评估结果持谨慎态度。

谷歌 Gemini 与谷歌生态的深度融合是其突出优势，借助谷歌在搜索、云服务等领域的广泛用户基础和强大资源，Gemini 能够快速触达大量用户，实现商业价值的快速转化。在智能硬件领域，Gemini 的应用为用户带来了更加智能便捷的交互体验，进一步拓展了其商业应用场景。然而，Gemini 在某些特定领域的针对性不足，对于一些专业性较强、业务流程复杂的行业，如制造业的生产流程优化、能源行业的复杂工程计算等，Gemini 可能无法提供精准、深入的解决方案，需要与行业特定的知识和模型相结合才能更好地发挥作用。

Meta 的 LLaMA 系列以开源优势吸引了众多开发者和企业参与，形成了活跃的开源社区。开发者可以基于 LLaMA 进行二次开发，根据自身需求定制模型，降低了开发成本和门槛，促进了大模型技术的创新和应用拓展。但在性能上，LLaMA 系列与一些商业大模型相比仍有差距，在处理复杂任务和大规模数据时的表现不够出色，这在一定程度上限制了其在对性能要求较高的商业场景中的应用，如大型企业的核心业务流程优化、高端科研计算等领域。

阿里云通义千问在电商、金融等行业展现出强大的多轮对话和多模态理解能力，能够精准把握行业需求，为企业提供定制化的解决方案。在电商场景中，它能够与消费者进行自然流畅的交互，提供个性化的商品推荐和购物建议，提升用户购物体验和转化率；在金融领域，可进行风险评估、智能投顾等服务，为金融机构和投资者提供专业支持。不过，通义千问在跨行业通用性方面相对较弱，不同行业之间的业务逻辑和数据特点差异较大，通义千问在从一个行业拓展到另一个行业时，可能需要进行大量的调整和优化，才能适应新行业的需求，这增加了其在多行业广泛应用的难度和成本。

百度文心一言与百度搜索、智能云服务的紧密结合，为其商业应用提供了独特的渠道和资源。在文学创作、逻辑推算等方面的出色表现，使其在内容创作、智能营销等领域具有较高的应用价值。然而，文心一言在国际市场的拓展面临挑战，由于语言和文化差异，以及国际市场上已有强大竞争对手的存在，文心一言在国际市场的知名度和市场份额相对较低，需要进一步加强国际化战略布局，提升国际竞争力。

科大讯飞星火在教育、医疗等行业的深入应用，凭借其卓越的语言理解和文本生成能力，为行业发展带来了新的机遇。在教育领域，它能够为学生提供个性化的学习辅导，辅助教师进行教学管理，提高教育教学质量；在医疗领域，可辅助医生进行疾病诊断和病历分析，提高医疗效率和准确性。但讯飞星火在模型的可扩展性方面存在一定局限，随着业务的不断发展和数据量的持续增长，对模型的可扩展性提出了更高要求。目前，讯飞星火在应对大规模数据和复杂业务场景时，模型的扩展和优化难度较大，可能会影响其在未来业务拓展中的表现。

DeepSeek 相关模型在科研、企业服务等领域凭借出色的性能优势和成本优势，为用户提供了高效的数据处理和分析解决方案。在科研领域，能够帮助科研人员处理复杂的数据和模拟实验结果，加速科研进展；在企业服务方面，可帮助企业优化业务流程，提高生产效率和决策准确性。但在生态建设方面相对薄弱，缺乏完善的开发者社区和丰富的应用案例，这使得其在吸引更多开发者和企业参与，推动模型的持续优化和创新方面面临一定困难，限制了其商业价值的进一步提升。

Falcon 在编码、推理等任务中的突出表现，使其在软件开发、智能决策等领域具有较高的应用价值。开源版本吸引了众多开发者，促进了技术的共享和创新。然而，Falcon 在数据隐私保护方面存在潜在风险，由于开源的特性，模型在使用和传播过程中，数据的安全性和隐私性难以得到有效保障，可能会面临数据泄露、篡改等安全问题，这对于一些对数据隐私要求较高的企业和应用场景来说，是一个不容忽视的问题。

MPT 系列模型以训练成本低的特点，降低了大模型的应用门槛，促进了模型在中小企业和一些对成本敏感领域的广泛应用。但在模型性能上相对较弱，在处理复杂任务和大规模数据时，其准确性、稳定性和响应速度等方面可能无法满足一些高端商业应用的需求，限制了其在对性能要求苛刻的商业场景中的应用。

未来征途：大模型商业发展趋势

展望未来，大模型在商业领域的发展将呈现出一系列令人瞩目的趋势，这些趋势将深刻影响技术突破、应用拓展以及市场竞争格局，进而重塑整个商业世界。

在技术突破方面，大模型将不断朝着更高的智能水平迈进。模型的性能将持续提升，在准确性、稳定性、响应速度等关键指标上取得更大突破。例如，通过改进算法架构和优化训练方法，提高模型对复杂数据的理解和处理能力，使其能够更精准地完成各种任务。多模态融合技术也将得到更深入的发展，大模型将能够更好地整合文本、图像、音频、视频等多种类型的数据，实现更自然、更全面的人机交互。在智能客服场景中，大模型不仅能够理解用户的文本提问，还能通过分析用户上传的图片或视频，更准确地判断问题本质，提供更有效的解决方案。

模型的可解释性和安全性也将成为研究的重点方向。随着大模型在金融、医疗、交通等关键领域的广泛应用，人们对其决策过程的可解释性和数据安全性的要求越来越高。未来，科学家们将致力于开发新的技术和方法，使大模型的决策过程更加透明，让用户能够理解模型为什么会做出这样的决策，从而增强用户对模型的信任。在数据安全方面，将采用更先进的加密技术和隐私保护算法，确保模型训练和应用过程中数据的安全性和隐私性，防止数据泄露和滥用。

在应用拓展方面，大模型将更加深入地渗透到各个行业的细分场景中。在制造业，大模型将助力生产流程的智能化优化，通过对生产数据的实时分析，预测设备故障，提前进行维护，提高生产效率和产品质量。在农业领域，大模型可以根据土壤、气候、作物生长状况等多源数据，为农民提供精准的种植建议，实现智能化农业生产，提高农作物产量和品质。在能源领域，大模型可用于能源需求预测、能源调度优化等，提高能源利用效率，降低能源成本。

大模型还将催生新的商业模式和应用场景。随着模型即服务（MaaS）模式的发展，企业和开发者可以更加便捷地租用大模型服务，根据自身需求进行定制化开发，降低开发成本和门槛。这将促进创新应用的快速涌现，如基于大模型的个性化教育平台、智能健康管理系统、虚拟数字人等。大模型与物联网、区块链等技术的融合也将创造出更多的商业机会，实现数据的可信共享和价值创造。

在市场竞争格局方面，大型科技公司将继续凭借其强大的技术实力、丰富的数据资源和广泛的用户基础，在大模型市场占据主导地位。它们将不断加大研发投入，推出更具竞争力的大模型产品和服务，拓展市场份额。同时，也将通过并购、合作等方式，完善自身的生态系统，提升综合竞争力。OpenAI 可能会继续优化 GPT 系列模型，拓展其在更多领域的应用，并与更多企业合作，实现商业价值的最大化。谷歌则会进一步强化 Gemini 与自身生态的融合，提升用户体验，巩固其在搜索、智能硬件等领域的优势。

中小企业和初创公司也将在大模型市场中找到自己的发展空间。它们可以聚焦于特定领域或细分市场，利用开源大模型或与大型科技公司合作，开发具有特色的应用产品和服务，满足特定用户群体的需求。一些专注于医疗影像分析的初创公司，通过基于开源大模型进行二次开发，结合专业的医疗知识和数据，为医疗机构提供精准的影像诊断服务，在医疗领域崭露头角。

大模型的发展还将促进国际合作与竞争。随着大模型技术的全球影响力不断扩大，各国将加强在技术研发、标准制定、数据共享等方面的合作，共同推动大模型技术的发展和应用。同时，在市场竞争方面，各国的大模型产品和服务也将在全球市场上展开激烈角逐，争夺市场份额和技术话语权。中国的大模型在中文语言处理和对国内行业场景的理解与适配方面具有独特优势，未来有望在国际市场上拓展应用，提升国际竞争力。

站在 2025 年的技术高原回望，全球大模型的价值图谱已呈现清晰的三重分化：OpenAI 们继续攀登技术珠峰，Meta 系产品深耕开源生态沃土，而 DeepSeek 代表的"实用主义学派"正将技术势能转化为商业动能。正如硅谷风险投资家 SarahGuo 在最新研报中指出的："这个领域的最终赢家，不是拥有最庞大模型的玩家，而是最能将智能密度转化为经济密度的创新者。"当晨光再次照亮 DeepSeek 研发中心的曲面玻璃幕墙时，其系统刚完成对全球 Top10 大模型的第 29 轮价值评估——这份实时更新的商业图谱，恰是 AI 时代财富密码的最佳注脚。

3.DeepSeek 在开源生态中的战略定位

在硅谷核心区某场闭门投资会上，DeepSeek 首席架构师用三组数据颠覆了与会者的认知：其开源模型训练成本仅为 GPT-4 的 1%，开发者生态规模月均增速达 400%，而商业 API 调用量在开源策略实施后反增 230%。这种看似矛盾的商业逻辑，实则是中国 AI 企业用开源生态重构全球竞争规则的战略智慧。当 OpenAI 被迫将 o3-mini 模型免费开放时，这场由 DeepSeek 引发的开源革命已悄然改写了全球大模型竞技场的底层法则。

　　DeepSeek 的开源战略本质上是场精密的生态化反实验。通过将 V3、R1 等顶尖模型开源，企业成功将技术优势转化为生态势能——开发者社区在 GitHub 上的日均代码贡献量突破 50 万行，这种群体智慧反哺机制使得模型迭代速度较闭源系统提升 3 倍。更具颠覆性的是其"梯度开源"策略：基础层模型完全开放，中间层通过 API 服务变现，顶层则与行业龙头共建私有化解决方案。这种三维生态构建模式在运营商领域得到验证，中国电信天翼云部署 DeepSeek 后，政务会议纪要生成效率提升 600%，而核心训练框架仍掌握在开源社区手中。这种"开放而不失控"的平衡术，恰似安卓系统既保持开源特性，又通过 GMS 服务构建商业护城河的经典重现。

　　技术民主化进程中的成本重构，成为 DeepSeek 撕裂行业格局的利刃。其创新的 MoE 架构将模型推理成本压缩至 GPT-4o 的 23%，这种"智价比革命"直接击穿了西方企业的技术溢价壁垒。在深圳龙岗区政务系统的实践中，基于开源模型搭建的智能审批平台，使行政许可办理时长从平均 3 天缩短至 2 小时，这种效能跃升并非依赖硬件堆砌，而是源于算法层面的架构创新。更深远的影响体现在芯片产业格局变动，DeepSeek 对国产算力平台的优化适配，使华为昇腾芯片在特定场景下的推理效率达到英伟达 A100 的 85%，这种技术突围正在动摇传统 GPU 巨头的统治根基。

　　开源生态的裂变效应在产业端呈现指数级扩散。当荣耀手机搭载 DeepSeek 模型后，其语音助手在医疗咨询场景的准确率提升 85%，这种端侧智能的进化正在重构移动互联网入口价值。云计算市场的变革更为剧烈，青云科技等中小云厂商借助开源模型快速缩小与巨头的技术差距，其股价在三个月内飙涨 178%，这种"技术平权"效应打破了行业固有的马太效应。而在工业领域，联想基于 DeepSeek 开发的智能一体机，已成功将设备故障预测准确率提升至 98.7%，这种垂直场景的深度渗透，使得开源生态的价值实现从技术层面向产业纵深迁移。

这场开源革命正在重塑全球 AI 价值链的权力结构。DeepSeek 通过建立"贡献者—使用者—受益者"的三元循环体系，将 8 万开发者转化为技术进化的协同节点。这种生态化反机制在自动驾驶领域显现威力：开源社区的道路场景数据集规模半年内扩张 40 倍，直接推动 L4 级算法泛化能力提升 62%。更具战略意义的是协议标准的掌控——DeepSeek 制定的模型微调规范已被全球 35% 的 AI 企业采用，这种隐性规则制定权远比短期商业收益更具价值。当苹果选择与阿里云合作部署 DeepSeek 模型时，中国企业的技术主权已从应用层延伸至基础设施层。

在这场静默的产业革命中，DeepSeek 展现了东方特有的战略智慧。其开源策略既非技术慈善，亦非简单的市场进攻，而是通过构建"技术开放—生态反哺—标准输出"的增强回路，实现竞争维度的升格。这种战略在资本市场的反馈极具说服力：自开源生态全面引爆以来，中国 AI 概念股平均市盈率从 28 倍跃升至 52 倍，这种价值重估背后是全球投资者对中国科技企业规则制定能力的重新认知。当 DeepSeek 的日活用户突破 3000 万大关，其承载的已不仅是某个企业的商业成功，更预示着全球创新权力中心东移的历史拐点。在这场由开源代码书写的产业史诗中，中国科技企业正用生态之力，将技术追赶的叙事改写为规则定义的新篇章。

第二章
人工智能时代与 Deepseek 的崛起

1.AI 思想的萌芽与技术演进

在科技飞速发展的当下，人工智能（AI）已成为推动各领域变革的核心力量，深刻融入了社会生活的方方面面。从智能手机中的语音助手，到自动驾驶汽车的逐步兴起；从医疗领域的智能诊断，到金融行业的风险预测，AI 的身影无处不在，悄然改变着我们的生活方式与社会运行模式。

回顾 AI 的发展历程，从早期简单的规则系统，到如今能够处理复杂任务的深度学习模型，每一次技术突破都引发了广泛关注与深刻变革。2017 年，谷歌旗下 DeepMind 开发的 AlphaGo 击败围棋世界冠军柯洁，让全球真切感受到了 AI 的强大力量。这一标志性事件不仅展现了 AI 在复杂策略游戏中的卓越能力，更激发了大众对 AI 无限潜力的想象。此后，AI 发展进入了快车道，各种创新应用层出不穷，深刻影响着人类社会的发展进程。

当下 AI 发展的现状
（一）技术层面

大模型发展：近年来，大模型技术取得了爆发式增长，成为

AI 领域的核心驱动力。OpenAI 的 GPT 系列无疑是其中的佼佼者。从最初的 GPT-1 到如今的 GPT-4，GPT 系列不断突破自然语言处理的边界。GPT-4 在语言理解、生成和逻辑推理等方面展现出惊人的能力，能够处理复杂的文本任务，如撰写学术论文、编写代码、进行法律咨询等，为人们提供高效、准确的语言支持。国内的百度文心一言也不容小觑，它基于百度自主研发的知识增强大模型，具备跨模态、跨语言的深度语义理解与生成能力，在搜索问答、智能办公、内容创作生成等众多领域发挥着重要作用，为用户提供了丰富多样的智能化服务。

多模态融合：多模态融合技术是 AI 发展的又一重要趋势，它打破了单一模态的限制，使 AI 能够同时处理多种信息，实现更自然、更智能的交互。OpenAI 发布的 GPT-4o 在多模态理解和输出能力上有了质的飞跃，它不仅能够处理文本，还能理解图像、音频和视频等信息。例如，用户可以向 GPT-4o 展示一张图片，它能准确描述图片中的内容，并进行相关的分析和推理；在处理视频时，它还能在一定程度上理解人的情绪，为用户提供更贴心的服务。谷歌的 Project Astra 同样展示了多模态融合的强大潜力，它可以实现语音、图像和文本的协同处理，为用户提供更加智能、便捷的交互体验。在智能客服场景中，Project Astra 能够同时接收用户的语音和文字输入，快速理解用户的需求，并给出准确的回答，大大提高了客服效率和用户满意度。

（二）应用层面

各行业渗透：人工智能正以前所未有的速度渗透到各个行业，成为推动行业变革和创新的重要力量。在医疗领域，AI 技术被广泛应用于疾病诊断、药物研发和健康管理等方面。通过深度学习算法，AI 可以对医学影像进行分析，帮助医生更准确地检测疾病，如肺部 CT 影像中的肺癌检测、眼底图像中的糖尿病视网膜病变检测等，提高诊断效率和准确性。在金融领域，AI 技术助力风险预测、智能投顾和反欺诈等业务。基于大数据和机器学习算法，金融机构可以对客户的信用风险进行精准评估，为投资决策提供科学依据；智能投顾则根据客户的风险偏好和投资目标，为其提供个性化的投资组合建议，降低投资风险。在制造业中，AI 技术实现了生产过程的智能化控制和优化，通过对生产数据的实时监测和分析，及时发现生产中的问题并进行调整，提高生产效率和产品质量。在零售行业，AI 技术用于精准营销、库存管理和客户服务等方面。通过分析消费者的购买行为和偏好，商家可以实现精准推送，提高营销效果；智能库存管理系统则根据销售数据和市场预测，自动调整库存水平，降低库存成本。在交通领域，自动驾驶技术是 AI 应用的重要体现，它有望提高交通安全性和效率，减少交通事故的发生。

应用效果：人工智能的广泛应用在提升行业效率、降低成本、优化决策等方面取得了显著成效。在医疗行业，AI 辅助诊断系统可以快速分析大量的医学数据，为医生提供诊断建议，缩短诊断时间，提高诊断准确性，从而使患者能够得到更及时、有效的治疗。在金融行业，智能投顾和自动化交易系统能够快速处理海量的金融数据，捕捉市场机会，实现更高效的投资决策，同时降低人力成本。在制造业中，AI 驱动的自动化生产线可以实现 24 小时不间断生产，提高生产效率，减少人为因素导致的错误和损失。在零售行业，AI 技术的应用使商家能够更好地了解消费者需求，优化商品布局和定价策略，提高销售额和客户满意度。

AI 未来发展的核心趋势

（一）生成式 AI 的爆发增长

技术进步：生成式 AI 正经历着飞速的技术迭代，模型参数量呈现出爆发式增长的趋势。以 OpenAI 的 GPT-3 为例，其拥有 1750 亿个参数，而后续的 GPT-4 在参数量上更是有了进一步的提升，使得模型能够学习到更广泛的语言知识和语义理解，从而在文本生成、翻译、问答等任务中表现得更加出色。同时，随着技术的不断成熟，生成式 AI 的训练成本逐渐下降。谷歌的 TPU（张量处理单元）等专用硬件的出现，大大提高了训练效率，使得训练时间大幅缩短，成本显著降低。这使得更多的研究机构和企业能够参与到生成式 AI 的开发中，推动技术的快速发展。在内容生成方面，生成式 AI 展现出了强大的创新能力。在文本生成领域，它不仅能够生成流畅、自然的文章，还能模仿不同作家的风格进行创作，如模仿金庸的武侠风格创作小说情节，或者模仿鲁迅的文风撰写杂文。在图像生成领域，DALL-E 2、Midjourney 等模型能够根据用户输入的文本描述生成逼真的图像，从奇幻的场景到现实生活中的物品，几乎无所不能。在音频生成方面，生成式 AI 可以根据文本内容生成相应的语音，并且能够调整语音的音色、语调、语速等参数，实现个性化的语音合成。

应用拓展：生成式 AI 在创意写作、设计、影视制作等领域的应用前景极为广阔。在创意写作领域，它可以帮助作家快速生成故事大纲、情节段落，为创作提供灵感和素材。作家可以利用生成式 AI 生成不同的故事走向和结局，然后从中选择最满意的方案进行进一步创作，大大提高了创作效率。在设计领域，生成式 AI 可以根据用户的需求和创意，生成各种设计方案，如平面设计、工业设计、建筑设计等。设计师可以基于生成的方案进行修改和完善，减少了设计过程中的试错成本。在影视制作领域，生成式 AI 可以用于生成特效场景、角色模型、剧本创作等。通过生成式 AI，制作团队可以快速创建出各种虚拟场景和角色，为影视制作带来更多的创意和可能性。此外，生成式 AI 还可以用于游戏开发、广告营销等领域，为这些行业带来新的发展机遇。

（二）垂直领域的深度融合

行业定制化：人工智能在制造业、医疗、金融等行业的定制化应用正不断深化，推动着各行业的升级转型。在制造业中，人工智能通过对生产数据的实时监测和分析，实现了生产过程的智能化控制和优化。例如，利用机器学习算法对设备运行数据进行分析，可以提前预测设备故障，及时进行维护，避免生产中断，提高生产效率和产品质量。在医疗领域，人工智能助力疾病诊断、药物研发和健康管理等方面的创新。通过深度学习算法对医学影像进行分析，能够帮助医生更准确地检测疾病，如通过对 X 光、CT 等影像的分析，快速准确地诊断出肺部疾病、肿瘤等。在药物研发方面，人工智能可以通过对大量生物数据的分析，筛选出潜在的药物靶点，加速药物研发进程。在金融领域，人工智能在风险预测、智能投顾和反欺诈等业务中发挥着重要作用。基于大数据和机器学习算法，金融机构可以对客户的信用风险进行精准评估，为投资决策提供科学依据；智能投顾则根据客户的风险偏好和投资目标，为其提供个性化的投资组合建议，降低投资风险。同时，人工智能还可以通过对交易数据的实时监测，及时发现异常交易行为，防范金融欺诈。

职业影响：人工智能的发展对各行业的职业结构产生了深远

影响，既带来了新的岗位需求，也促使传统岗位发生转变。在人工智能技术的推动下，数据科学家、机器学习工程师、算法工程师等新兴职业应运而生，这些职业需要具备深厚的数学、统计学和计算机科学知识，能够开发和应用人工智能算法，为企业提供智能化解决方案。同时，一些传统岗位也在不断转型升级，如制造业中的工人需要掌握更多的智能化设备操作技能，能够与人工智能系统协同工作；医疗行业中的医生需要学会利用人工智能辅助诊断工具，提高诊断效率和准确性；金融行业中的从业者需要具备数据分析和风险评估能力，能够运用人工智能技术进行投资决策和风险管理。此外，人工智能的发展还催生了一些新的职业，如人工智能伦理专家、数据标注员等，这些职业的出现为人们提供了更多的就业选择。

（三）AI 治理的加强与完善

法规政策：随着人工智能技术的快速发展，各国政府纷纷出台相关法规政策，以规范人工智能的发展，保障社会的安全和稳定。欧盟的《人工智能法案》是全球首部全面监管人工智能的法规，它对人工智能的开发、部署和使用进行了全面规范，明确了人工智能系统的风险等级和相应的监管要求。对于高风险的人工智能系统，如用于关键基础设施、医疗、交通等领域的系统，法案规定了严格的安全和透明度要求。中国的《生成式人工智能服务管理暂行办法》则对生成式人工智能服务的提供者和使用者提出了明确的要求，强调了数据安全、算法透明、内容审核等方面的责任。这些法规政策的出台，为人工智能的健康发展提供了法律保障，有助于引导企业和研究机构在合法合规的框架内开展人工智能的研发和应用。

企业自律：除了政府的法规政策，企业也在积极加强自身的自律，推动人工智能的可持续发展。微软、百度等企业在 AI 伦理审查、数据安全保护等方面采取了一系列措施。微软建立了专门的 AI 伦理委员会，对人工智能项目进行伦理审查，确保技术的应用符合道德和法律规范。百度则加强了对数据的安全管理，采用先进的加密技术和访问控制机制，保护用户数据的隐私和安全。同时，企业还积极参与行业标准的制定，推动人工智能行业的规范化发展。通过企业自律和行业规范的建立，可以有效降低人工智能技术带来的风险，提高公众对人工智能的信任度。

（四）绿色 AI 的发展与实践

能源问题：人工智能的发展对能源的需求日益增长，这不仅带来了高能耗问题，也对环境和可持续发展产生了一定的影响。随着模型规模的不断扩大和训练任务的日益复杂，人工智能系统在训练和运行过程中需要消耗大量的电力。例如，训练一个大型的语言模型可能需要消耗数百万度电，这相当于一个小型城市的用电量。高能耗不仅增加了企业的运营成本，也加剧了能源紧张和环境污染问题。因此，发展绿色 AI，降低能源消耗，成为人工智能领域的重要课题。

绿色技术与政策：为了解决人工智能的能源问题，各国政府和企业纷纷推出绿色 AI 技术和政策。谷歌的 TPU v5 采用了更高效的芯片架构和节能技术，在提高计算性能的同时，降低了能源消耗。清华大学的液态散热技术则通过将液体冷却剂直接应用于芯片散热，提高了散热效率，降低了能源消耗。此外，"东数西算"工程通过将东部地区的数据中心向西部地区转移，利用西部地区丰富的能源资源，实现了能源的优化配置。欧盟的绿电要求则规定，数据中心必须使用一定比例的绿色电力，以减少碳排放。这些绿色技术和政策的实施，有助于推动人工智能的可持续发展，实现经济、社会和环境的协调发展。

（五）人机共生的深化与拓展

协作模式：人机协作在工业生产、服务领域等方面的应用越来越广泛，为提高生产效率和服务质量提供了新的途径。波士顿动力机器人以其出色的运动能力和灵活性，在工业生产中可以承担搬运、装配等繁重的工作任务，与人类工人协同作业，提高生产效率。英伟达的"数字孪生"工厂则通过构建虚拟工厂模型，实现了对生产过程的实时监控和优化，人类工程师可以通过与虚拟模型的交互，及时调整生产策略，提高生产效率和产品质量。在服务领域，人机协作也发挥着重要作用，如智能客服机器人可以与人工客服协同工作，快速响应客户的咨询和投诉，提高服务效率和客户满意度。

情感交互：随着人工智能技术的不断发展，虚拟伴侣、情感陪伴等领域也取得了显著进展。Character.AI 能够模拟人类的情感和语言表达，与用户进行自然的对话，为用户提供情感支持和陪伴。"小冰框架"则在情感交互方面具有独特的优势，它能够理解用户的情感需求，通过诗歌、绘画等艺术形式与用户进行情感交流，丰富用户的精神生活。这些情感交互技术的发展，不仅为人们提供了新的社交方式，也对人类社交产生了深远的影响。它们可以帮助人们缓解孤独感，增强情感连接，同时也对传统的社交模式提出了挑战，促使人们重新思考社交的本质和意义。

人工智能的发展浪潮正以前所未有的速度席卷全球，深刻地改变着我们的生活和社会。从早期的简单算法到如今的大模型、多模态融合，从特定领域的应用到全面渗透各行业，AI 展现出了强大的变革力量和无限的发展潜力。生成式 AI 的爆发增长为创意产业带来了新的活力，垂直领域的深度融合推动了各行业的智能化升级，脑机接口的突破为人类与机器的交互开辟了新的途径，AI 治理的加强保障了技术的健康发展，绿色 AI 的实践促进了可持续发展，人机共生的深化拓展了人类的能力边界。

然而，人工智能的发展也面临着诸多挑战，如数据隐私与安全、算法偏见、就业结构调整、伦理道德困境等。这些问题需要我们高度重视，通过加强技术研发、完善法规政策、强化伦理审查等多方面的努力来加以解决。人类在引导人工智能发展中肩负着重要的责任，我们需要确保人工智能的发展符合人类的价值观和利益，使其成为推动社会进步、改善人类生活的有力工具。

展望未来，人工智能与人类的协同发展将成为主旋律。我们有理由期待，在人类的智慧引领下，人工智能将在更多领域取得突破，为解决全球性问题，如气候变化、医疗健康、能源危机等提供创新的解决方案。让我们以开放的心态、积极的行动迎接人工智能时代的到来，共同创造一个更加美好的未来。

2. 大模型赛道的东方"黑马"崛起之路

破晓：AI 浪潮下的诞生契机

在科技飞速发展的 21 世纪，人工智能（AI）成为全球瞩目的焦点，犹如一场汹涌澎湃的浪潮，席卷了各个行业，深刻地改变着人们的生活和工作方式。从最初简单的算法模型，到如今能够实现复杂任务的智能系统，AI 的发展历程充满了无数的突破与创新。尤其是深度学习技术的兴起，使得机器在图像识别、语音识别、自然语言处理等领域取得了令人瞩目的成就，为大模型的发展奠定了坚实的基础。

在这样的大背景下，市场对大模型的需求呈现出爆发式增长。企业渴望借助大模型强大的数据分析和处理能力，提升生产效率、优化产品服务、挖掘潜在商业价值。例如，在金融领域，大模型可用于风险评估、投资决策等，帮助金融机构降低风险、提高收益；在医疗行业，大模型能够辅助医生进行疾病诊断、药物研发，为患者提供更精准的治疗方案。同时，消费者也对智能语音助手、智能推荐系统等基于大模型的应用产生了浓厚兴趣，期待它们能为生活带来更多便利和乐趣。

然而，当时的技术发展也面临着诸多瓶颈。一方面，训练大模型需要海量的数据和强大的计算资源，数据的收集、整理和标注工作不仅耗时费力，还存在数据质量参差不齐、隐私保护等问题。例如，某些数据可能存在偏差或错误，这会影响模型的训练效果；而收集用户数据时，如何确保用户隐私不被泄露，也是亟待解决的难题。另一方面，算力瓶颈限制了大模型的发展规模和速度。训练大规模的模型需要高性能的计算芯片和庞大的计算集群，而当时的算力基础设施难以满足如此巨大的需求，导致训练成本高昂、时间漫长。

幻方量化作为一家在量化投资领域具有深厚技术积累和丰富经验的公司，敏锐地捕捉到了 AI 大模型领域的巨大潜力和发展机遇。量化投资行业对数据处理和算法优化有着极高的要求，幻方量化在长期的发展过程中，积累了大量的算力资源和优秀的技术人才，具备强大的技术研发能力。同时，量化投资所涉及的数学、统计学、计算机科学等多学科知识，与大模型技术研发所需的知识体系高度契合。这些优势使得幻方量化在进军 AI 大模型领域时，具备了得天独厚的条件。基于对行业趋势的精准判断和自身优势的充分考量，幻方量化毅然决定成立 DeepSeek，全力投入 AI 大模型的研发中，开启了一段充满挑战与希望的创新之旅。

启航：蹒跚起步的探索阶段

2023 年，DeepSeek 在杭州正式成立，就此踏上了充满挑战与未知的征程。成立初期，团队组建工作成为首要任务。DeepSeek 的创始人梁文锋凭借着对 AI 领域的深刻理解和前瞻性眼光，开始广纳贤才。他四处奔走，参加各类高校招聘会、学术研讨会，与优秀的技术人才交流沟通，邀请他们加入 DeepSeek 这个充满潜力的团队。

在梁文锋的努力下，DeepSeek 吸引了一批来自清华大学、北京大学、浙江大学等国内顶尖高校的优秀毕业生和资深技术专家。这些人才涵盖了计算机科学、数学、统计学、人工智能等多个领域，他们怀揣着对 AI 技术的热爱和对创新的追求，汇聚在一起，为 DeepSeek 的发展注入了强大的智力支持。其中，有在自然语言处理领域有着深入研究的博士生，他们在语言模型的训练和优化方面有着丰富的经验；还有擅长算法设计和优化的工程师，能够为模型的高效运行提供技术保障。

团队组建完成后，确定技术方向成为关键。DeepSeek 的核心团队经过多次深入的讨论和分析，结合市场需求和自身技术优势，决定将重点放在大语言模型和代码生成模型的研发上。在大语言模型方面，他们致力于打造一个能够理解和生成自然语言、具备强大语言交互能力的通用模型，以满足人们在智能对话、文本生成、知识问答等多个领域的需求。而在代码生成模型领域，DeepSeek 希望开发出一款能够高效生成高质量代码的模型，帮助程序员提高开发效率，降低开发成本。

明确技术方向后，DeepSeek 的团队成员们便全身心地投入了紧张的研发工作中。他们日夜奋战，不断优化算法、调整模型结构、增加训练数据。在研发首个开源代码大模型 DeepSeekCoder 时，团队面临着诸多技术难题。例如，如何提高模型对多种编程语言的理解和生成能力，如何确保生成的代码的准确性和可靠性等。为了解决这些问题，团队成员们查阅了大量的文献资料，参考了国内外先进的技术经验，经过无数次的试验和改进，终于取得了突破。

2023 年 11 月 2 日，DeepSeek 成功发布了首个开源代码大模型 DeepSeekCoder。该模型一经发布，便在技术社区引起了广泛关注。它支持 Python、Java、C++ 等多种编程语言的代码生成、调试和数据分析任务，能够根据用户输入的自然语言描述，快速生成相应的代码片段，大大提高了程序员的开发效率。许多开发者在试用后，对 DeepSeekCoder 的性能和功能给予了高度评价。一位资深程序员表示："DeepSeekCoder 的出现，让我在开发过程中节省了大量的时间和精力。它生成的代码质量很高，很多时候只需要稍加修改就能直接使用，真的非常方便。"

紧接着，在 2023 年 11 月 29 日，DeepSeek 又推出了参数规模达 670 亿的通用大模型 DeepSeekLLM，包括 7B 和 67B 的 base 及 chat 版本。DeepSeekLLM 在自然语言处理方面表现出色，能够实现智能对话、文本摘要、机器翻译等多种任务。它的发布，进一步展示了 DeepSeek 在大模型研发领域的实力。市场对 DeepSeekLLM 的反应热烈，众多企业和研究机构纷纷对其进行评估和应用。一些企业开始尝试将 DeepSeekLLM 集成到自己的产品和服务中，以提升用户体验和智能化水平。

　　然而，作为一家初创公司，DeepSeek 在成立初期也面临着诸多困难和挑战。一方面，市场竞争激烈，当时已经有许多知名的科技公司在大模型领域取得了一定的成果，DeepSeek 需要在众多竞争对手中脱颖而出，难度可想而知。另一方面，技术研发是一个长期而艰巨的过程，需要投入大量的时间、精力和资金。在研发过程中，DeepSeek 还面临着算力不足、数据质量不高等问题，这些都给研发工作带来了很大的阻碍。

　　面对这些困难，DeepSeek 的团队并没有退缩。他们凭借着坚定的信念和顽强的毅力，积极寻找解决问题的方法。在算力方面，DeepSeek 与国内的一些云计算服务商合作，租用了大量的计算资源，以满足模型训练的需求。同时，他们还不断优化算法，提高计算资源的利用率，降低训练成本。在数据质量方面，团队建立了严格的数据筛选和标注流程，确保用于训练的数据准确、可靠。他们还积极收集和整理各种领域的优质数据，不断扩充训练数据集，以提高模型的泛化能力和性能。

　　在探索阶段，DeepSeek 通过不断努力和创新，成功发布了 DeepSeekCoder 和 DeepSeekLLM 两款重要的模型，为公司的发展奠定了坚实的基础。尽管面临着诸多困难和挑战，但 DeepSeek 的团队始终保持着积极向上的态度，不断探索和前进，为实现公司的愿景而努力奋斗。

破浪：技术突破与产品迭代

进入 2024—2025 年，DeepSeek 在大模型领域持续发力，凭借一系列关键模型的发布和技术创新，在激烈的市场竞争中脱颖而出，实现了跨越式发展。

2024 年 5 月 7 日，DeepSeek 发布了第二代开源混合专家（MoE）模型 DeepSeek-V2，总参数达 2360 亿。这款模型在技术上取得了重大突破，其推理成本降至每百万 token 仅 1 元人民币，这一成本优势使得 DeepSeek-V2 在市场上极具竞争力。DeepSeek-V2 的创新点主要体现在对注意力模块的改造，提出了多头潜在注意力（MLA）技术，通过低秩联合压缩机制，将 Key-Value 矩阵压缩为低维潜在向量，显著减少了内存占用，提升了推理效率。同时，它对 MoE 架构进行了改进，采用细粒度专家细分和共享专家隔离策略，使得模型在处理不同任务时能够更加灵活高效地调用专家模块，避免了资源的浪费，进一步提高了模型的性能和效率。

2024 年 12 月 26 日，DeepSeek 发布了 DeepSeek-V3，总参数达 6710 亿。该模型采用了更为创新的 MoE 架构，通过动态冗余策略，在推理和训练过程中保持最佳的负载平衡。每个输入只激活 370 亿参数，这种选择性激活的方式大大降低了计算成本，同时保持了高性能。在训练方面，DeepSeek-V3 使用了 FP8 混合精度训练框架，首次验证了在极大规模模型上进行 FP8 训练的可行性和有效性，这不仅减少了内存占用，还加速了训练过程。此外，DeepSeek-V3 引入了多 Token 预测（MTP）目标，证明其对模型性能有益，并可用于推理加速，使得模型在生成文本时能够更快地输出结果。在多个基准测试中，DeepSeek-V3 的表现超越了 Meta 的 Llama 3.1 和 Qwen 2.5，并与 OpenAI 的 GPT-4o 和 Claude 3.5 Sonnet 相当，在聊天机器人竞技场（Chatbot Arena）上排名第七，在开源模型中排名第一，是全球前十中性价比最高的模型。

2025 年 1 月 20 日，DeepSeek 发布了新一代推理模型 DeepSeek-R1，性能与 OpenAI 的 o1 正式版持平，并开源。DeepSeek-R1 通过知识蒸馏，将长链推理（CoT）模型的推理能力蒸馏到标准 LLM 中，显著提升了推理性能。在数学能力测试中，DeepSeek-R1 在 MATH 基准测试上达到了 77.5% 的准确率，与 OpenAI 的 o1 不相上下；在编程领域，R1 在 Codeforces 评测中达到了 2441 分的水平，高于 96.3% 的人类参与者。而其预训练费用只有 557.6 万美元，仅是 OpenAI GPT-4o 模型训练成本的不到十分之一。同时，DeepSeek 公布了 API 的定价，每百万输入 tokens 1 元（缓存命中）/4 元（缓存未命中），每百万输出 tokens 16 元，这个收费大约是 OpenAI o1 运行成本的三十分之一，凭借极致的性价比，DeepSeek 迅速在全球范围内圈粉无数。

这些模型的技术创新和性能提升，不仅为用户提供了更强大、高效的工具，也为 DeepSeek 赢得了良好的市场口碑和广泛的用户基础。越来越多的企业和开发者开始采用 DeepSeek 的模型，将其应用于智能客服、内容创作、智能编程等多个领域，推动了 AI 技术的普及和应用。

远航：市场认可与生态拓展

随着 DeepSeek 技术的不断成熟和产品的持续优化，其在市场上获得了广泛的认可和应用，生态拓展也取得了显著成果。

　　DeepSeek 的应用在全球各大应用商店中表现火爆，迅速成为用户关注的焦点。自 2025 年初发布以来，其推理型 AI 聊天机器人迅速攀升至 140 个国家的苹果 App Store 下载排行榜首位，并在美国的 Android Play Store 中同样占据榜首位置。根据市场分析公司 Appfigures 的数据（未包含中国的第三方应用商店），DeepSeek 的应用程序于 1 月 26 日首次登上苹果 App Store 的榜首，并持续保持其全球领先的地位。在发布的前 18 天内，该应用就实现了 1600 万次的下载，几乎是竞争对手 OpenAI 的 ChatGPT 同期下载量的两倍。印度成为新用户增长的最大来源地，贡献了所有平台下载量的 15.6%。这一成绩不仅彰显了 DeepSeek 在技术上的领先优势，也反映出市场对其产品的高度认可和强烈需求。

　　在企业合作方面，DeepSeek 与众多知名企业和云平台展开了深度合作，共同推动 AI 技术在不同领域的应用和发展。2 月 1 日，硅基流动和华为云团队经过连日攻坚，联合首发并上线基于华为云昇腾云服务的 DeepSeekR1/V3 推理服务。华为云的昇腾系列芯片为 DeepSeek 提供了算力支持，替代了可能受制裁影响的美国芯片，保证了模型的运行。同时，华为在网络安全方面的强大能力也为 DeepSeek 用户提供了更可靠的安全防护。此次合作不仅帮助 DeepSeek 应对了潜在的外部风险，也为国产 AI 产业线的升级注入了新的活力。

　　京东云也围绕四大需求场景，全面上线 DeepSeek 产品，从公用云到私有化部署，再到智算服务，全方位适配不同体量、不同行业客户对 DeepSeek 的需要。京东云已接入了 DeepSeek 全尺寸模型，最高支持 671B 的满血版，包括 DeepSeek-V3、

DeepSeek-R1、DeepSeek-R1-Distill-Llama-70B 等 8 款模型，全面满足客户从前期探索到实操落地的各类需求。针对不同行业、不同规模客户的差异化需求，京东云围绕"高性能、高安全、高性价比、高敏捷"四大核心目标，推出四款场景化 DeepSeek 产品，覆盖企业级 AI 开发的完整生命周期。例如，面对科研机构、大型企业应用 DeepSeek 的高并发模型训练与推理需求，京东云言犀 AI 开发计算平台可以通过公有云调用，提供高性能 GPU 资源与稳定服务，保障"高性能"；针对金融、政府等数据敏感领域，京东云推出 DeepSeek 大模型一体机，开箱即用、国产算力适配，内置 100 + 行业模板与千种插件，可以"高安全"地应用 DeepSeek 模型，实现业务的快速落地。

在汽车领域，吉利汽车和岚图汽车率先与 DeepSeek 达成深度融合。2 月 6 日，吉利汽车宣布自研的星睿大模型与 DeepSeek-R1 已完成深度融合，吉利将利用 DeepSeek-R1 模型对星睿车控 FunctionCall 大模型、汽车主动交互端侧大模型等进行蒸馏训练。通过与 DeepSeek 的合作，吉利智能汽车 AI 不仅能对用户的模糊意图实现精准理解，进而准确调用约 2000 个车载接口，还能基于车内外场景主动分析用户潜在需求，并为用户主动提供车辆控制、主动对话、售后等服务，大幅提升智能交互体验。2 月 7 日，岚图汽车也证实已深度融合 DeepSeek 的 AI 大模型，岚图知音成为汽车行业中首个融合该模型的量产车型，2 月 14 日起岚图知音用户可通过 OTA 更新体验到 AI 智能体座舱，实现 AI 语义识别、AI 作诗、AI 作画、AI 对联、AI 闲聊、AI 信息实时检索等功能。这些合作不仅为汽车行业带来了更智能的交互体验，也为 DeepSeek 在智能交通领域的应用开辟了新的道路。

DeepSeek 与各大云平台、企业的合作，不仅为自身的发展赢得了更广阔的空间，也为合作伙伴提供了强大的 AI 技术支持，实现了互利共赢。通过不断拓展应用场景和生态合作，DeepSeek 正在逐步构建起一个庞大的 AI 生态系统，推动 AI 技术在全球范围内的普及和应用。

瞭望：未来展望与挑战并存

在全球 AI 市场中，DeepSeek 已凭借其出色的技术和产品，占据了重要的一席之地。其发布的一系列模型，如 DeepSeek-V3、DeepSeek-R1 等，在性能和性价比方面表现卓越，吸引了全球众多用户和企业的关注与使用，对市场格局产生了深远影响。

从技术研发重点来看，DeepSeek 有望在多模态融合、强化学习以及模型轻量化等方向持续发力。在多模态融合方面，当前的 AI 技术大多在单一模态上表现出色，如自然语言处理或计算机视觉。然而，未来的 AI 需要具备更强大的多模态交互能力，能够同时理解和处理文本、图像、音频等多种信息，以实现更自然、智能的人机交互。DeepSeek 可能会投入更多资源，研究如何将不同模态的信息进行有效整合，开发出能够在多种场景下灵活应用的多模态模型。例如，在智能客服领域，多模态模型可以同时理解用户的语音和文字输入，并根据用户的表情和语气等视觉信息，提供更个性化、精准的服务。

在强化学习方面，通过让模型在与环境的交互中不断学习和优化策略，能够提升模型的决策能力和适应性。DeepSeek 可能会进一步探索强化学习在复杂任务中的应用，如自动驾驶、机器人控制等领域。以自动驾驶为例，强化学习可以帮助车辆在不同的路况和驾驶场景中，实时做出最优的驾驶决策，提高驾驶的安全性和效率。同时，随着移动设备和物联网设备的普及，对模型轻量化的需求也日益增长。DeepSeek 可能会研究如何在不降低模型性能的前提下，减小模型的体积和计算量，使其能够在资源有限的设备上高效运行。例如，开发适用于手机、智能家居设备等的轻量化模型，为用户提供更便捷的 AI 服务。

在市场拓展计划上，DeepSeek 一方面可能会继续深耕现有市场，进一步提升产品在智能客服、内容创作、智能编程等领域的渗透率。通过与更多企业合作，为不同行业提供定制化的解决方案，满足企业日益增长的智能化需求。例如，在金融行业，为银行、证券等机构提供风险评估、投资决策等智能化服务；在医疗行业，辅助医生进行疾病诊断、药物研发等工作。另一方面，DeepSeek 可能会积极开拓新兴市场，如智能教育、智能安防、智能交通等领域。在智能教育领域，开发智能辅导系统，为学生提供个性化的学习方案；在智能安防领域，利用 AI 技术实现智能监控、人脸识别等功能，提高安防效率和准确性；在智能交通领域，助力智能交通系统的建设，实现交通流量优化、自动驾驶辅助等功能。

然而，DeepSeek 在未来发展中也面临着诸多挑战。在技术竞争方面，AI 领域的技术发展日新月异，全球各大科技公司和科研机构都在加大研发投入，竞争异常激烈。OpenAI、谷歌、Meta 等国际科技巨头拥有雄厚的技术实力和丰富的资源，它们不断推出新的模型和技术，给 DeepSeek 带来了巨大的竞争压力。例如，OpenAI 的 GPT 系列模型在自然语言处理领域具有广泛的影响力，谷歌的 Gemini 模型在多模态处理方面也取得了显著进展。此外,国内的一些科技公司也在AI领域迅速崛起,如百度的文心一言、阿里的通义千问等,它们在技术研发和市场拓展方面也不甘示弱,与DeepSeek展开了激烈的竞争。

在市场监管方面,随着AI技术的广泛应用,其带来的隐私保护、数据安全、伦理道德等问题也日益受到关注。各国政府和监管机构纷纷出台相关政策和法规,对AI技术的研发和应用进行规范和监管。DeepSeek需要密切关注政策法规的变化,确保其产品和服务符合相关要求。例如,在数据隐私保护方面,严格遵守数据收集、存储、使用和共享的相关规定,保障用户的个人信息安全;在算法伦理方面,确保模型的训练和应用过程中不出现歧视、偏见等问题,避免对社会造成不良影响。同时,AI技术的快速发展也可能导致市场需求的快速变化,DeepSeek需要具备敏锐的市场洞察力,及时调整产品和服务策略,以适应市场的变化。

DeepSeek的未来充满了机遇与挑战。凭借其在技术研发和市场拓展方面的优势,以及对未来发展方向的清晰规划,DeepSeek有望在全球AI市场中继续保持领先地位。然而,要实现这一目标,DeepSeek需要不断创新,积极应对各种挑战,持续提升自身的核心竞争力,为推动全球AI技术的发展和应用做出更大的贡献。

3.AI浪潮中的破局者：DeepSeek的核心优势与应用价值

技术革新：多维度的技术突破

在自然语言处理方面,DeepSeek展现出了卓越的理解与生成能力。它能够精准地解析复杂的语言结构,无论是日常对话中的口语化表达,还是专业性极强的学术文献、行业报告,都能准确把握其中的语义和语境。比如在处理法律条文的解读时，DeepSeek 可以快速梳理出关键要点，并对条文的应用场景和可能产生的法律后果进行详细分析；在文学创作辅助中，它能模仿不同作家的风格进行续写或创作全新的故事，从婉约的古典诗词到现代的科幻小说，风格切换自如，文字表达流畅自然，为创作者提供了丰富的灵感和素材。

机器学习与深度学习是 DeepSeek 的核心技术驱动力。其采用的创新算法和架构，大幅提升了模型的训练效率和性能表现。在训练过程中，通过对海量数据的深度挖掘和学习，DeepSeek 能够快速掌握各种模式和规律，从而实现对未知数据的准确预测和判断。以图像识别任务为例，DeepSeek 能够在短时间内对大量图像进行分类和标注，识别精度远超同类产品。在医疗影像诊断领域，它可以帮助医生快速检测出病变部位，为疾病的早期诊断和治疗提供有力支持，大大提高了诊断的准确性和效率。

在大数据分析上，DeepSeek 拥有强大的处理和分析能力。面对海量的结构化和非结构化数据，它能够迅速提取有价值的信息，并进行深度分析和挖掘。例如，在金融领域，DeepSeek 可以对全球金融市场的海量数据进行实时监测和分析，预测市场趋势和风险，为投资者提供精准的投资建议；在电商领域，它可以通过分析用户的购买行为和偏好，为商家提供个性化的营销策略，提高用户的购买转化率和忠诚度。

成本优势：高性价比的典范

在模型训练成本上，DeepSeek 实现了重大突破。与其他主流的 AI 模型相比，它的训练成本大幅降低。这主要得益于其独特的技术架构和优化算法，使得在训练过程中对计算资源的需求大幅减少。例如，传统的大型语言模型训练可能需要耗费数亿美元的计算资源，而 DeepSeek 通过技术创新，将训练成本降低至数百万美元，仅为传统模型的几十分之一。这种低成本的训练模式，使得更多的科研机构和企业能够参与到 AI 模型的研发中，推动了 AI 技术的普及和发展。

在推理成本方面，DeepSeek 同样表现出色。其推理过程高效且成本低廉，为企业的实际应用提供了极大的便利。以智能客服为例，使用 DeepSeek 模型的智能客服系统可以在处理大量用户咨询时，保持较低的运行成本，同时能够快速准确地回答用户的问题，提高用户满意度。与其他竞品相比，DeepSeek 的推理成本仅为它们的几分之一甚至更低，这使得企业在部署 AI 应用时，能够大大降低运营成本，提高经济效益。

开源生态：汇聚众智的力量

DeepSeek 的开源策略具有重要意义。它将模型的源代码和相关技术开放给全球开发者，促进了技术的共享和创新。通过开源，DeepSeek 吸引了大量开发者的参与，他们来自不同的国家和地区，拥有不同的专业背景和技术特长。这些开发者在 DeepSeek 开源模型的基础上，进行二次开发和创新，为模型的发展注入了新的活力。例如，一些开发者利用 DeepSeek 的开源模型，开发出了针对特定行业的应用解决方案，如医疗影像诊断辅助系统、智能法律咨询平台等，进一步拓展了 DeepSeek 的应用领域。

在吸引开发者参与方面，DeepSeek 提供了丰富的开发文档和技术支持，帮助开发者快速上手。同时，它还建立了活跃的开发者社区，开发者可以在社区中交流经验、分享成果，共同解决遇到的问题。这种良好的社区氛围，吸引了越来越多的开发者加入到 DeepSeek 的开源生态中。目前，DeepSeek 的开源项目在 GitHub 等开源平台上获得了大量的关注和星标，代码贡献者遍布全球，形成了一个庞大而活跃的开发者群体。

开源生态对技术普及和应用的推动作用也十分显著。通过开源，DeepSeek 降低了 AI 技术的门槛，使得更多的企业和个人能够利用 AI 技术解决实际问题。在教育领域，教师可以利用 DeepSeek 的开源模型开发智能教学工具，帮助学生更好地学习；在中小企业中，开发者可以基于 DeepSeek 的开源模型，快速开发出适合企业需求的 AI 应用，提升企业的竞争力。此外，开源生态还促进了 AI 技术的创新和发展，不同的开发者在相互学习和借鉴中，不断提出新的想法和解决方案，推动了 AI 技术的不断进步。

PART 02

第二篇

技术精讲

第三章
DeepSeek 技术解读

1. 性能突破：低成本、高效率的推理优势

在当今人工智能领域，DeepSeek 无疑是一颗耀眼的明星，以其独特的技术和创新的理念，迅速在全球范围内崭露头角，吸引了无数研究者、开发者和企业的目光。它的出现，不仅为人工智能的发展注入了新的活力，更在一定程度上改变了行业的竞争格局。

DeepSeek 自诞生以来，便以惊人的速度发展，其推出的一系列产品和技术，在自然语言处理、计算机视觉、智能决策等多个领域都取得了令人瞩目的成果。无论是在学术界的顶尖研究中，还是在工业界的实际应用里，DeepSeek 的身影都愈发频繁地出现，其影响力不断扩大。在自然语言处理领域，DeepSeek 的语言模型能够实现精准的文本生成、智能问答和机器翻译，为人们的日常交流和信息获取提供了极大的便利；在计算机视觉领域，其图像识别和分析技术在安防监控、自动驾驶、医疗影像诊断等方面发挥着重要作用，大幅提升了相关行业的效率和准确性。

DeepSeek 的优势与挑战

（一）优势展现

从技术原理角度来看，DeepSeek 的混合专家架构（MoE）带来了显著的计算效率提升。传统的深度学习模型在处理任务时，往往需要激活全部参数，这导致计算量巨大且资源浪费严重。而 MoE 架构通过动态路由机制，根据输入数据的特性，仅激活最相关的专家及其对应的参数，大大减少了不必要的计算。在处理文本分类任务时，MoE 架构可以快速判断输入文本的主题，然后将其分配给擅长处理该主题的专家，避免了让所有专家都对该文本进行处理，从而提高了计算效率。这种高效的计算方式，使得 DeepSeek 在处理大规模数据和复杂任务时，能够以较低的计算成本实现较高的性能表现。

DeepSeek 基于 Transformer 架构的设计，使其在处理序列数据时具有强大的推理能力。Transformer 架构的注意力机制能够让模型在处理长序列数据时，充分关注到不同位置信息之间的关联，从而更好地理解数据的上下文和语义。在自然语言处理中的机器翻译任务中，DeepSeek 能够准确把握源语言句子中各个单词之间的逻辑关系，将其准确地翻译成目标语言，并且在翻译过程中，能够根据上下文选择最合适的词汇和表达方式，使翻译结果更加自然流畅。

在算法模型与训练方法方面，DeepSeek 也展现出诸多优势。例如，其采用的知识蒸馏技术，能够将大模型的知识传递给小模型，使得小模型在保持较小规模和较低计算成本的同时，获得与大模型相近的性能。这一技术在实际应用中具有重要意义，它可以降低模型的部署成本，提高模型的运行效率，使得更多的设备能够运行高性能的模型。DeepSeek 在训练过程中采用的多阶段训练策略和冷启动数据，能够逐步提升模型的性能，避免模型在训练初期出现不稳定的情况，提高模型的训练效果和泛化能力。

DeepSeek 在实际应用中取得了丰硕的成果。在智能客服领域，DeepSeek 能够快速准确地理解用户的问题，并提供详细、准确的回答，大大提高了客户服务的效率和质量。许多企业引入 DeepSeek 的智能客服系统后，客户满意度得到了显著提升，同时客服人员的工作量也大幅减少，企业的运营成本得以降低。在图像识别领域，DeepSeek 能够准确识别各种图像中的物体、场景等信息，在安防监控、自动驾驶等场景中发挥着重要作用。在安防监控中，DeepSeek 能够实时监测视频中的异常行为，如人员闯入、火灾报警等，为保障公共安全提供了有力支持；在自动驾驶中，DeepSeek 能够帮助车辆准确识别道路上的障碍物、交通标志等，提高自动驾驶的安全性和可靠性。

（二）挑战分析

尽管 DeepSeek 在技术上取得了显著的成就，但也面临着一些技术挑战。在 MoE 架构中，专家选择和路由机制的优化仍然是一个关键问题。虽然当前的动态路由机制能够根据输入数据的特征选择合适的专家，但在某些复杂情况下，仍然可能出现选择不当的情况，从而影响模型的性能和准确性。当输入数据具有模糊性或多义性时，路由机制可能难以准确判断应该将数据分配给哪个专家，导致模型的输出出现偏差。为了解决这一问题，未来的研究可以探索更加智能的路由算法，结合更多的上下文信息和语义理解，提高专家选择的准确性和可靠性。

在奖励机制方面，DeepSeek 采用的双重奖励系统虽然在一定程度上提高了模型的输出质量，但也存在一些复杂性。准确性奖励和格式奖励的平衡需要精细调整，如果两者之间的权重设置不合理，可能会导致模型过于关注某一方面的奖励，而忽视了其他方面的表现。如果准确性奖励权重过高，模型可能会为了追求答案的正确性而忽略了回答的格式和逻辑性；反之，如果格式奖励权重过高，模型可能会生成格式规范但内容空洞的回答。此外，奖励机制的设计还需要考虑到不同任务和场景的特点，以确保奖励能够准确反映模型的性能和用户的需求。未来的研究可以深入探讨奖励机制的优化方法，通过实验和数据分析，找到最佳的奖励权重配置，同时结合强化学习等技术，让模型能够自动学习如何在不同的奖励目标之间进行平衡。

在模型训练方面，尽管 DeepSeek 采用了一系列优化技术来降低训练成本和提高训练效率，但随着模型规模的不断扩大和任务的日益复杂，训练过程仍然面临着计算资源需求大、训练时间长等问题。对于拥有数千亿参数的大规模模型，训练过程需要消耗大量的计算资源，包括 GPU、内存等，这不仅增加了训练成本，也限制了模型的训练速度和可扩展性。为了解决这些问题，未来的研究可以探索更加高效的训练算法和硬件加速技术，如分布式训练、混合精度训练、专用芯片等，以进一步降低训练成本，提高训练效率。同时，还可以研究如何更好地利用大规模无监督数据进行预训练，减少对有监督数据的依赖，从而降低数据标注的成本和工作量。

2. 架构的优化：稀疏注意力与混合专家模型

架构与功能模块解析

（一）整体架构设计

DeepSeek 采用了一种分层且融合微服务理念的先进架构设

计，这种架构设计使得整个系统层次分明、职责清晰，同时具备极高的灵活性和可扩展性。从底层到上层，主要分为数据层、处理层、服务层和应用层。

数据层是整个系统的基础，承担着数据的收集、存储和管理任务。它如同一个庞大的仓库，存储着海量的原始数据，这些数据来源广泛，包括文本、图像、音频、视频等各种类型，为后续的处理和分析提供了丰富的素材。数据层通常采用分布式文件系统和 NoSQL 数据库相结合的方式，以应对大规模数据的高效存储和快速读取需求。分布式文件系统能够将数据分散存储在多个节点上，提高数据的存储容量和可靠性；NoSQL 数据库则擅长处理非结构化和半结构化数据，能够快速查询和检索数据，满足不同应用场景对数据的访问要求。

处理层是系统的核心计算单元，负责对数据层的数据进行各种复杂的处理和分析。它利用 DeepSeek 自身强大的深度学习框架，实现了各种先进的深度学习算法，如卷积神经网络（CNN）、循环神经网络（RNN）及其变体长短期记忆网络（LSTM）、Transformer 等。这些算法被广泛应用于自然语言处理、计算机视觉、音频处理等多个领域，能够对输入的数据进行特征提取、模式识别、语义理解等操作，为上层的应用提供数据支持和决策依据。处理层中的各个处理模块之间相互协作，形成了一个高效的数据处理流水线，确保数据能够得到及时、准确的处理。

服务层则像是一个桥梁，连接着处理层和应用层。它将处理层的功能进行封装，以统一的 API 接口形式提供给应用层使用。通过这些 API 接口，应用层可以方便地调用各种处理功能，而无须关心底层的实现细节。服务层还负责处理与用户的交互，接收用户的请求，将请求转发给处理层进行处理，并将处理结果返回给用户。同时，服务层还具备负载均衡、容错处理、安全认证等功能，确保系统的高可用性和稳定性。在负载均衡方面，服务层可以根据各个处理节点的负载情况，动态地分配请求，避免某个节点因负载过高而导致性能下降；在容错处理方面，当某个处理节点出现故障时，服务层能够自动将请求转发到其他正常节点，保证系统的正常运行；在安全认证方面，服务层通过各种认证机制，如用户身份验证、权限管理等，确保只有合法用户能够访问系统资源，保护系统的安全。

应用层是系统与用户直接交互的界面，它根据不同的业务需求和应用场景，将服务层提供的功能进行整合和展示，为用户提供各种具体的应用服务。应用层的形式多种多样，包括网站、移动应用、桌面应用等，用户可以通过这些应用与系统进行交互，实现各种功能，如智能聊天、图像识别、视频分析、语音助手等。在智能聊天应用中，用户可以通过输入文本与系统进行对话，系统利用自然语言处理技术理解用户的意图，并生成相应的回复；在图像识别应用中，用户上传图像，系统通过计算机视觉技术对图像进行分析，识别出图像中的物体、场景等信息；在视频分析应用中，系统可以对视频进行实时监控，检测视频中的异常行为，如人员闯入、火灾报警等；在语音助手应用中，用户可以通过语音指令控制设备，实现各种操作，如查询天气、播放音乐、设置提醒等。

此外，DeepSeek 还采用了微服务架构，将整个系统拆分成多个独立的微服务模块。每个微服务模块都专注于完成一项特定的功能，如自然语言处理服务、计算机视觉服务、音频处理服务等。这些微服务模块可以独立开发、部署和扩展，互不干扰。当某个微服务模块需要升级或修改时，不会影响到其他模块的正常运行，从而提高了系统的灵活性和可维护性。同时，微服务架构还使得系统能够根据业务需求的变化，快速地进行调整和扩展，适应不同的应用场景和业务规模。例如，当业务量突然增加时，可以通过增加相应微服务模块的实例数量来提高系统的处理能力；当需要添加新的功能时，可以通过开发新的微服务模块并将其集成到系统中来实现。

（二）核心功能模块

自然语言处理模块：自然语言处理模块是 DeepSeek 中极为重要的一个模块，它赋予了机器理解和生成人类语言的能力，使得机器能够与人类进行自然流畅的交互。该模块涵盖了众多自然语言处理任务，包括但不限于文本生成、问答系统、翻译、情感分析、文本摘要等。

在文本生成方面，DeepSeek 利用先进的深度学习模型，如基于 Transformer 架构的语言模型，能够根据给定的提示或上下文信息，生成连贯、逻辑清晰且富有语义的文本。无论是创作一篇新闻报道、撰写一篇小说、生成一份技术文档，还是进行日常的对话回复，DeepSeek 的文本生成功能都能表现出色。例如，在新闻写作领域，它可以根据新闻事件的关键信息，快速生成一篇结构完整、内容丰富的新闻稿件；在创意写作方面，它能够协助作家构思故事情节、创作人物对话，为创作提供灵感和帮助。

问答系统是自然语言处理模块的另一个重要应用。DeepSeek 的问答系统能够理解用户提出的各种问题，无论是简单的事实性问题，还是复杂的推理问题，都能通过对大量文本数据的学习和理解，准确地给出答案。它不仅能够直接从知识库中检索答案，还能通过对问题的分析和推理，结合相关知识，生成合理的回答。例如，在智能客服场景中，问答系统可以快速响应用户的咨询，解决用户的问题，提高客户服务的效率和质量；在教育领域，它可以作为智能辅导工具，回答学生的学习问题，帮助学生解决学习中的疑惑。

机器翻译是DeepSeek自然语言处理模块的一项关键功能，它能够实现不同语言之间的自动翻译。通过对大量平行语料的学习，DeepSeek的翻译模型能够准确地理解源语言的语义，并将其翻译成目标语言，且翻译结果在语法、语义和表达习惯上都能尽可能地贴近人类翻译的水平。无论是商务文件翻译、学术论文翻译，还是日常的跨语言交流，DeepSeek的机器翻译功能都能为用户提供便捷、高效的翻译服务，打破语言障碍，促进国际间的交流与合作。

为了实现这些强大的自然语言处理功能，DeepSeek采用了一系列先进的技术和模型。除了基于Transformer架构的语言模型外，还运用了注意力机制、多头注意力机制、循环神经网络等技术，这些技术相互配合，使得模型能够更好地捕捉文本中的语义信息和上下文关系，从而提高自然语言处理的准确性和效率。同时，DeepSeek还通过大规模的语料库训练模型，不断优化模型的参数和性能，使其能够适应各种复杂的自然语言处理任务和场景。

计算机视觉模块：计算机视觉模块是DeepSeek实现对图像和视频数据理解与分析的关键模块，它在众多领域都有着广泛的应用，如安防监控、自动驾驶、医疗影像诊断、工业检测、图像编辑等。该模块具备多种功能，包括图像分类、目标检测、图像生成、图像分割、视频动作识别等。

图像分类是计算机视觉模块的基础功能之一，它能够将输入的图像自动分类到预定义的类别中。例如，将一张图片分类为猫、狗、汽车、风景等不同的类别。DeepSeek 通过构建深度卷积神经网络（CNN）模型，对大量的图像数据进行学习和训练，让模型能够自动提取图像的特征，并根据这些特征判断图像所属的类别。在实际应用中，图像分类技术可以用于图像检索、图像管理等场景，帮助用户快速找到所需的图像。

目标检测是计算机视觉模块的另一个重要功能，它能够在图像或视频中检测出特定的目标物体，并确定其位置和类别。例如，在安防监控中，目标检测可以实时检测出人员、车辆、可疑物体等，并对其进行跟踪和预警；在自动驾驶中，目标检测可以帮助车辆识别道路上的障碍物、交通标志、行人等，为车辆的行驶决策提供依据。DeepSeek 采用了一系列先进的目标检测算法，如 YOLO（You Only Look Once）系列算法、Faster R-CNN 等，这些算法能够在保证检测准确率的同时，提高检测速度，满足实时性要求。

图像生成是计算机视觉模块中一项极具创新性的功能，它能够根据用户的输入或特定的条件，生成逼真的图像。例如，根据一段文字描述生成对应的图像，或者对已有的图像进行编辑和修改。DeepSeek 利用生成对抗网络（GAN）和变分自编码器（VAE）等技术，实现了图像生成功能。在图像编辑领域，图像生成技术可以帮助用户快速生成各种创意图像，如艺术创作、广告设计等；在虚拟现实和增强现实领域，图像生成技术可以为虚拟场景提供更加丰富和逼真的图像内容。

在实现这些功能时，DeepSeek 主要采用了卷积神经网络（CNN）架构。CNN 是一种专门为处理图像数据而设计的深度学习模型，它通过卷积层、池化层和全连接层等组件，自动提取图像的特征。卷积层中的卷积核可以对图像进行局部特征提取；池化层则用于降低特征图的维度，减少计算量；全连接层则将提取到的特征进行分类或回归。CNN 架构的优势在于其能够自动学习图像的特征，无须人工手动设计特征提取器，并且具有很强的特征表达能力和泛化能力，能够适应各种不同的图像数据和任务。

其他特色功能模块：除了自然语言处理模块和计算机视觉模块外，DeepSeek 还可能包含其他一些特色功能模块，以满足不同领域和用户的多样化需求。其中，音频处理模块就是一个非常重要的特色模块，它专注于对音频数据的处理和分析，实现了语音识别、语音合成、音乐分类、音频增强、声音事件检测等多种功能。

语音识别是音频处理模块的核心功能之一，它能够将人类语音转换为文本。DeepSeek 通过构建深度神经网络模型，对大量的语音数据进行训练，让模型学习语音信号的特征和模式，从而实现准确的语音识别。在实际应用中，语音识别技术被广泛应用于智能语音助手、语音输入、电话客服等场景，方便用户通过语音与设备进行交互，提高信息输入的效率和便利性。例如，用户可以通过语音指令控制手机、电脑等设备，进行搜索、查询、操作等任务；在电话客服中，语音识别技术可以将客户的语音自动转换为文本，便于客服人员快速了解客户的需求，提供相应的服务。

音乐分类是音频处理模块的另一个有趣应用，它能够根据音乐的特征，如旋律、节奏、和声、音色等，将音乐分类为不同的风格或流派，如流行、摇滚、古典、爵士等。DeepSeek 利用机器学习和深度学习算法，对大量的音乐数据进行分析和学习，提取音乐的特征向量，并根据这些特征向量对音乐进行分类。音乐分类技术可以帮助音乐平台更好地组织和推荐音乐，根据用户的音乐偏好，为用户推荐符合其口味的音乐作品，提升用户的音乐体验。

为了实现这些音频处理功能，DeepSeek 采用了多种技术，包括梅尔频率倒谱系数（MFCC）、卷积神经网络（CNN）、循环神经网络（RNN）及其变体长短期记忆网络（LSTM）、注意力机制等。MFCC 是一种常用的语音特征提取方法，它能够将语音信号转换为一组特征向量，用于后续的模型训练和分析。CNN 和 RNN 则用于对音频特征进行建模和分类，CNN 擅长提取音频的局部特征，RNN 则能够处理音频的时序信息，两者结合可以更好地对音频数据进行分析和处理。注意力机制则可以让模型更加关注音频中的关键信息，提高模型的性能和准确性。

混合专家架构（MoE）

DeepSeek 创新性地采用了混合专家架构（MoE），这种架构基于精妙的分治思想，与传统的单一整体模型截然不同。在传统深度学习模型中，所有任务都由一个大一统的网络进行处理，而 MoE 架构则独辟蹊径，将模型巧妙地划分为多个各具专长的专家（子模型）。每个专家都经过精心训练，擅长处理特定类型的任务，就如同一个专业的团队，每个成员都在自己的领域内是行家。当面对输入数据时，MoE 架构能够依据数据的独特特性，精准地挑选出最合适的专家来进行处理。

以 DeepSeek-V3 为例，它拥有高达 6710 亿个参数，如此庞大的参数数量赋予了模型强大的学习和表达能力。然而，在实际处理每个 token 时，并不会激活全部的 6710 亿参数，而是通过智能的机制，仅激活 370 亿参数。这些激活参数会根据输入的 Prompt 进行动态筛选，就像从一个庞大的知识库中迅速找到最相关的知识来解决当前问题。这种动态筛选和激活参数的方式，极大地提高了计算效率，避免了大量不必要的计算，使得模型能够在有限的计算资源下，快速且准确地处理各种复杂任务。

基于 Transformer 架构

Transformer 架构是 DeepSeek 得以高效运行的重要基石。它宛如一个功能强大的信息处理器，能够出色地处理各种具有顺序性的信息，无论是文本、语音还是其他序列数据，Transformer 架构都能游刃有余。其核心的注意力机制更是 Transformer 架构的点睛之笔，它赋予了模型一种类似于人类注意力的能力。

当我们阅读一篇冗长的文章时，我们的大脑会自动聚焦于重要的内容，忽略一些无关紧要的细节，同时理解不同部分之间的逻辑关系。Transformer 架构的注意力机制也是如此，它能够让模型在处理海量信息时，自动关注到关键内容，深入理解信息之间的关联，无论这些信息在序列中的位置是紧密相邻还是相隔甚远。例如，在处理一个复杂的句子时，模型能够通过注意力机制，准确把握句子中各个单词之间的语义关系，从而更好地理解句子的含义，这对于自然语言处理中的文本生成、机器翻译、问答系统等任务都具有至关重要的意义。

多头潜在注意力（MLA）机制

多头潜在注意力（MLA）机制是 DeepSeek 在注意力机制领域的一项重要创新，它是对传统注意力机制的一次全面升级。在处理长文本时，如学术论文、长篇小说、技术文档等，传统注意力机制往往会出现注意力分散、难以准确捕捉关键信息等问题。

而 MLA 机制则通过独特的设计,有效地解决了这些问题。

　　MLA 机制通过引入低秩联合压缩技术,对传统注意力机制中的键(Key)和值(Value)矩阵进行了优化。在传统的多头注意力机制中,每个头都需要独立计算注意力权重,并且需要缓存完整的键值矩阵,这不仅计算量巨大,而且内存开销也非常大。而 MLA 机制通过低秩矩阵分解,将高维的键值矩阵分解为低秩表示,大大减少了内存占用。同时,MLA 机制还采用了矩阵吸收技术,将位置编码与注意力计算有机结合,进一步提高了计算效率。

　　以机器翻译长文档为例,当面对一篇专业领域的长文档时,MLA 机制能够精准地为每个句子、每个段落分配权重,准确理解每个单词在上下文中的含义。它可以关注到文档中前后关联的信息,从而在翻译时能够选择最合适的词汇和表达方式,将原文的意思准确无误地翻译成目标语言,极大地提高了翻译的质量和准确性。

无辅助损失负载均衡

　　在 MoE 架构中,不同的专家模块在处理任务时,可能会出现工作负载不均衡的情况,即有的专家模块任务繁重,忙得不可开交,而有的专家模块则任务清闲,处于闲置状态。这种不均衡的工作负载会导致系统资源的浪费,降低整体性能。无辅助损失负载均衡策略正是为了解决这一问题而设计的。

　　该策略通过动态监控每个专家的工作负载情况,实时调整任务分配。当发现某个专家的负载过高时,系统会自动减少分配给它的任务,将任务分配给负载较低的专家,从而实现专家之间工作负载的均衡。这种动态调整机制无需借助辅助损失来惩罚负载不均的情况，避免了因使用辅助损失而可能引发的性能下降问题。通过无辅助损失负载均衡策略，系统能够充分利用每个专家的计算资源，提升整体性能，减少运算资源的浪费，使得模型在处理各种任务时都能保持高效稳定地运行。

多 Token 预测（MTP）

传统的语言模型在预测时，通常是一个 token 接着一个 token 地进行预测，这种方式虽然能够逐步生成文本，但存在推理速度较慢、生成内容连贯性不足的问题。而 DeepSeek 的多 Token 预测（MTP）技术则打破了这种传统模式，实现了一次预测多个 token。

MTP 技术的原理是让模型在训练时，不仅关注下一个 token 的预测，而是同时学习预测多个未来的 token。这样一来，模型在推理时，就可以一次性生成多个 token，大大提高了推理速度。例如，在文本生成任务中，传统模型可能需要逐个生成单词，而使用 MTP 技术的模型则可以一次生成一个短语甚至一个完整的句子，使得生成的内容更加连贯，符合语言的自然表达习惯。同时，MTP 技术还能提高模型对上下文的理解能力，因为它需要从更大范围的上下文中提取信息来预测多个 token，从而使模型对语言模式的学习更加全面和深入。

FP8 混合精度训练

在模型训练过程中，数据的精度对于训练的准确性和计算量都有着重要影响。传统的训练方法通常采用较高精度的数据格式，如 FP32（32 位浮点型），虽然能够保证训练的准确性，但计算量巨大，训练时间长，成本高。如果采用过低精度的数据格式，又可能会导致训练结果的不准确。

FP8 混合精度训练则是一种巧妙的平衡策略，它采用 8 位浮点型数据格式（FP8）进行大部分核心计算，如前向传播、激活反向传播和权重反向传播等，同时在一些对精度要求较高的算子和模块中，保留 FP16 甚至 FP32 的精度。这种混合精度的训练方式，在保证训练准确性的前提下，大大减少了计算量。因为 FP8 数据格式占用的存储空间更小，计算速度更快，可以显著降低训练过程中的 GPU 内存需求和存储带宽压力，节省训练时间和成本，使得大规模模型的训练变得更加高效和可行。

3. 训练革命：强化学习与多词元预测

模型架构与参数设置

以 DeepSeek-V3 为例，它采用了先进的混合专家（MoE）架构，在模型架构与参数设置上展现出独特的设计理念和强大的性能潜力。在 MoE 架构下，DeepSeek-V3 拥有高达 6710 亿的参数，这些参数构成了模型庞大的知识体系，赋予了模型强大的学习和表达能力。然而，在实际推理过程中，并非所有参数都会被激活参与计算。为了提高计算效率，模型采用了一种动态激活机制，根据输入的不同，仅动态筛选激活 370 亿参数。

这种动态筛选激活参数的方式，就如同在一个庞大的图书馆中，根据读者的具体需求，精准地找出最相关的书籍，而不是盲目地查阅整个图书馆。通过这种方式，DeepSeek-V3 在保证模型性能的同时，大大减少了计算量和计算资源的消耗，使得模型能够在更短的时间内处理各种复杂任务。参数数量对于模型能力有着至关重要的影响。更多的参数意味着模型能够学习到更丰富的特征和模式，从而在各种任务中表现出更强的能力。例如，在自然语言处理任务中，大量的参数可以让模型更好地理解语言的语义、语法和语用信息，从而实现更准确的文本生成、翻译和问答等功能。在计算机视觉任务中，更多的参数能够让模型学习到更精细的图像特征，提高图像识别、分类和目标检测的准确性。

训练方法与策略

知识蒸馏：知识蒸馏是一种将大模型知识传递给小模型的有效方法，它在 DeepSeek 的训练体系中发挥着重要作用。其核心原理是将大模型（教师模型）学习到的知识，通过特定的训练方式，迁移到小模型（学生模型）中，使得小模型在保持较小规模和较低计算成本的同时，能够获得与大模型相近的性能。在知识蒸馏过程中，教师模型通过在大量数据上的训练，学习到了丰富的特征表示和知识。这些知识不仅仅包括对数据的分类或预测结果，还包括模型在学习过程中形成的中间层特征表示等。学生模型则通过模仿教师模型的输出，来学习这些知识。具体来说，知识蒸馏通常采用软目标训练的方式。在传统的模型训练中，模型的输出通常是一个硬标签，即明确的类别标签。而在知识蒸馏中，教师模型的输出被作为软目标，传递给学生模型。软目标包含了更多的信息，例如不同类别之间的相对概率关系等。学生模型通过最小化自己的输出与软目标之间的差异，来学习教师模型的知识。

以 DeepSeek-R1 为例，在训练过程中，它利用知识蒸馏技术，将大模型的知识融入自身的学习中，从而显著提升了推理能力。

通过知识蒸馏，DeepSeek-R1 能够更好地理解和处理各种复杂的推理任务，在面对各种挑战时，能够更准确地给出答案。在一些数学推理和逻辑推理任务中，DeepSeek-R1 通过学习大模型的知识，能够更快地找到解题思路，提高解题的准确性和效率。

纯强化学习的尝试：DeepSeek-R1-Zero 的训练是对纯强化学习的一次大胆尝试。在传统的模型训练中，通常会依赖大量的有监督数据进行训练，而 DeepSeek-R1-Zero 则完全摒弃了监督式微调（SFT），仅依靠强化学习技术来进行训练。在强化学习中，模型就像一个在不断探索未知世界的智能体，它通过与环境进行交互，不断尝试各种不同的行为，并根据环境反馈的奖励信号来调整自己的行为策略，以获得更高的奖励。在面对一个数学问题时，模型会尝试不同的解题方法，根据得到的答案是否正确以及解题过程的合理性等因素，获得相应的奖励。如果答案正确且解题过程简洁明了，模型会得到较高的奖励；反之，如果答案错误或者解题过程复杂冗长，模型得到的奖励就会较低。

通过不断地试错和学习，模型逐渐学会了如何找到最优的解题策略。然而，这种纯强化学习的方式也面临着一些挑战。由于没有预先设定的监督信号引导，模型在训练初期可能会出现输出不稳定、容易偏离正确方向的问题。在处理一些复杂任务时，模型可能需要进行大量的探索和尝试，这会导致计算开销较大，训练时间较长。为了应对这些挑战，研究人员也在不断探索新的方法和技术，例如引入一些先验知识或启发式规则，帮助模型更快地收敛到最优解；优化奖励函数的设计，使其能够更准确地反映模型行为的优劣，从而引导模型更快地学习到有效的策略。

多阶段训练和冷启动数据：DeepSeek 采用了多阶段训练策略，

这种策略根据模型训练的不同阶段和需求，灵活采用不同的训练方法，以逐步提升模型的性能。在训练初期，模型通常需要学习一些基础的知识和模式，此时可以采用简单的数据和算法进行预训练，帮助模型快速建立起基本的能力。随着训练的深入，逐渐引入更复杂的数据和任务，让模型不断挑战更高的难度，进一步提升其能力。在自然语言处理模型的训练中，初期可以使用大规模的通用文本数据进行预训练，让模型学习语言的基本语法、语义和常见表达方式。然后，在后续阶段，引入特定领域的专业文本数据，对模型进行微调，使其能够更好地适应特定领域的任务需求。

冷启动数据在模型训练中也起着关键作用。冷启动数据是指在模型训练开始时使用的少量高质量数据，这些数据经过精心挑选和处理，能够为模型提供一些关键的知识和信息，帮助模型在训练初期更好地理解任务和数据，从而更顺利地开始学习。在 DeepSeek-R1 的训练中，通过收集数千个高质量的冷启动数据，对基础模型进行微调，有效提升了模型的可读性和推理能力，避免了在强化学习训练初期可能出现的不稳定现象。这些冷启动数据就像是模型学习的"启蒙老师"，为模型的后续学习奠定了良好的基础。

创新的策略优化算法（GRPO）

DeepSeek-R1 采用的组相对策略优化（GRPO）算法，是对传统近端策略优化（PPO）算法的一次重大创新。在传统的 PPO 算法中，通常需要依赖一个与策略模型大小相当的价值网络来估计优势函数，这不仅增加了计算复杂度，还占用了大量的内存空间。在大规模语言模型的训练中，维护这样一个价值网络会导致显著的内存开销和计算代价。而 GRPO 算法则独辟蹊径，完全摒弃了价值网络。它通过基于组的相对优势估计来优化策略模型，具体来说，GRPO 为每个输入生成一组输出，并将该组的平均奖励作为基线，通过比较同一状态下多个动作的奖励值来计算相对优势。

在处理一个问题时，GRPO 会让模型生成多个可能的解决方案，然后根据这些解决方案的实际效果（即获得的奖励）来计算相对优势。如果某个解决方案获得的奖励高于平均奖励，那么它的相对优势就为正，说明这个解决方案相对较好；反之，如果某个解决方案获得的奖励低于平均奖励，那么它的相对优势就为负，说明这个解决方案还有改进的空间。通过这种方式，GRPO 能够更直接地优化策略模型，避免了维护价值网络带来的复杂性和开销。GRPO 还将 KL 散度直接集成到损失函数中，通过直接优化 KL 散度来更精细地控制模型的更新过程，确保策略分布的稳定性。与 PPO 相比，GRPO 显著降低了内存和计算开销，在数学推理等任务中，能够让模型更高效地学习和优化策略，从而增强了模型的数学推理能力。

高效的双重奖励系统

DeepSeek-R1-Zero 实施的双重奖励系统，是提升模型输出质量的重要保障。这个奖励系统主要包含准确性奖励和格式奖励两个核心组件。准确性奖励主要针对数学问题、编程问题等具有确定性答案的任务。在这些任务中，模型需要在特定的格式中提供答案，并且答案能够通过自动化验证，如在数学问题中，答案需要符合数学运算规则和逻辑；在编程问题中，代码能够通过编译器的验证。如果模型的答案正确且符合要求，就会获得较高的准确性奖励，反之则获得较低的奖励。

格式奖励则侧重于引导模型使用标准化的思考过程格式，要求模型将推理过程放在特定的标签之间，如"推理过程"和 "推理过程"这样可以提高输出的结构化程度和可解释性。在回答一个复杂的问题时，模型不仅要给出正确的答案，还要按照规定的格式详细阐述推理过程，这样用户能够更好地理解模型的思考逻辑，同时也便于对模型的输出进行评估和改进。通过这种双重奖励系统，模型在训练过程中能够不断优化自己的输出，以满足准确性和格式的要求，从而提高整体的输出质量。

模板化 RLHF 训练

模板化 RLHF 训练是 DeepSeek 在训练过程中的又一创新举措。这种训练方式通过精心设计简洁而有效的训练模板，为模型提供了清晰的推理过程生成指南。这些模板强调结构化输出格式，使得模型在生成回答时，能够按照一定的逻辑结构进行组织，避免回答内容出现混乱或无条理的情况。模板还能够避免引入特定内容的偏见，确保模型在学习过程中能够公平地对待各种不同的信息和任务。

在实际应用中，模板化 RLHF 训练便于研究人员观察和评估模型的学习进展。通过分析模型在模板框架下的输出，能够更直观地了解模型对知识的掌握程度、推理能力的提升情况以及存在的问题和不足，从而有针对性地对训练过程进行调整和优化，进一步提升模型的性能和效果。

第四章
科技赋能的"王炸组合"

1. 联手 Kimi：PPT 生成的 AI 魔法组合

在数字化办公飞速发展的当下，人工智能（AI）已深度融入办公的各个环节，从智能语音助手到自动化流程处理，AI 的身影无处不在，极大地改变了我们的工作方式，提升了工作效率。其中，AI 在演示文稿（PPT）制作领域的应用，更是为职场人士、教育工作者、创业者等群体带来了前所未有的便利。

以往，制作一份精美的 PPT 往往需要耗费大量时间和精力。从前期的内容构思、资料收集，到中期的页面设计、排版布局，再到后期的细节调整、美化润色，每一个步骤都需要精心雕琢。而现在，随着 AI 技术的不断进步，DeepSeek 和 Kimi 组合的出现，彻底颠覆了传统 PPT 制作模式，只需一键操作，就能生成高质量的 PPT，开启了 AI PPT 制作的新时代，让 PPT 制作变得轻松又高效，即便你是毫无设计基础的小白，也能快速制作出令人惊艳的演示文稿。

DeepSeek 与 KIMI 简介

Kimi 是一款备受瞩目的智能助手，由月之暗面科技有限公司开发。它基于自研的千亿参数大模型构建，拥有令人惊叹的长上下文处理能力，能够处理长达 200 万字的无损上下文。这一特性使得 Kimi 在处理复杂的文档和任务时表现出色。在 PPT 制作方面，Kimi 更是展现出独特的优势。它可以对输入的内容进行结构化整理，将零散的信息转化为有条理的框架，还能根据不同的主题和场景，从丰富的模板库中挑选最合适的模板和布局，让 PPT 瞬间具备专业的视觉效果。当用户需要制作一份商务汇报 PPT 时，Kimi 能够根据汇报的内容和目标受众，精准匹配简洁大气的商务模板，同时对文字内容进行合理排版，添加恰当的图表和图形元素，使 PPT 更加生动直观，富有说服力。

不难看出，DeepSeek 和 Kimi 在功能上各有所长，DeepSeek 擅长内容创作和逻辑推理，Kimi 则在 PPT 设计和制作方面表现卓越。二者的结合，就像是一场天作之合，能够实现优势互补，为用户提供从内容生成到 PPT 制作的一站式解决方案，让 PPT 制作变得更加高效、便捷、专业。

一键生成 PPT 的操作全流程

掌握 DeepSeek 和 Kimi 一键生成 PPT 的操作流程，能让你在短时间内完成 PPT 的制作。下面为你详细介绍这一流程，帮助你快速上手，高效制作出优质 PPT。

DeepSeek 生成内容

首先，打开 DeepSeek 官网，注册登录后进入对话界面。在输入指令时，明确具体的要求至关重要。比如，你想要制作一份关于"人工智能在医疗领域的应用"的 PPT，目标受众是医疗行业的专业人士，你可以这样输入指令："请用 Markdown 格式生成一份关于人工智能在医疗领域应用的 PPT 大纲，面向医疗行业专业人士，内容需涵盖人工智能在疾病诊断、药物研发、手术辅助等方面的应用案例及数据支撑，包含封面、目录、至少 3 个核心章节（每个章节至少 2 个子论点）、总结页，语言专业且简洁明了。"

若想让生成的内容更具深度和专业性，可开启深度思考 R1 模式。R1 模式在处理复杂问题和需要深度推理的任务时表现出色，能为你生成更优质的内容。输入指令并开启 R1 模式后，点击发送，DeepSeek 便会开始工作。稍作等待，它就会以 Markdown 形式输出内容。比如，生成的 PPT 大纲可能如下。

· 封面：人工智能在医疗领域的应用

· 目录：疾病诊断中的 AI 应用、药物研发的 AI 助力、手术辅助的 AI 突破、总结与展望

· 疾病诊断中的 AI 应用：AI 医学影像识别技术，提高诊断准确率；AI 辅助临床决策系统，提供诊断建议

· 药物研发的 AI 助力：AI 加速药物分子筛选，缩短研发周期；AI 预测药物副作用，提高研发安全性

· 手术辅助的 AI 突破：AI 手术机器人，提高手术精度；AI 实时监测系统，保障手术安全

· 总结与展望：总结 AI 在医疗领域的应用成果；展望未来发展趋势

Kimi 生成 PPT

完成 DeepSeek 的内容生成后，接下来进入 Kimi 官网，登录

后在左侧菜单栏找到"Kimi+"，点击进入后找到"PPT 助手"。将 DeepSeek 生成的 Markdown 内容复制粘贴到 PPT 助手的输入框中，然后点击发送。Kimi 会自动对内容进行处理，精简冗余部分，提升内容的可读性。

　　内容处理完成后，会出现"一键生成 PPT"选项。点击该选项，此时会弹出模板选择界面，你可以根据 PPT 的主题和个人喜好选择合适的主题、设计风格和配色方案。比如，如果是商务汇报 PPT，可以选择简约大气的商务风格，搭配沉稳的配色；如果是创意展示 PPT，则可选择富有创意和活力的风格，搭配明亮鲜艳的配色。选择好后，点击"生成 PPT"，Kimi 便会开始生成 PPT，这个过程可能需要等待片刻，你可以看到生成进度条，直观地了解生成进度。

PPT 编辑与导出

　　当 Kimi 完成 PPT 生成后，会进入预览界面，你可以先浏览整体效果，查看内容是否完整、排版是否合理。若有需要修改的地方，点击"编辑 PPT"即可进入编辑窗口。在编辑窗口中，右侧区域可更改主题与大纲，若发现某个章节的内容需要调整，可直接在大纲处进行修改；下方区域可对每一页 PPT 进行细节修改，比如更改文字内容、调整图片大小和位置、修改图表数据等；左侧区域还提供了新建表格、插入图表等功能，方便你进一步丰富 PPT 内容。例如，你可以将文字内容转化为图表，使数据展示更加直观。

　　完成所有修改和调整后，确认 PPT 无误，点击右上角的"下载"按钮，即可将 PPT 保存到本地，完成整个 PPT 制作流程。

原理剖析：背后的技术力量

DeepSeek 主要基于深度学习模型来理解用户需求并生成内容。其核心技术之一是 Transformer 架构，这种架构采用自注意力机制，能够让模型在处理文本时，自动聚焦于关键信息，高效捕捉全局信息，极大地提升了对长距离依赖关系的捕捉能力。当用户输入制作 PPT 的指令时，DeepSeek 会对输入的文本进行深入分析，理解其中的语义、逻辑和关键要点。比如，输入"制作一份关于人工智能在医疗领域应用的 PPT"，它会识别出"人工智能""医疗领域应用"等关键信息。

在理解需求后，DeepSeek 会运用其经过大量数据训练的语言模型，依据这些关键信息进行内容规划。它拥有丰富的知识储备，能够从海量的数据中提取与主题相关的信息，并按照 PPT 的结构要求，如封面、目录、章节内容、总结等，生成逻辑清晰的文本内容。在生成过程中，它会考虑到内容的连贯性、专业性和实用性，确保生成的文本能够准确传达主题思想，满足用户的需求。它还会根据不同的应用场景和用户需求，调整生成内容的风格和语气。如果是面向专业人士的学术汇报 PPT，内容会更加严谨、专业，包含更多的学术术语和研究数据；如果是面向大众的科普 PPT，则会采用更加通俗易懂、生动有趣的语言表达方式。

Kimi 则在将 DeepSeek 生成的文字内容转化为精美的 PPT 页面时发挥着关键作用。Kimi 拥有丰富的模板库，这些模板是经过精心设计和分类的，涵盖了各种不同的主题和风格，如商务、教育、科技、创意等。当接收到 DeepSeek 生成的内容后，Kimi 会根据内容的主题和风格，从模板库中自动匹配合适的模板。如果是一份商务汇报 PPT，Kimi 会选择简洁大气、色调稳重的商务模板，确保 PPT 的整体风格符合商务场合的需求。

在页面设计方面，Kimi 运用了先进的设计算法。它会对文字内容进行结构化处理，将文本合理地分配到不同的页面和元素中，如标题、正文、图表、图片等。它会根据内容的重要性和逻辑关系，调整文字的大小、颜色、字体等格式，突出重点内容，使页面布局更加合理、美观。对于需要展示数据的部分，Kimi 会自动生成相应的图表，如柱状图、折线图、饼图等，并根据数据特点选择最合适的图表类型，以直观地展示数据信息，增强 PPT 的可视化效果。Kimi 还会添加一些设计元素，如背景图案、装饰线条、图标等，进一步提升 PPT 的视觉吸引力，使其更加生动、有趣。

优势尽显：效率与质量双赢

DeepSeek 和 Kimi 组合一键生成 PPT 的方式，在效率和质量方面展现出了显著的优势，为用户带来了诸多好处，让 PPT 制作变得更加轻松、高效、专业。

高效省时

与传统 PPT 制作方式相比，使用 DeepSeek 和 Kimi 组合制作 PPT 能大幅缩短制作时间。传统制作 PPT 时，需要手动收集资料、构思大纲、撰写内容，然后在 PPT 软件中一页页地进行排版设计，每一个环节都需要投入大量的时间和精力。制作一份较为复杂的 PPT，可能需要花费数小时甚至数天的时间。而借助 DeepSeek 和 Kimi，从生成大纲到完成 PPT 初稿，仅需短短几十分钟。一位市场专员原本制作月度市场分析 PPT，收集资料和制作大纲需要花费 3—4 小时，现在使用 DeepSeek，10—15 分钟就能生成详细大纲和内容要点，再通过 Kimi，15—20 分钟即可生成 PPT 初稿，大大提高了工作效率，让用户有更多时间专注于内容的优化和展示效果的提升。这种高效的制作方式，尤其适合在时间紧迫的情况下完成任务，如紧急的项目汇报、临时的会议演示等，帮助用户快速响应工作需求，避免因时间不足而导致的焦虑和压力。

内容专业

DeepSeek 强大的语言理解和生成能力，使其能够为 PPT 生成逻辑清晰、有条理的内容。它拥有丰富的知识储备，涵盖了各个领域的专业知识，无论是行业报告、学术演示还是商务汇报，都能获取到准确、相关的信息。在制作一份关于新能源汽车行业发展趋势的 PPT 时，DeepSeek 可以提供全球新能源汽车市场的规模数据、主要企业的发展动态、技术突破以及未来发展趋势等详细信息，使 PPT 内容充实、有深度，避免了内容空洞和缺乏说服力的问题。生成的内容还会根据不同的应用场景和用户需求，调整语言风格和表达方式，确保内容的专业性和准确性。对于面向专业人士的 PPT，会使用专业术语和行业标准表述；对于面向大众的科普 PPT，则会采用通俗易懂的语言，让不同层次的受众都能理解。这种专业的内容生成能力，能够提升 PPT 的专业性和说服力，为用户在展示和沟通中赢得更多的信任和认可。

设计精美

Kimi 在 PPT 设计方面的优势，为 PPT 增添了美观的视觉效果。它拥有丰富的模板库，提供了多种风格的 PPT 模板，如商务简约风、科技炫酷风、清新文艺风等，用户可以根据 PPT 的主题和受众特点，轻松选择合适的模板。对于商务汇报 PPT，Kimi 会推荐简洁大气、色调稳重的商务模板，体现专业和正式感；对于创意展示 PPT，会提供富有创意和活力的模板，激发观众的兴趣。

Kimi 的自动排版功能也十分出色，它能够根据内容的结构和重要性，对文字、图片、图表等元素进行合理布局，使页面更加整洁、美观，富有层次感。它会自动调整文字的大小、颜色、字体等格式，突出重点内容；合理安排图片和图表的位置，使其与文字内容相互呼应，增强 PPT 的可视化效果。Kimi 还会添加一些设计元素，如背景图案、装饰线条、图标等，进一步提升 PPT 的视觉吸引力，让 PPT 在众多演示文稿中脱颖而出，给观众留下深刻的印象。

注意事项与常见问题解决

在使用 DeepSeek 和 Kimi 一键生成 PPT 的过程中，难免会遇到一些问题，了解并掌握一些注意事项和常见问题的解决方法，能让你的 PPT 制作过程更加顺畅。

指令精准度

向 DeepSeek 输入指令时，精准度至关重要。模糊不清的指令容易导致生成的内容与预期偏差较大。例如，输入"做个PPT"，这样的指令太过简略，DeepSeek 无法明确 PPT 的主题、内容重点、目标受众等关键信息，生成的内容可能不符合需求。因此，在输入指令时，要尽可能详细地描述需求。比如，你可以这样输入："制作一份关于 2024 年智能手机市场分析的 PPT，面向手机行业投资者，内容涵盖各大品牌市场份额、技术创新亮点、未来发展趋势预测，要求使用专业术语，数据准确且更新至 2024 年最新，包含封面、目录、至少 5 个核心章节，每个章节都要有具体的数据图表支撑。"这样详细的指令能让 DeepSeek 更准确地理解你的需求，生成更贴合你期望的内容。在指令中还可以适当添加示例，进一步明确要求。如果你希望 PPT 中某部分内容以对比的形式呈现，可以在指令里给出类似"像比较苹果和安卓系统的优缺点那样，对比华为和小米在拍照技术上的优势与不足"的示例，帮助 DeepSeek 更好地把握内容的呈现方式。

网络稳定性

稳定的网络连接是使用 DeepSeek 和 Kimi 的基础。若网络不稳定，在生成 PPT 的过程中，可能会出现内容加载缓慢、生成中断甚至错误提示等问题。如果在使用过程中遇到网络问题，首先要检查网络连接。可以尝试打开其他网页或应用程序，看是否能正常联网。若网络连接正常，但 DeepSeek 和 Kimi 仍出现问题，可能是服务器访问量过大导致拥堵。此时，你可以稍作等待，然后刷新页面重新尝试；也可以切换网络环境，比如从 Wi-Fi 切换到移动数据，或者反之，以解决网络不稳定的问题。若问题依旧存在，可查看 DeepSeek 和 Kimi 的官方网站或社交媒体账号，了解是否有系统维护或故障公告。若因网络问题导致生成的 PPT 内容不完整，不要慌张，重新连接网络后，可将之前的指令再次输入，继续生成未完成的部分，或者根据已生成的部分进行手动补充和完善。

内容审核与调整

尽管 DeepSeek 和 Kimi 功能强大，但生成的 PPT 内容仍需人工审核和微调，以确保其完全符合实际需求和规范。在内容方面，要检查信息的准确性和时效性。比如在制作科技类 PPT 时，生成的内容可能包含一些旧的技术数据或观点，需要手动更新为最新的研究成果和数据。还要确保内容的逻辑性和连贯性，各章节之间的过渡是否自然，论点与论据是否匹配。若发现逻辑不清晰的地方，要对内容进行重新组织和调整。在格式和排版上，虽然 Kimi 会自动选择合适的模板和布局，但仍可能存在一些细节问题。比如，文字与图片的比例可能不协调，某些图表的颜色与整体风格不搭配等。这时，就需要手动调整文字大小、颜色、字体，以及图片和图表的大小、位置、样式等，使 PPT 的整体视觉效果更加美观、舒适。在审核过程中，还可以从目标受众的角度出发，思考 PPT 的内容和展示方式是否能吸引他们的注意力，是否便于他们理解和接受。如果是面向普通大众的科普 PPT，内容应更加通俗易懂，避免过多专业术语；如果是面向专业人士的学术汇报 PPT，则要确保内容的深度和专业性。

未来展望：AI 办公的无限可能

DeepSeek 和 Kimi 组合一键生成 PPT 的创新应用，只是 AI 技术在办公领域的一个精彩缩影，它为我们打开了一扇通往未来智能办公的大门，让我们得以一窥 AI 技术为办公带来的无限可能。

随着技术的不断发展，AI 在办公领域的应用将更加深入和广泛。在内容创作方面，AI 将不仅能够生成文字和制作 PPT，还能根据用户的需求和创意，生成更加丰富多样的内容，如视频脚本、广告文案、宣传海报等。它能够理解用户的意图和情感，运用大数据和先进的算法，创作出更具吸引力和感染力的内容，满足不同场景下的创作需求。一家广告公司在策划新产品的宣传推广时，AI 可以根据产品特点、目标受众和市场趋势，快速生成多个创意方案，包括宣传文案、海报设计和视频脚本等，为广告策划人员提供丰富的灵感和参考，大大缩短了创作周期，提高了工作效率。

在协作办公方面，AI 将成为团队协作的得力助手。它能够实时分析团队成员的工作进度、任务分配和沟通情况，提供智能的协作建议和优化方案。当团队成员在进行项目协作时，AI 可以自动提醒成员任务的截止日期、进度偏差和潜在风险，促进成员之间的信息共享和沟通协作，确保项目顺利推进。AI 还能实现多语言实时翻译，打破语言障碍，让全球范围内的团队协作更加顺畅，促进跨国公司和国际项目的高效开展。

从更宏观的角度来看，AI 办公的普及将推动整个办公模式和工作方式的变革。它将促使企业重新审视组织架构和业务流程，优化资源配置，提高运营效率。远程办公、灵活办公等新型工作模式将得到更广泛的应用，员工可以更加自由地安排工作时间和地点，实现工作与生活的更好平衡。随着 AI 技术的不断发展，还将催生一系列新的职业和岗位，如 AI 训练师、数据标注员、AI 办公专家等，为就业市场带来新的机遇和挑战。

面对 AI 技术带来的巨大变革，我们应积极拥抱新技术，不断学习和提升自己的数字技能，以适应未来办公的发展趋势。无论是职场人士、学生还是创业者，都可以从 AI 技术中受益，让工作变得更加高效、智能和有趣。相信在不久的将来，AI 将成为我们办公生活中不可或缺的一部分，为我们创造更加美好的工作体验和价值。

2. 联手剪映：短视频批量生产秘籍

在这个信息爆炸的时代，短视频已成为人们获取信息、娱乐消遣的重要方式，无论是在上下班的地铁上，还是在短暂的午休间隙，总能看到人们沉浸在短视频的精彩世界中。从搞笑娱乐的生活片段，到专业实用的知识科普，短视频的内容丰富多样，满足了不同人群的兴趣需求。据相关数据显示，截至目前，我国短视频用户规模已突破 10 亿，其火爆程度可见一斑。如此庞大的用户群体，也吸引了众多创作者投身其中，希望在这片充满机遇的领域中分得一杯羹。

然而，对于大多数创作者来说，如何高效地制作出高质量的短视频，一直是一个困扰他们的难题。短视频的制作流程烦琐，从前期的创意构思、脚本撰写，到中期的素材拍摄，再到后期的剪辑加工，每一个环节都需要投入大量的时间和精力。而且，随着短视频行业的竞争日益激烈，观众对于视频的质量要求也越来越高，这无疑给创作者们带来了更大的压力。在这样的背景下，DeepSeek 和剪映的组合应运而生，为短视频创作带来了新的解决方案，让批量生成短视频成为可能。

DeepSeek：短视频文案的智能大脑

在短视频创作的流程中，文案是奠定视频内容基础的关键，它决定了视频想要传达的核心信息及如何吸引观众的注意力。一个好的文案能够像磁石一样，将观众的目光牢牢吸引，使他们沉浸在视频所营造的世界中。而 DeepSeek，正是这样一位强大的文案创作助手，它能够根据你的需求，快速生成富有创意和吸引力的短视频文案。

设计提示词模板

要让 DeepSeek 发挥出最大的功效，设计合适的提示词模板至关重要。提示词模板就像是为 DeepSeek 编写的"创作指南"，它明确地告诉 DeepSeek 你想要的文案主题、结构、风格以及其他具体要求，使它能够生成更符合你期望的文案。例如，我们可以设计这样一个提示词模板："请以'主题'为核心，创作一个 60 秒短视频的文案，要求开头有吸引力，内容有 3 个关键重点，结尾有互动引导，配合剪映使用，请给出分镜建议。"在这个模板中，我们对文案的主题、时长、结构、互动性及与剪映的配合都提出了明确要求，这样 DeepSeek 就能生成一个结构完整、内容丰富且具有可操作性的短视频文案。

实际应用示例

接下来，我们以"如何提高工作效率"为例，看看向 DeepSeek 输入提示词后会生成怎样的文案。假设我们输入："请以'提高工作效率的 3 个秘诀'为主题，创作一个 60 秒短视频的文案，要求开头有吸引力，内容有 3 个关键重点，结尾有互动引导，配合剪映使用，请给出分镜建议。"DeepSeek 可能会生成如下文案：

【开场】你是不是经常加班到很晚，却感觉工作效率还是很低？（建议画面：疲惫打哈欠的办公场景，昏暗的灯光下，主人公对着电脑屏幕，文件堆积如山，脸上满是疲惫和无奈，用这样的场景迅速抓住观众的注意力，引发他们的共鸣。）

【重点 1】番茄工作法：25 分钟专注工作，5 分钟休息（建议画面：时钟动画＋工作画面，通过动画展示时钟的运转，分针走到 25 分钟时，画面切换到主人公专注工作的场景，再到 5 分钟休息时，主人公放松地喝着咖啡，伸展身体，让观众更直观地理解番茄工作法的运作方式。）

【重点 2】二八原则：优先处理最重要的 20% 任务。（建议画面：任务清单特写＋画重点动画，镜头聚焦在任务清单上，用动画效果将最重要的 20% 任务突出显示，比如添加闪烁效果或用不同颜色标记，让观众清晰地看到二八原则在任务处理中的应用。）

【重点3】断舍离工作法：及时清理干扰源。（建议画面：整理桌面＋关闭社交软件，展示主人公将桌面上杂乱的文件整理整齐，关闭手机上的社交软件通知，表现出断舍离工作法的实际操作过程。）

【结尾】评论区留言你最想尝试哪个方法，还想知道更多职场技巧记得点赞关注！（建议画面：互动引导动画，屏幕上出现一个大大的对话框，里面显示着"评论区留言你最想尝试哪个方法，还想知道更多职场技巧记得点赞关注！"的文字，同时伴随着一些动态的点赞、关注图标，引导观众进行互动。）

从这个示例中可以看出，DeepSeek 生成的文案不仅结构清晰，开头通过一个引人深思的问题迅速抓住观众的注意力，中间详细阐述了提高工作效率的三个秘诀，结尾则通过互动引导，鼓励观众参与评论和关注，增强了与观众的互动性。同时，它还给出了具体的画面建议，为后续使用剪映进行视频制作提供了很好的参考。

剪映：让文案变成精彩视频

有了 DeepSeek 生成的优质文案，接下来就需要借助剪映这个强大的视频编辑工具，将文案转化为生动有趣的短视频。剪映以其简单易用、功能丰富的特点，成为了众多短视频创作者的首选。无论是初学者还是专业人士，都能在剪映中轻松找到适合自己的创作方式。

素材准备

在使用剪映制作视频之前，我们需要根据 DeepSeek 文案中的分镜建议，收集相关的视频素材。这些素材可以来自于我们自己的拍摄，也可以从一些免费的素材网站上获取，像 PexelsVideos、Videezy 等网站，都提供了大量高清、无版权的视频素材，涵盖了各种主题和场景，能满足我们多样化的创作需求。例如，在制作关于"提高工作效率"的视频时，我们可以从这些网站上搜索与办公场景、时间管理工具等相关的视频素材。同时，我们还需要准备合适的背景音乐，为视频营造出合适的氛围。剪映自带了丰富的音乐库，里面包含了各种风格的音乐，从轻松欢快的流行音乐，到沉稳大气的古典音乐，应有尽有。我们可以根据视频的主题和情感基调，选择与之相匹配的音乐。比如，对于一个激励人们提高工作效率的视频，我们可以选择一首节奏明快、充满活力的音乐，像《Sunburst》《Unity》等，这些音乐能够激发观众的积极性，让他们更有动力去实践视频中提到的方法。此外，为了让观众更好地理解视频内容，我们还需要制作文字字幕。剪映提供了便捷的字幕添加功能，能够自动识别视频中的语音并生成字幕，大大节省了我们手动输入字幕的时间和精力。

剪映操作步骤

打开剪映 App 后，点击"开始创作"，然后从相册或素材库中选择我们之前收集好的视频素材，将它们导入剪映的编辑界面。在这个界面中，我们可以看到时间轴上排列着导入的素材，这就像是一个视频的"生产线"，我们可以在上面对素材进行各种编辑操作。首先，我们要根据文案的内容和分镜建议，对视频素材进行剪辑。比如，删除那些多余的片段，只保留与文案紧密相关的部分，确保视频的节奏紧凑、内容精练。接着，为了使视频的过渡更加自然流畅，我们可以在不同的视频片段之间添加转场效果。剪映提供了丰富多样的转场效果，如淡入淡出、旋转、闪白等，我们可以根据视频的风格和场景，选择合适的转场效果。例如，在从一个展示办公场景的片段过渡到讲解番茄工作法的片段时，我们可以选择一个淡入淡出的转场效果，让观众的视觉感受更加舒适。同时，我们还可以根据视频的整体时长和节奏，对每个片段的时长进行调整，使视频的节奏更加合理。比如，对于重点内容的片段，可以适当延长时长，让观众有足够的时间理解和吸收；而对于一些辅助说明的片段，则可以缩短时长，避免视频过于冗长。

在视频中添加文字字幕也是非常重要的一步。我们可以根据文案的内容，在相应的视频片段上添加字幕，突出视频的重点内容。剪映支持多种字体、字号和颜色的设置，我们可以根据视频的风格和主题，选择合适的字幕样式，让字幕与视频画面更加协调统一。比如，对于一个简洁现代风格的视频，我们可以选择一款简洁的无衬线字体，如 Roboto，搭配明亮的颜色，使字幕更加醒目。最后，我们将之前选择好的背景音乐添加到视频中。在添加音乐时，要注意调整音乐的音量，使其与视频的原声和字幕声音相平衡，避免出现音乐声音过大或过小的情况。同时，我们还可以根据视频的节奏和情感变化，对音乐进行剪辑和处理，如添加淡入淡出效果，让音乐的出现和结束更加自然。

批量制作技巧

为了提高短视频的制作效率，我们可以利用剪映的一些功能和技巧，实现批量制作。比如，我们可以将一些常用的字体样式、转场效果和音乐素材进行收藏或保存，这样在制作新视频时，就可以直接调用，无需每次都重新设置。此外，我们还可以创建自己的视频模板。在剪映中，我们可以将一个已经制作好的视频项目保存为模板，下次制作类似主题的视频时，只需要打开模板，替换其中的素材和文案，就可以快速生成一个新的视频。例如，我们制作了一个关于"生活小技巧"的视频模板，在模板中设置好了统一的字体、转场效果和音乐风格，下次再制作其他生活小技巧的视频时，只需要将新的素材和文案按照模板的结构进行替换，就可以轻松完成一个新视频的制作，大大节省了制作时间。另外，我们还可以利用剪映的"复制项目"功能，对已经制作好的视频项目进行复制，然后在复制的项目中替换素材、修改文案和配音等内容，快速生成多个不同版本的视频。

注意事项：打造优质短视频
内容策划

在短视频创作中，内容策划是至关重要的一环，它决定了视频的质量和吸引力。首先，我们要确保视频主题具有实用价值，能够真正解决观众的问题或满足他们的某种需求。比如，在"如何提高工作效率"这个主题中，我们提供的方法和技巧必须是切实可行的，能够帮助观众在实际工作中提升效率。如果视频内容空洞无物，只是泛泛而谈，观众就会觉得浪费时间，从而对视频失去兴趣。其次，保持内容的连贯性也非常重要。一个好的短视频应该有清晰的逻辑结构，各个部分之间过渡自然，让观众能够轻松跟上你的思路。比如，在介绍提高工作效率的秘诀时，我们可以按照从易到难、从基础到进阶的顺序进行讲解，使观众能够逐步理解和掌握这些方法。最后，我们要时刻关注受众群体的需求和兴趣点。不同的受众群体有着不同的喜好和需求，我们需要根据目标受众的特点来创作内容。例如，如果我们的目标受众是职场新人，那么我们在视频中可以多分享一些基础的职场技能和经验；如果是资深职场人士，我们则可以提供一些更具深度和前瞻性的建议。通过精准定位受众需求，我们能够制作出更符合他们口味的视频，从而提高视频的播放量和互动率。

制作技巧

制作技巧的运用直接影响着视频的质量和观众的观看体验。在视频节奏方面，我们要把握好视频的整体节奏，既不能过于拖沓，让观众感到无聊，也不能过于急促，使观众来不及理解内容。比如，对于一些重点内容，可以适当放慢节奏，给观众留出思考和消化的时间；而对于一些辅助说明的内容，则可以加快节奏，一笔带过。在画面处理上，要确保画面简洁清晰，避免出现过多杂乱的元素干扰观众的视线。同时，要注意画面的色彩搭配和光线运用，营造出舒适的视觉效果。例如，在拍摄办公场景时，我们可以选择明亮的色调，让画面看起来更加清新、舒适。字幕的添加也不容忽视，字幕的字体要易于阅读，颜色要与背景形成鲜明对比，确保观众在观看视频时能够轻松看清字幕内容。此外，字幕的出现时间和位置也要合理安排，要与视频的语音和画面相匹配，避免出现字幕与语音不同步或遮挡重要画面的情况。

发布优化

发布优化是让短视频获得更多曝光的关键。选择最佳发布时间能够让我们的视频在用户活跃度最高的时候展示在他们面前，从而提高视频的播放量。比如，对于上班族来说，早上上班途中（6—8点）、中午午休时间（12—14点）和晚上下班后（18—22点）通常是他们使用手机浏览短视频的高峰期，我们可以在这些时间段发布视频。优化标题和封面也是吸引用户点击的重要手段。标题要简洁明了、富有吸引力，能够准确传达视频的核心内容，同时要避免使用过于夸张或标题党的表述，以免引起用户的反感。

封面要选择视频中最具代表性和吸引力的画面，并添加一些简洁的文字说明，让用户在看到封面的瞬间就能够对视频内容产生兴趣。例如，对于"如何提高工作效率"的视频，我们可以在封面上展示一个专注工作的场景，并配上"3个秘诀，让你工作效率翻倍"的文字，吸引用户点击观看。此外，添加合适的话题标签也能够增加视频的曝光度。话题标签可以帮助平台将我们的视频推送给对相关话题感兴趣的用户，我们可以选择一些热门话题标签，如 # 工作效率 # 职场技巧等，同时也可以结合视频的具体内容，添加一些独特的话题标签，提高视频的精准度。

实践建议：从新手到高手

对于刚开始尝试使用 DeepSeek 和剪映进行短视频创作的新手来说，不必急于求成。可以先从一些简单的主题入手，比如生活小常识、趣味小实验等，这些主题的素材容易获取，制作难度相对较低，能够帮助你快速熟悉整个创作流程。在创作过程中，要注重积累经验，不断总结自己在文案创作、素材收集、视频剪辑等方面遇到的问题和解决方法。

建立一个属于自己的素材库也是非常重要的。素材库就像是一个创作的"百宝箱"，里面可以存放各种类型的素材，如视频片段、图片、音乐、音效等。在日常浏览网页、观看视频时，遇到合适的素材就可以将其收集起来，分类整理到素材库中。这样在制作短视频时，就可以快速从素材库中找到所需的素材，节省大量的时间和精力。同时，你还可以对素材进行标注和描述，方便在需要时快速检索。

随着创作的深入，要不断总结和优化自己的创作流程。可以分析自己制作的短视频的数据，如播放量、点赞数、评论数等，了解观众的喜好和反馈，找出视频中存在的不足之处，然后针对性地对创作流程进行优化。比如，如果发现某个视频的开头部分观众的跳出率较高，就可以思考如何改进开头的文案和画面，吸引观众的注意力；如果某个视频的节奏把握不好，让观众感到无聊，就可以调整视频的剪辑方式，加快节奏。此外，还可以学习其他优秀创作者的经验和技巧，不断提升自己的创作能力。可以关注一些知名的短视频创作者，分析他们的视频风格、内容策划、剪辑手法等，从中汲取灵感和经验。同时，也可以参加一些短视频创作的交流活动，与其他创作者分享经验、互相学习、共同进步。

3. 联手即梦：开启海报创作新时代

在当今数字化浪潮中，AI 技术的迅猛发展正以前所未有的态势重塑着各个领域，海报设计领域也不例外。以往，制作一张海报，从最初的创意构思，到素材收集、设计排版，再到细节调整，每一个环节都需要设计师投入大量的时间与精力，还需具备扎实的设计功底和丰富的创意灵感。即便如此，最终成果也可能因各种因素难以完全达到预期。

然而，随着 DeepSeek 和即梦组合的出现，这一局面得到了彻底改变。DeepSeek 作为一款强大的语言模型，拥有卓越的语言理解与生成能力；即梦则是在图像生成领域表现出色的 AI 工具。当二者强强联合，就如同为海报设计领域注入了一股强大的创新力量，开启了一键生成海报的全新时代。无论你是毫无设计经验的小白，还是寻求提升效率的专业设计师，这个组合都能为你带来前所未有的创作体验，轻松实现从创意到精美海报的快速转化。接下来，就让我们一同深入探索 DeepSeek 和即梦组合一键生成海报的神奇之旅。

第一步：DeepSeek 生成提示词

访问 DeepSeek

要开启 DeepSeek 和即梦组合一键生成海报的奇妙之旅，首先得找到并顺利进入 DeepSeek 的世界。打开你常用的浏览器，无论是简洁高效的 Chrome，还是兼容性出色的 Firefox，又或是苹果系统自带的 Safari，在搜索栏中输入"DeepSeek"，随后在搜索结果中，认准官方网站的链接，一般来说，官方网址为"https://www.deepseek.com/"。点击进入，你便来到了 DeepSeek 的官方页面。如果是首次使用，根据页面的提示，完成注册或登录操作，即可开启与 DeepSeek 的交互。

构建提示词

当成功进入 DeepSeek 操作界面后，就到了构建提示词的关键环节。这一步就像是给 DeepSeek 下达精确的指令，让它明白你想要生成什么样的海报。编写提示词时，可参考这个实用公式：角色 + 场景 + 具体要求 + 输出格式。

假设我们要生成一张音乐节海报，"角色"可以设定为资深海报设计师，这能让 DeepSeek 以专业的设计视角来构思；"场景"设定为一场充满活力的户外音乐节，让它有一个具体的情境参考；"具体要求"部分详细描述，如画面中要有绚烂的舞台灯光效果，舞台上的乐队激情演奏，台下观众热情欢呼，周围有飘扬的旗帜和五彩的气球，体现音乐节热闹欢快的氛围；"输出格式"则可要求为适合打印的高清图片格式，分辨率不低于300dpi。整合起来，提示词就可以是"请以资深海报设计师的视角，为一场户外音乐节设计海报，画面需展现绚烂舞台灯光、台上激情演奏的乐队、台下热情欢呼的观众、飘扬的旗帜和五彩气球，营造热闹欢快氛围，输出适合打印的高清图片格式，分辨率不低于300dpi"。通过这样清晰、具体的提示词，DeepSeek就能更精准地理解你的需求，为后续生成优质的海报提示词奠定基础。

优化提示词

在DeepSeek生成初步提示词后，还需要对其进行检查和优化。这一步至关重要，因为精准的提示词是生成理想海报的关键。首先，要根据海报的主题和目标受众，仔细审视提示词的准确性。比如，如果目标受众是年轻的潮流爱好者，那么在描述风格时，可使用更具时尚感和潮流感的词汇，像"赛博朋克风""Y2K风格"等，而不是过于传统的表述。

其次，丰富提示词的细节描述。以音乐节海报为例，若初步提示词中只提到了乐队演奏，可进一步补充乐队的风格，是摇滚乐队的狂野不羁，还是流行乐队的青春活力，不同的风格会给海报带来截然不同的视觉感受。同时，也可以添加一些独特的元素，如融入音乐节的特色标志，或者特定的文化符号，让海报更具辨识度和吸引力。此外，检查提示词的逻辑连贯性，确保各个要素之间的衔接自然流畅，避免出现前后矛盾或模糊不清的地方。通过这样全方位的优化，使提示词更加清晰、精准，符合我们对海报的预期需求。

第二步：即梦 AI 生成海报

打开即梦 AI

当在 DeepSeek 中完成提示词的优化后，接下来就要进入即梦 AI 的世界，开启海报生成的精彩环节。打开浏览器，在地址栏中输入即梦 AI 的官方网址"https://jimeng.jianying.com/ai-tool/home/"，回车确认后，即可进入即梦 AI 的官方页面。如果这是你首次使用即梦 AI，按照页面上清晰的引导，完成注册流程，填写必要的信息，如手机号码、设置密码等，注册成功后登录账号；若之前已经注册过，直接输入账号和密码登录即可。登录成功后，你会看到即梦 AI 简洁而直观的操作界面，各个功能模块一目了然，等待你开启海报创作之旅。

粘贴提示词

进入即梦 AI 的图片生成界面后，会看到一个醒目的提示词输入框，这就是承载 DeepSeek 智慧结晶的地方。将之前在 DeepSeek 中精心优化好的提示词，通过快捷键"Ctrl+V"（在 Mac 系统中为"Command+V"）粘贴到这个输入框中。需要注意的是，DeepSeek 生成的提示词有时可能会包含一些不必要的英文描述，这些英文内容对于即梦 AI 生成海报并无实际帮助，反而可能会干扰其对关键信息的理解。因此，在粘贴提示词后，仔细检查，手动删除这些多余的英文部分，确保提示词简洁明了，仅保留关键的描述信息，让即梦 AI 能够更精准地捕捉到你的创作意图。

选择参数设置

在即梦 AI 的操作界面中，参数设置是影响海报最终效果的重要因素。首先是图片比例，常见的比例有 16：9，这种比例适合用于制作在网络平台展示的海报，如微博、抖音等，能充分利用屏幕空间，呈现出宽广的视觉效果；3：4的比例则更适合小红书等平台，竖向的画面能更好地适应手机屏幕的浏览习惯，突出主体内容。如果是用于线下打印展示，如张贴在海报栏、店铺门口等，可根据实际展示空间和设计需求，选择合适的标准比例。

画质选项中，较高的画质设置能生成细节丰富、色彩鲜艳、图像清晰的海报，但可能会消耗更多的计算资源和生成时间；较低的画质则生成速度较快，但图像的精细度会有所降低。若海报用于商业宣传、重要活动展示等对画质要求较高的场景，应优先选择高画质选项；若只是初步预览效果、快速获取设计灵感，可先选择较低画质进行尝试。

生成数量方面，即梦 AI 通常一次可以生成多张海报，一般为 4 张。如果对海报的创意和风格没有特别明确的方向，希望有更多的选择空间，可适当增加生成数量，以便从更多的作品中挑选出最满意的；若对海报的预期较为明确，生成 4 张基本就能满足筛选需求，避免不必要的等待时间。总之，根据海报的具体用途和展示平台，合理调整这些参数，能让生成的海报更贴合实际需求。

导入参考图（可选）

在即梦 AI 生成海报的过程中，如果恰好有与海报主题相关的参考图，如已有的类似风格海报、心仪的图片素材等，导入参考图能让生成的海报更符合预期。在操作界面中，找到"导入参考图"的按钮，点击后从本地文件夹中选择准备好的参考图。上传成功后，即梦 AI 会提供几种参考方式，如选择"主体"，这意味着即梦 AI 会提取参考图中的主要元素，如人物、建筑、物体等，并将其融入海报生成过程中，保持主体的形态和特征，同时结合提示词中的描述，对周围的环境、背景等元素进行创新生成。选择好参考方式后，点击"保存"，即可让参考图为海报生成助力。参考图就像是创作的灵感源泉和参照标准，能引导即梦 AI 朝着更符合你心中设想的方向生成海报。

生成与筛选海报

当完成提示词粘贴、参数设置及参考图导入（若有）等一系列准备工作后，就到了见证奇迹的时刻。点击即梦 AI 操作界面上醒目的"生成"按钮，此时，即梦 AI 会迅速运转，基于你提供的提示词、选择的参数及参考图（若有），在后台进行复杂的图像生成运算。这个过程可能需要一些时间，具体时长取决于提示词的复杂程度、参数设置及服务器的负载情况，一般在几十秒到几分钟不等。

待生成完成后，即梦 AI 会在界面上展示出一次性生成的多张海报。这些海报虽然都基于相同的提示词和参数，但由于 AI 生成的随机性和多样性，每张海报在细节、色彩搭配、元素布局等方面都会有所不同。仔细浏览这些海报，从构图是否合理、色彩是否协调、元素是否突出主题等多个角度进行评估，挑选出最符合自己预期的那张海报。如果对生成的海报都不太满意，不要着急，可以返回去调整提示词、参数设置，或者更换参考图，再次点击"生成"，直到获得满意的海报作品。

案例展示：多样主题海报创作

商业宣传海报

在商业领域，宣传海报是吸引消费者目光、推广产品的重要手段。以某新兴的智能手表品牌为例，为了在竞争激烈的市场中迅速打开知名度，品牌方决定制作一系列宣传海报。借助 DeepSeek，工作人员输入提示词："以资深广告设计师的视角，为一款具有健康监测、智能通话、时尚外观的智能手表设计宣传海报。画面中，一位充满活力的年轻人在户外跑步，手腕上佩戴着智能手表，手表屏幕亮起，显示运动数据，周围是代表科技感的线条和光影效果，整体风格要时尚动感，突出智能手表的科技属性和便捷功能，输出适合社交媒体传播的高清图片格式，分辨率 1080×1920"。

　　DeepSeek 快速生成了详细且专业的提示词，涵盖了画面的各个关键要素。随后，将这些提示词粘贴到即梦 AI 中，选择 16：9 的图片比例，以适配常见的社交媒体平台展示，设置高画质，确保海报在传播过程中的清晰度和视觉效果。点击生成后，即梦 AI 很快生成了多张风格各异的海报。其中一张海报中，年轻人奔跑的姿态充满动感，手表的细节清晰可见，科技感的线条和光影环绕，色彩搭配鲜明且富有现代感，完美地展现了智能手表的特点和优势。这张海报一经发布在社交媒体上，迅速吸引了大量用户的关注和点赞，有效提升了品牌的知名度和产品的吸引力。

活动海报

　　对于各类活动而言，一张富有吸引力的海报能够在第一时间吸引目标人群的注意，激发他们参与活动的兴趣。就拿一场大型音乐节来说，组织者希望制作出独特且能体现音乐节特色的海报。在 DeepSeek 中，输入提示词："请以资深音乐节海报设计师的身份，为一场融合摇滚、流行、电子音乐风格的音乐节设计海报。画面要展现舞台上激情四溢的乐队表演，台下观众热情欢呼，挥舞着荧光棒，天空中绽放着绚丽的烟花，背景是充满迷幻色彩的灯光效果，营造出热烈、狂欢的氛围，输出用于线下张贴和线上宣传的高清图片，分辨率 300dpi，尺寸为 A3。"

得到 DeepSeek 生成的提示词后，在即梦 AI 中，根据线下张贴和线上宣传的不同场景，分别选择合适的参数。线下张贴的海报，选择高质量的打印设置，确保色彩还原度和图像清晰度；线上宣传则兼顾加载速度和视觉效果，选择适中的画质和文件大小。导入一些音乐节以往的精彩瞬间照片作为参考图，选择"主体"参考方式，让即梦 AI 在生成海报时能更好地把握音乐节的氛围和元素。最终生成的海报中，舞台上乐队的精彩表演被生动呈现，台下观众的热情被充分展现，绚丽的烟花和迷幻灯光相互映衬，完美地传达出音乐节的热烈氛围。这张海报不仅在线下海报栏吸引了众多行人的目光，在线上宣传时也引发了大量的转发和讨论，为音乐节的成功举办吸引了众多乐迷。

个人创意海报

在满足个人创意表达方面，DeepSeek 和即梦 AI 组合同样表现出色。比如，一位摄影爱好者想要制作一张纪念自己旅行经历的海报。在 DeepSeek 中，他输入提示词："以资深旅行摄影师和海报设计师的双重身份，为我的一次难忘的西藏之旅设计纪念海报。画面中要有布达拉宫的雄伟全景，湛蓝的天空下，经幡随风飘扬，我站在布达拉宫前，面带微笑，手中拿着相机，周围是充满藏式风格的建筑和装饰元素，色彩要鲜艳且富有层次感，体现西藏的神秘与壮美，输出适合打印成照片墙的高清图片格式，尺寸为 40×60cm。"

在即梦 AI 中，将生成数量设置为 6 张，以获取更多的创意选择。选择与照片墙尺寸匹配的比例，设置高画质，保证打印出来的海报清晰度。上传自己在西藏拍摄的布达拉宫照片作为参考图，选择"场景"参考方式，让即梦 AI 能更好地还原真实场景。最终生成的海报中，布达拉宫的雄伟、西藏的独特风情及个人的旅行记忆都被完美融合，每一张海报都充满了故事感。这位摄影爱好者挑选出最满意的一张海报打印出来，挂在自己的家中，成为一段美好旅行回忆的独特纪念。

技巧与注意事项

精准描述需求

在使用 DeepSeek 生成提示词时，精准描述需求是至关重要的。因为 DeepSeek 会依据我们输入的内容来理解我们的意图，进而生成相应的提示词。如果需求描述模糊不清，就如同给一位导游一个模糊的目的地，他很难准确地带你到达理想的地方。例如，简单地说"做一张海报"，DeepSeek 无法得知你想要的海报主题是商业推广、活动宣传还是个人纪念，也不清楚你期望的风格是简约现代、复古怀旧还是奇幻科幻，更不了解画面中需要包含哪些具体元素。这样生成的提示词往往缺乏针对性，最终生成的海报也难以符合预期。

为了使需求描述更精准，我们可以从多个维度进行思考和阐述。在描述主题时，要具体明确，比如"为一款新上市的智能扫地机器人设计宣传海报"，让 DeepSeek 清楚知道海报围绕的核心产品是什么。对于风格，若喜欢复古风格，可进一步描述是 20 世纪 20 年代的 ArtDeco 风格，还是 60 年代的波普风格，每种风格都有其独特的色彩、图案和排版特点，越详细的描述越能让 DeepSeek 捕捉到你的喜好。在画面元素方面，细致列举必不可少，如"画面中要有扫地机器人在客厅工作的场景，旁边有摆放整齐的沙发和茶几，地上有散落的纸屑，体现机器人的清洁功能"。通过这样全面、细致的描述，为 DeepSeek 提供清晰的创作方向，它就能生成更贴合需求的提示词，为后续生成优质海报奠定坚实基础。

多次尝试与调整

在利用 DeepSeek 和即梦 AI 生成海报的过程中，一次就能得到完美海报的情况并不常见。由于 AI 生成的结果具有一定的随机性，且海报设计涉及众多因素，如提示词的理解、参数设置的合理性等，所以往往需要多次尝试与调整。当首次生成的海报效果不理想时，不要气馁，这是探索过程中的正常现象。

可以从多个方面进行调整。首先是参数设置，若生成的海报画面过于模糊，可能是画质设置过低，这时可提高画质选项，再次生成，观察效果是否改善；若觉得海报的元素布局不够合理，可尝试调整图片比例，如从 16：9 改为 3：4，也许能获得更满意的构图。其次，提示词也可以不断优化。比如在生成商业宣传海报时，若最初的提示词生成的海报未能突出产品的独特卖点，可重新审视产品特点，将更具吸引力的卖点融入提示词中，像"这款智能扫地机器人具有超强的避障功能，能轻松避开家具和障碍物"，再次生成海报，看是否能更好地展现产品优势。此外，参考图的选择和使用方式也可以改变，尝试上传不同的参考图，或者更换参考方式，说不定能为海报带来全新的创意和风格。通过反复尝试这些调整，不断总结经验，逐渐找到最适合的参数、提示词和参考图组合，从而得到令人满意的海报作品。

素材积累与运用

平时积累各类素材，对于使用 DeepSeek 和即梦 AI 生成高质量海报有着重要的作用。素材就像是创作的"原材料"，丰富的素材库能为我们的创意提供更多的灵感和支撑。在图像素材方面，收集各种风格、主题的图片，如自然风光、人物肖像、建筑景观、抽象图案等。这些图片可以在我们需要导入参考图时发挥作用，让即梦 AI 更准确地理解我们想要的画面效果。比如，在制作一张环保主题的海报时，若我们有一张美丽的自然风景图片作为参考，即梦 AI 就能更好地把握自然元素的表现方式，使生成的海报在展现环保理念时更具视觉感染力。

文案素材的积累同样关键。收集一些优秀的广告语、宣传语、诗词、名言警句等，当我们在构建提示词时，就能从中获取灵感，使提示词更具文采和吸引力。例如，在为一场文化活动制作海报时，提示词中融入一句与文化主题相关的诗词，如"腹有诗书气自华，共赴文化盛宴时"，能让海报瞬间增添文化底蕴。此外，还可以积累一些常见的设计元素和排版方式，了解不同元素和排版所传达的情感和氛围，在设计海报时，就能更自如地运用这些知识，与 DeepSeek 和即梦 AI 更好地配合，将脑海中的创意转化为精美的海报作品。

总结与展望

DeepSeek 和即梦 AI 组合一键生成海报的方式，以其独特的优势，为海报设计带来了前所未有的便捷与高效。从前期利用 DeepSeek 构建并优化提示词，精准传达设计意图，到后期在即梦 AI 中通过合理设置参数、巧妙运用参考图，生成多样化的海报作品，每一个步骤都紧密相连，共同构成了这一创新的海报创作流程。

通过商业宣传海报、活动海报和个人创意海报等多个案例，我们切实看到了这一组合在不同场景下的出色表现，无论是提升品牌知名度、吸引活动参与者，还是满足个人的创意表达，它都能发挥重要作用。同时，在使用过程中，精准描述需求、多次尝试调整及注重素材积累与运用等技巧和注意事项，能帮助我们更好地驾驭这一组合，生成更优质的海报。

展望未来，随着 AI 技术的不断发展与创新，我们有理由相信，在海报设计领域，AI 将发挥更为重要的作用。一方面，AI 模型的性能将持续提升，对用户需求的理解更加精准，生成的海报质量和创意将更上一层楼。例如，语言模型在理解复杂的创意描述时将更加准确，图像生成模型能够生成更加细腻、逼真且富有艺术感的海报作品。另一方面，AI 与其他设计工具、技术的融合也将日益紧密，为海报设计带来更多的可能性。也许在不久的将来，我们能够通过语音指令与 AI 进行自然交互，实时生成海报；或者 AI 能够根据大数据分析，自动为不同的受众群体定制个性化的海报。

所以，无论你是想要踏入设计领域的新手，还是渴望突破传统设计模式的专业人士，都不妨勇敢地尝试使用 DeepSeek 和即梦 AI 组合进行海报创作。相信在 AI 技术的助力下，你一定能够轻松开启创意之门，设计出令人眼前一亮的海报作品，在海报设计的舞台上展现独特的风采。

4. 联手 COZE：打造专属智能体

在科技飞速发展的当下，人工智能（AI）已不再是遥不可及的概念，它正以惊人的速度融入我们生活的方方面面。从智能手机中的语音助手，到电商平台的智能推荐系统，AI 技术的应用无处不在，深刻地改变着我们的生活和工作方式。回顾 AI 的发展历程，从早期简单的算法模型，到如今复杂强大的深度学习框架，每一次技术突破都为我们打开了一扇通往新世界的大门。

在当下，DeepSeek 和 COZE 的组合横空出世，宛如 AI 领域的一颗新星，吸引了众多目光。DeepSeek 作为一款先进的大语言模型，具备强大的自然语言处理能力，能够理解和生成高质量的文本。而 COZE 则是一个功能强大的智能体开发平台，它为用户提供了丰富的工具和接口，使得创建智能体变得更加简单和高效。当 DeepSeek 与 COZE 携手合作，二者的优势相互融合，便开启了创建专属智能体的新篇章。这种创新的组合不仅为开发者提供了前所未有的便利，也为普通用户带来了更加个性化、智能化的服务体验。它的出现，让我们看到了 AI 技术在未来的无限可能，无论是在商业领域的智能客服、智能营销，还是在教育领域的个性化学习辅导，又或是在医疗领域的智能诊断辅助等方面，都有着巨大的应用潜力。接下来，就让我们一起深入探索 DeepSeek 和 COZE 组合创建专属智能体的奇妙世界。

组合的神奇之处

DeepSeek 和 COZE 的组合之所以能在创建专属智能体领域引起广泛关注，关键在于其独特的优势。从开发门槛来看，COZE 的零代码操作特性就像一把万能钥匙，为众多非技术专业人员打开了智能体开发的大门。以往，开发智能体往往需要具备深厚的编程知识和丰富的开发经验，从代码编写到功能调试，每一个环节都充满挑战，这使得许多有创意的想法因技术门槛而无法实现。

而现在，借助 COZE，即使是没有编程基础的普通用户，也能通过简单的拖拽、配置等操作，轻松构建智能体的基本框架。就好比搭建积木，用户只需将各种功能模块像积木一样拼接起来，就能快速完成智能体的初步搭建，大大缩短了开发周期，降低了开发成本。

在应用场景拓展方面，DeepSeek 的多模态能力与 COZE 的灵活组合，犹如为智能体插上了翅膀，让其能够在多个领域大显身手。DeepSeek 不仅在文本处理上表现出色，能够理解和生成自然流畅的语言，还具备一定的图像、音频等多模态数据处理能力。而 COZE 则提供了丰富的接口和插件，使得智能体能够与外部系统进行交互，获取更多的信息和资源。例如，在智能教育领域，将 DeepSeek 强大的语言理解和生成能力与 COZE 的学习管理系统插件相结合，就可以创建出个性化的智能学习辅导智能体。它能够根据学生的学习进度和问题，实时生成针对性的学习建议和解答，还能与在线学习平台对接，自动记录学生的学习情况，为教师提供教学参考。在医疗领域，通过整合 DeepSeek 的医学知识理解能力和 COZE 的医疗设备数据接入插件，智能体可以辅助医生进行疾病诊断。它能够分析患者的病历、症状描述以及各种检查数据，为医生提供诊断建议和治疗方案参考，提高医疗效率和准确性。

从功能定制角度来说，二者组合的自由插件组合功能为用户提供了高度的个性化定制空间。COZE 的插件市场就像一个巨大的宝藏库，里面包含了各种各样的插件，从简单的文本处理插件，到复杂的数据分析插件，应有尽有。用户可以根据自己的需求，自由选择和组合插件，为智能体赋予独特的功能。以电商智能体为例，用户可以添加商品推荐插件、库存管理插件和客户关系管理插件，使智能体能够根据用户的浏览历史和购买行为，精准推荐商品，同时实时监控库存情况，及时补货，并与客户进行有效的沟通和互动，提升客户满意度和购物体验。

从技术原理层面剖析，DeepSeek 和 COZE 的协同工作是一个相互配合、优势互补的过程。当用户向智能体发起请求时，COZE首先对请求进行解析和预处理，根据请求的类型和用户的配置，选择合适的插件和工具进行初步处理。然后，将处理后的信息传递给 DeepSeek，DeepSeek 利用其强大的语言理解和推理能力，对信息进行深入分析和理解，生成相应的回复或解决方案。最后，COZE 再将 DeepSeek 的结果进行整合和优化，以合适的方式呈现给用户。例如，当用户询问关于某个产品的信息时，COZE 会调用相关的产品信息查询插件，从数据库中获取产品的基本信息，然后将这些信息和用户的问题一起发送给 DeepSeek。DeepSeek对问题进行理解和分析，结合产品信息，生成详细准确的回答，COZE 再将回答进行格式化处理，以清晰明了的方式展示给用户。这种协同工作模式，使得智能体能够充分发挥 DeepSeek 和 COZE的优势，提供更加高效、智能、个性化的服务。

创建专属智能体的详细步骤

为了让大家更直观地掌握利用 DeepSeek 和 COZE 创建专属智能体的方法，下面将以创建一个智能电商客服智能体为例，详细介绍具体的操作步骤。

首先，打开 COZE 平台的官方网站，在首页点击"注册"按钮，按照系统提示填写手机号码、设置密码等信息，完成注册流程后登录账户。成功登录后，进入 COZE 的主界面，在界面的左上角可以看到"创建 Bot"的按钮，点击它开始创建我们的智能体。在弹出的创建页面中，填写智能体的相关信息，如工作空间选择"个人空间"，为智能体起一个合适的名字，比如"智能电商客服小助手"，并在自我介绍栏中简要描述其功能，例如"我是您的电商购物小帮手，能为您解答各类商品咨询、订单问题等"。如果有合适的图标，也可以上传，或者点击"生成图标"让 AI 为我们生成一个独特的图标，完成后点击"确认"。

接下来是配置智能体的关键环节。在编排部分，默认设置即可，若想进一步探索高级功能，可选择多个 Agent 配合，并自主选择大模型，这里我们先以默认的单 Agent 模式和系统推荐的与 DeepSeek 相关的模型进行配置。人设与回复逻辑是赋予智能体"灵魂"的关键步骤，我们要详细地描述智能体的角色、技能和限制。比如，角色设定为专业的电商客服，技能包括准确理解用户的商品咨询问题，如商品的尺寸、材质、功能等；能够查询商品库存、订单状态，处理退换货流程等；限制则设定为只回答与本电商平台商品和服务相关的问题，对于无关话题礼貌地引导用户回到电商相关问题。具体的回复逻辑可以按照常见问题类型进行预设，例如当用户询问"某商品有哪些颜色可选"时，智能体应能准确查询并回复商品的颜色选项。

在技能拓展方面，添加插件是提升智能体能力的重要手段。对于电商客服智能体，我们可以添加商品信息查询插件，使其能够实时从电商平台的数据库中获取商品的详细信息；添加库存管理插件，以便及时了解商品的库存情况，当用户询问某商品是否有货时能快速给出准确答复；还可以添加客户关系管理插件，记录用户的购买历史和偏好，为用户提供更个性化的服务。在 COZE 平台的插件市场中，搜索并找到这些插件，点击添加即可。添加完成后，插件会出现在智能体的技能列表中。

配置对话流程也是必不可少的一步。点击"添加对话流"，进入对话流程编辑界面。在这里，我们可以设置用户输入问题后的处理流程。例如，当用户输入问题后，首先通过文本分析模块提取问题的关键词，然后根据关键词调用相应的插件和模型进行处理。如果是商品咨询问题，调用商品信息查询插件获取商品信息，再结合 DeepSeek 强大的语言理解和生成能力，将信息整理成清晰、易懂的回复内容返回给用户。在对话流程中，还可以设置一些条件判断节点，比如当用户询问的商品缺货时，自动引导用户查看相似商品或推荐其他替代品。

在完成上述所有设置后，点击界面右上角的"预览与调试"按钮，进入测试界面。在测试界面的聊天框中，输入各种可能的用户问题，如"我想买一件 T 恤，有什么推荐""我之前的订单什么时候能发货"等，检查智能体的回答是否准确、合理。如果发现问题，返回配置页面进行调整，直到智能体的表现符合预期。当测试满意后，点击"发布"按钮，将智能体发布到指定的平台，如电商平台的客服聊天窗口，让它正式为用户服务。

实际应用场景展示
智能客服：7×24 小时的贴心服务

在电商行业，智能客服的重要性不言而喻。以一家知名电商平台为例，以往人工客服每天需要处理海量的客户咨询，工作强度大，且在高峰时段常常难以快速响应客户需求，导致客户满意度下降。引入 DeepSeek 和 COZE 组合创建的智能客服智能体后，情况得到了极大改善。当客户询问"这款手机的电池续航能力如何"

时，智能体借助 DeepSeek 强大的语言理解能力，迅速理解问题的核心，然后通过调用 COZE 平台上的商品信息查询插件，从数据库中获取该手机的电池参数和续航测试数据，再利用 DeepSeek 的语言生成能力，以清晰、易懂的语言回复客户："这款手机配备了 5000mAh 的大容量电池，经过专业测试，在日常使用场景下，如浏览网页、观看视频、社交聊天等，可续航一整天。如果您开启省电模式，续航时间还能进一步延长。"智能体还能根据客户的历史购买记录和浏览行为，主动推荐相关的手机配件，如充电宝、手机壳等，提升客户的购物体验。据统计，该电商平台引入智能客服智能体后，客服响应时间缩短了 50%，客户满意度提升了 30%，有效减轻了人工客服的工作压力，提高了服务效率和质量。

内容创作助手：激发创意的灵感源泉

对于内容创作者来说，寻找灵感和高效创作是永恒的挑战。一位自媒体博主在创作旅游攻略文章时，使用了基于 DeepSeek 和 COZE 组合的内容创作助手智能体。博主首先向智能体输入旅游目的地、旅行天数、预算等信息，智能体利用 DeepSeek 的自然语言处理能力理解这些信息，然后通过调用 COZE 平台上的旅游信息插件，从各大旅游网站和数据库中收集关于该目的地的景点介绍、美食推荐、住宿信息等资料。接着，DeepSeek 对这些资料进行分析和整合，生成一份详细的旅游攻略大纲，包括每天的行程安排、景点游玩顺序、美食体验推荐等。博主根据大纲进行创作时，遇到语言表达或内容拓展方面的问题，还可以随时向智能体提问。例如，当博主想描述某个景点的独特之处但不知如何下笔时，智能体可以根据该景点的特点，生成生动形象的描述语句，为博主提供创作思路。使用内容创作助手智能体后，这位博主的创作效率提高了 40%，文章的阅读量和互动量也有了显著提升，因为智能体提供的丰富资料和创意建议，使文章内容更加丰富、有趣，更能吸引读者的关注。

办公自动化工具：提升效率的得力助手

在企业办公场景中，办公自动化工具能极大地提高工作效率。某公司的行政部门需要定期处理大量的文件整理、会议安排和数据统计工作。通过使用 DeepSeek 和 COZE 组合创建的办公自动化智能体，这些工作变得轻松高效。在文件整理方面，当员工将新的文件上传到共享文件夹时，智能体利用 DeepSeek 的文本分析能力，自动识别文件的类型、主题和关键信息，然后通过 COZE 平台上的文件管理插件，将文件分类存储到相应的文件夹中，并为文件添加准确的标签，方便后续查找。在会议安排上，员工只需向智能体发送会议主题、参与人员、时间要求等信息，智能体就能查询所有参与人员的日程安排，选择合适的时间，并通过邮件或即时通讯工具向参会人员发送会议邀请，同时自动在日历中添加会议日程。在数据统计方面，智能体可以连接公司的数据库，根据员工输入的统计需求，如"统计本季度各部门的销售业绩"，利用 DeepSeek 进行数据分析，然后通过 COZE 平台上的图表生成插件，将数据以直观的图表形式展示出来。该公司引入办公自动化智能体后，行政部门的工作效率提高了 60%，人力成本降低了 30%，员工可以将更多的时间和精力投入到更有价值的工作中。

展望未来，DeepSeek 和 COZE 组合在创建专属智能体领域有着广阔的发展前景。从应用领域拓展来看，在医疗保健行业，未来智能体有望承担更多复杂的任务，如协助医生进行远程会诊。智能体可以实时分析患者的各种生理数据，包括心率、血压、血糖等，结合患者的病历和症状描述，为医生提供详细的病情分析和诊断建议。在金融领域，智能体不仅能进行风险评估和投资建议，还可能参与到金融市场的实时交易中。它可以根据全球金融市场的动态变化，如股票价格波动、汇率变化等，快速做出交易决策，实现智能化的投资管理。在教育领域，智能体将更加深入地融入个性化学习体系，为每个学生量身定制学习路径。除了提供课程辅导和作业批改，还能根据学生的兴趣爱好和职业规划，推荐相关的学习资源和实践活动，培养学生的综合素养和创新能力。

在技术优化方面，随着硬件技术的不断进步，如更强大的GPU 和云计算技术的发展，DeepSeek 的运算速度和处理能力将得到进一步提升。这将使得智能体在处理复杂任务时更加高效，能够快速响应用户的请求，提供更流畅的交互体验。同时，COZE平台也将不断完善其插件生态系统，引入更多功能强大的插件，为智能体的功能拓展提供更多可能性。例如，开发更先进的数据分析插件，能够对海量数据进行深度挖掘和分析，为智能体的决策提供更有力的数据支持；推出更智能的自然语言处理插件，提升智能体对语言的理解和生成能力，使其能够与用户进行更自然、更准确的交流。

然而，我们也必须清醒地认识到，DeepSeek 和 COZE 组合在发展过程中可能面临诸多挑战。数据安全是一个不容忽视的重要问题。随着智能体在各个领域的广泛应用，其处理和存储的数据量越来越大，数据的安全性和隐私保护面临严峻考验。如果智能体存储的用户信息、商业机密等数据遭到泄露，将给用户和企业带来巨大的损失。为了应对这一挑战，需要采取一系列严格的数据加密措施，确保数据在传输和存储过程中的安全性。同时，建立完善的访问控制机制，根据用户的身份和权限，限制对数据的访问，防止数据被非法获取和滥用。

模型优化也是一个持续的挑战。虽然 DeepSeek 已经具备强大的语言处理能力，但在面对复杂的实际应用场景时，仍然可能存在一些局限性。例如，在处理一些专业性极强的领域知识时，模型的准确性和可靠性有待提高；在多模态数据处理方面，虽然已经取得了一定的进展，但仍需要进一步优化，以实现更精准的图像、音频等信息的理解和处理。为了提升模型的性能，需要不断改进训练算法，增加训练数据的多样性和质量，让模型学习到更广泛、更深入的知识。同时，加强对模型的评估和监测，及时发现和解决模型存在的问题，不断优化模型的表现。

DeepSeek 和 COZE 的组合，为我们打开了创建专属智能体的大门，开启了一个充满无限可能的智能时代。它们的结合，不仅降低了智能体开发的门槛，让更多人能够参与到智能体的创建中来，还拓展了智能体的应用场景，使其能够在各个领域发挥重要作用。通过创建专属智能体，我们能够享受到更加个性化、高效、智能的服务，提升生活和工作的品质。无论是在商业领域的智能客服、智能营销，还是在教育领域的个性化学习辅导，又或是在医疗领域的智能诊断辅助等方面，智能体都展现出了巨大的潜力和价值。

5. 联手飞书：会议纪要一键生成的高效秘诀

在当今快节奏的工作环境中，会议作为团队沟通协作、决策制定的重要方式，占据着工作中的大量时间。据统计，职场人士平均每周花费在会议上的时间超过 10 小时，而整理会议纪要又往往需要耗费额外的 1—3 小时。传统的会议纪要整理方式，不仅耗费人力和时间，还容易出现信息遗漏、重点不突出等问题。低效的会议纪要管理，可能导致团队成员对会议决策理解不一致，工作执行出现偏差，进而影响项目进度和团队协作效率。因此，如何高效地管理会议纪要，成为提升工作效率的关键环节。

随着人工智能技术的飞速发展，DeepSeek 和飞书的组合为我们带来了全新的解决方案，能够一键整理会议纪要，开启高效会议管理的新时代。这一创新组合，将飞书强大的会议记录与协作功能，与 DeepSeek 先进的自然语言处理能力相结合，为会议纪要的整理带来了前所未有的便捷与高效。无论是大型的跨部门会议，还是小型的团队讨论，都能轻松应对，帮助团队成员快速准确地获取会议关键信息，提升工作效率。

DeepSeek 与飞书：强大的组合背景

DeepSeek 作为人工智能领域的后起之秀，凭借其卓越的自然语言处理能力和深度学习技术，在众多大模型中脱颖而出。它采用了先进的混合专家模型（MoE），通过训练多个专家模型，并根据输入数据的特征动态选择最合适的专家模型进行处理，从而实现对复杂任务的高效处理。这种独特的技术架构，使得 DeepSeek 在处理大规模数据时，能够快速准确地理解和生成自然语言，为用户提供高质量的回答和解决方案。

在自然语言处理方面，DeepSeek 能够理解人类语言的细微差别，无论是日常对话、专业文档还是复杂的指令，都能轻松应对。它支持多语言交互，打破了语言障碍，为全球用户提供了便捷的服务。在知识图谱的构建和应用上，DeepSeek 也表现出色，它存储了大量的结构化知识，能够快速找到相关信息，提供精准的答案，帮助用户解决各种问题。

飞书则是字节跳动推出的一款先进的办公协同平台，致力于为企业提供一站式的解决方案，涵盖沟通、协作、管理等多个方面。飞书的功能丰富多样，拥有即时通讯、视频会议、云文档、日程管理等多种工具，能够满足企业日常办公的各种需求。其简洁易用的界面设计，让用户能够快速上手，提高工作效率。

飞书的即时通讯功能支持一对一和群组沟通，消息发送迅速，确保信息的及时传递。视频会议功能高清稳定，支持多人同时参会，还提供了屏幕共享、会议录制等实用功能，方便团队成员进行远程协作和沟通。云文档支持多人实时协作编辑，文档历史版本可追溯，保障了文档的安全性和可靠性。日程管理功能能够帮助用户合理安排工作时间，设置提醒，确保各项任务按时完成。

当 DeepSeek 与飞书相遇，两者的优势得到了完美的结合。飞书丰富的会议记录和协作功能，为 DeepSeek 提供了大量的文本数据，这些数据涵盖了各种会议场景和业务领域，为 DeepSeek 的训练和优化提供了丰富的素材。而 DeepSeek 强大的自然语言处理能力，则能够对飞书记录的会议内容进行智能分析和整理，将冗长的会议内容转化为简洁明了的会议纪要，大大提高了会议纪要整理的效率和质量。

会前准备：搭建高效基石

账号注册与工具熟悉

在使用 DeepSeek 和飞书组合进行会议纪要整理之前，首先要完成账号注册和工具熟悉的工作。飞书妙记作为飞书旗下强大的会议记录工具，拥有网页版和客户端两个版本，各有其独特的优势。网页版的飞书妙记，适合追求快速访问和简单操作的用户。你只需打开浏览器，输入官方网址，就能轻松登录使用。在一些临时需要查看会议纪要或者简单处理会议记录的场景下，网页版的便捷性就凸显出来，无须下载额外的软件，随时随地都能进行操作。

而客户端版本则更适合那些对功能完整性和性能有更高要求的用户。它提供了更全面的功能，并且支持离线使用。比如在一些网络信号不佳的环境中，或者需要对会议记录进行深度处理时，客户端就能发挥其优势。你可以提前将重要的会议记录下载到本地，在没有网络的情况下依然可以查看和编辑。同时，客户端在处理大文件和复杂任务时，性能表现更为出色，能够让你的操作更加流畅。大家可以根据自身的实际需求，选择合适的版本进行注册使用。飞书的注册过程也非常简单，你可以通过手机号、邮箱等多种方式进行注册，按照系统提示的步骤，很快就能完成注册，开启高效办公之旅。

对于 DeepSeek 账号的注册，也并不复杂。你可以前往 DeepSeek 的官方网站，在首页找到注册入口。通常支持手机号、微信或邮箱注册方式，推荐优先选择手机号注册，输入国内有效的手机号码，点击"发送验证码"，手机会很快收到一条包含验证码的短信，将验证码正确填入相应位置，接着设置一个包含字母、数字和特殊字符的强密码，以保障账号安全，最后点击"注册"即可完成注册操作。完成注册后，你就可以登录 DeepSeek，体验其强大的自然语言处理功能了。

巧用模板与生成议程

在飞书云文档中，为了方便用户快速记录会议内容，提供了丰富的模板资源。当你需要新建会议纪要时，无需从头开始编写，直接调用"会议记录模板"就能快速生成一个标准化的结构。这个模板通常包含了会议的基本要素，如会议主题、时间、地点、参会人员、议题、结论、待办事项等板块。通过使用模板，不仅能够节省时间，还能确保会议纪要的完整性和规范性，让后续的查看和整理更加方便。

除了使用模板，利用 DeepSeek 强大的语言生成能力，还可以为会议生成详细的议程草案。例如，你可以向 DeepSeek 输入指令："作为项目经理，请生成包含时间分配的下周产品迭代会议议程模板，需包含需求评审、排期确认、风险讨论三个核心环节"。DeepSeek 会根据你的指令，迅速分析并生成一个结构化的议程草案。在这个草案中，会明确每个环节的时间安排、主要内容以及可能涉及的人员。你只需将生成的议程草案复制粘贴到飞书文档中，然后根据实际情况进行适当的调整和完善，一个详细的会议议程就完成了。这样生成的议程，能够让会议的流程更加清晰，参会人员也能提前了解会议的重点和自己的任务，提高会议的效率。

智能提醒设置

为了确保会议内容能够完整地记录下来，以便后续进行整理和分析，在飞书日历创建会议时，开启"会议自动云录制"功能是非常关键的一步。当你在飞书日历中创建会议时，点击进入会议详情页面，在页面的设置选项中，找到"会议自动云录制"选项，将其开关切换到开启状态。这样，在会议开始时，系统会自动启动录制功能，将会议中的语音、视频以及共享的屏幕内容等全部记录下来。录制完成后，这些内容会自动保存在飞书的云端存储空间中，你可以随时进行查看和下载。

开启自动云录制功能，不仅能够避免因人工操作失误而导致的会议记录不完整，还能为后续的会议纪要整理提供丰富的素材。在整理会议纪要时，如果对某些内容存在疑问，或者需要补充更多的细节，就可以随时查看录制的会议视频，确保会议纪要的准确性。同时，飞书还支持在录制过程中进行实时标注重点，你可以点击"标记"按钮打时间戳，方便后续快速定位到关键内容。通过设置智能提醒和开启自动云录制功能，为高效整理会议纪要奠定了坚实的基础。

会中记录：多模态协同

飞书妙记实时转写

会议开始后，飞书妙记便开始发挥其强大的实时转写功能。它能够自动将会议中的语音内容转化为文字，就像有一位不知疲倦的速记员，精准地记录下每一句话。在会议进行过程中，当发言人切换时，你只需轻轻点击飞书妙记界面右下方的"标记发言人"按钮，就能清晰地区分不同人的发言内容，避免混淆。同时，飞书妙记还支持实时标注重点，当你听到重要的内容时，点击"标记"按钮，就能打上时间戳，方便后续快速定位到这些关键信息。

DeepSeek 关键信息提炼

在飞书妙记进行实时转写的同时，同步使用 DeepSeek，能够进一步提升会议记录的效率和质量。你可以向 DeepSeek 输入指令，让它实时总结会议讨论的关键信息。比如，在一场关于技术方案的讨论会议中，你可以输入"实时总结当前会议讨论的技术方案要点，按'决策内容—责任方—时间节点'格式输出"。DeepSeek 会根据会议转写的文字内容，迅速分析并提取出关键信息，按照你要求的格式输出。它会明确指出决策的具体内容是什么，由谁负责执行，以及时间节点的安排，然后自动生成段落摘要插入到文档中。这样，在会议结束后，你就能快速获取会议的核心要点，无须再花费大量时间去梳理冗长的会议记录。

争议问题与专业术语处理

在会议讨论过程中，难免会遇到一些专业术语或者争议性的问题。这时候，DeepSeek 又能发挥它的专业优势。当遇到专业术语时，你可以向 DeepSeek 输入指令，如"解释 MRD 文档在本次会议中的具体作用，用举例说明方式输出 200 字以内说明"。DeepSeek 会迅速理解你的需求，从它庞大的知识储备中提取相关信息，用简洁明了的语言给出解释，并通过举例的方式帮助你更好地理解。如果遇到争议性的问题，你可以输入"作为会议主持人，请为以下观点分歧设计 3 种折中方案：'观点 A'…'观点 B'…"，DeepSeek 会从多个角度思考，为你提供具有建设性的解决方案，你可以将这些解释和解决方案插入到文档中，作为知识注解，方便后续查阅和参考。

会后整理：结构化与任务分发

DeepSeek 提取结构化信息

会议结束后，我们便进入到关键的会后整理阶段。首先，飞书妙记会为我们提供会议的完整文字记录，这是后续整理的基础。而 DeepSeek 则在这个阶段发挥着将杂乱无章的文字转化为结构化信息的关键作用。

我们可以使用 DeepSeek 的指令功能，对飞书妙记生成的全文进行深度处理。比如，向 DeepSeek 输入指令："从以下会议录音文本中提取：1. 用表格列出所有待办事项（包含责任人、截止时间、验收标准）2. 用时间轴形式梳理关键决策节点； 3. 标记出需要二次确认的争议点。"DeepSeek 会迅速对输入的会议文本进行分析，它会逐句理解文本内容，识别出其中的待办事项、关键决策及争议点。

对于待办事项，DeepSeek 会准确地提取出具体的任务内容、负责执行的人员、任务的截止时间及验收标准，并以清晰的表格形式呈现出来。例如，在一场关于项目推进的会议中，待办事项可能包括"完成市场调研报告的撰写，责任人是市场部的李明，截止时间为下周五，验收标准是报告内容涵盖市场规模、竞争对手分析、目标客户群体等关键信息，且数据准确、分析深入"。DeepSeek 生成的表格会将这些信息一一对应列出，方便查看和跟进。

在梳理关键决策节点时，DeepSeek 会根据会议讨论的进程，按照时间顺序梳理出各个重要决策的做出时间、决策内容及相关的背景信息。它会以时间轴的形式，将这些关键决策节点清晰地展示出来，让我们能够一目了然地了解会议的决策脉络。比如，在会议进行到 30 分钟时，做出了"将产品的上线时间提前一个月"的决策，DeepSeek 会将这个决策节点标注在时间轴上，并附上相关的讨论内容和决策原因。

对于会议中存在的争议点，DeepSeek 也会敏锐地捕捉到，并进行标记。它会提取出争议的具体内容、涉及的各方观点以及目前的处理状态，方便后续进行二次确认和讨论。例如，在讨论产品定价策略时，市场部和销售部存在不同意见，DeepSeek 会将这个争议点标记出来，并详细列出双方的观点和理由，为后续的沟通和决策提供参考。通过这样的处理，DeepSeek 帮助我们将冗长的会议记录转化为可视化的结构，大大提高了信息的可读性和可用性。

飞书多维表格智能任务分发

在 DeepSeek 完成结构化信息提取后，接下来就是将待办事项进行有效的任务分发，以确保各项任务能够得到及时的执行。飞书的"多维表格"在这个环节中发挥着重要作用。

我们可以将 DeepSeek 提取的待办事项，通过飞书"多维表格"创建一个任务看板。在多维表格中，每一个待办事项都可以作为一个独立的任务卡片进行展示，卡片上详细记录了任务的名称、责任人、截止时间、任务描述等关键信息。例如，对于"完成市场调研报告的撰写"这个任务，我们可以在任务卡片上明确标注责任人李明、截止时间下周五，以及任务描述"撰写涵盖市场规模、竞争对手分析、目标客户群体等关键信息的市场调研报告，要求数据准确、分析深入"。

同时，利用飞书多维表格的自动化功能，我们还可以设置自动化提醒。当责任人修改任务状态时，比如将任务标记为"已完成"或者"进行中"，系统会自动同步这个状态至会议纪要文档中，让所有相关人员都能实时了解任务的进展情况。这样一来，不仅提高了任务执行的透明度，还能有效避免因信息不及时更新而导致的工作延误。

此外，多维表格还支持对任务进行分类、排序和筛选，方便我们根据不同的需求对任务进行管理。比如，我们可以按照任务的优先级进行排序，将重要且紧急的任务排在前面，优先处理；也可以按照责任人进行分类，查看每个责任人负责的任务清单。

通过飞书多维表格的智能任务分发，我们能够将会议中的决策转化为具体的行动，实现高效的任务管理和团队协作。

线下会议记录处理：补充与完善

在一些无法使用飞书自动云录制功能的线下会议场景中，我们依然可以借助飞书妙记来实现会议内容的记录和整理。会议结束后，打开网页版飞书秒记主页，在页面中找到"上传文件"的按钮，点击它，然后从本地文件中选择你在会议期间录制的录音或视频文件，将其上传至飞书妙记。飞书妙记会迅速对上传的文件进行处理，将其中的语音内容转化为文字。

在飞书妙记完成转写后，虽然它已经尽力准确地识别和转化语音，但由于线下环境的复杂性，如背景噪音、发言人的口音或语速等因素，转写的文字可能会存在一些错误或不完整的地方。因此，我们需要仔细检查转写后的文字，确保信息的准确性和完整性。特别要注意检查是否存在逻辑性缺失的问题，比如语句不通顺、上下文不连贯等。同时，由于口语表达的随意性，转写的文字中可能会存在较多的口语化表述，如"嗯""啊""那个"等语气词，以及一些过于随意的用词和句式，这些都需要我们进行适当的修改和优化，使其更符合书面语言的规范和要求。

在检查和修改过程中，我们可以结合会议的实际情况和自己的记忆，对不确定的内容进行核实和补充。如果有其他参会人员，也可以与他们进行沟通，共同完善会议记录。通过这样的方式，我们能够将线下会议的内容准确地转化为可供后续使用的会议纪要，充分发挥飞书妙记和 DeepSeek 在各种会议场景下的优势，提高会议管理的效率和质量。

高阶应用：知识沉淀与持续优化

建立会议知识库

为了实现知识的有效沉淀和管理洞察，我们可以利用 DeepSeek 的强大分析能力，对会议纪要进行深度挖掘。每月定期使用 DeepSeek 指令对近 30 场会议纪要进行全面分析，是一个行之有效的方法。在分析过程中，我们可以输入特定的指令，让 DeepSeek 提取出会议中的关键信息。例如，输入"分析近 30 场会议纪要，统计高频讨论议题，按出现次数降序排列"，DeepSeek 会迅速对会议纪要中的文本进行分析，识别出各个议题，并统计它们出现的次数，然后按照出现次数从高到低的顺序进行排列，生成一个清晰的高频讨论议题列表。通过这个列表，我们可以直观地了解到团队近期关注的重点问题，为后续的决策和规划提供参考。

除了高频讨论议题，分析任务延期原因也是非常重要的。我们可以向 DeepSeek 输入指令："分析会议纪要中任务延期的原因，进行分类统计，如资源不足、需求变更、技术难题等，计算各类原因占比"。DeepSeek 会仔细分析会议纪要中的相关内容，将任务延期的原因进行分类，并计算出每类原因所占的比例。通过这样的分析，我们可以找出任务延期的主要原因，从而有针对性地采取措施加以解决。如果发现资源不足是导致任务延期的主要原因，我们可以在后续的项目安排中，更加合理地分配资源，确保项目能够按时完成。

DeepSeek 还能根据会议纪要提供会议效率优化建议。我们可以输入指令："根据会议纪要，分析会议时长、发言人数、决策时间等因素，给出提升会议效率的 3 条建议。"DeepSeek 会综合考虑会议中的各种因素，从会议流程、沟通方式、决策机制等多个角度提出具体的优化建议。它可能会建议缩短会议时长，减少不必要的讨论环节；或者优化发言顺序，提高沟通效率；也可能会提出建立更加高效的决策机制，避免决策拖延。通过这些建议，我们可以不断优化会议流程，提高会议效率，让会议真正成为推动工作进展的有力工具。

个性化指令库创建

在使用 DeepSeek 和飞书进行会议纪要整理的过程中，我们会逐渐积累一些常用的 Prompt 模板，这些模板是我们在不同会议场景下的宝贵经验总结。为了方便在后续的会议中快速复用这些优质模板，我们可以创建一个个性化的指令库。

例如，在处理争议问题时，我们可以保存一个争议解决模板。当会议中出现争议时，我们只需调用这个模板，向 DeepSeek 输入相应的争议内容，就能快速得到 DeepSeek 提供的解决方案。这个模板可以是"作为专业的调解专家，针对以下争议'具体争议内容'，分析双方观点，从法律、道德、实际操作等角度提供 3 种折中的解决方案，并评估每种方案的优缺点"。这样的模板能够引导 DeepSeek 从多个角度思考问题，为我们提供全面且具有建设性的解决方案。

对于汇报类的会议，我们可以创建一个汇报模板。这个模板可以是"根据以下会议纪要'会议纪要内容'，以简洁明了的语言，按照项目进展、成果展示、问题与挑战、下一步计划的结构，生成一份向领导汇报的 PPT 大纲，每个部分控制在 3—5 点"。通过这个模板，DeepSeek 能够快速将会议纪要中的内容转化为适合汇报的 PPT 大纲，大大节省了我们制作汇报材料的时间。

在创建个性化指令库时，我们可以将这些常用的 Prompt 模板按照不同的会议场景和需求进行分类整理，方便在需要时快速查找和调用。同时，我们还可以根据实际使用情况，不断对模板进行优化和完善，使其更加符合我们的工作需求。通过个性化指令库的创建，我们能够充分利用以往的经验，提高会议纪要整理的效率和质量，让 DeepSeek 和飞书的组合在会议管理中发挥更大的作用。

避坑指南：确保高效无误

在使用 DeepSeek 和飞书组合进行会议纪要整理时，虽然这一强大的工具能够极大地提高效率，但也需要注意一些细节，以确保整个过程的高效无误。

在录音方面，优先使用飞书客户端录音，避免使用浏览器录音。因为浏览器录音的质量可能会受到网络波动、浏览器版本兼容性等多种因素的影响，导致录音不清晰，进而影响后续的语音转文字效果和会议纪要的准确性。而飞书客户端在录音功能上经过了优化，能够提供更稳定、更清晰的录音效果，为准确的会议纪要整理奠定基础。

对于 AI 提取的待办事项，务必与责任人进行二次确认。尽管 DeepSeek 在自然语言处理方面表现出色，但由于语言表达的多样性和复杂性，仍然可能存在理解偏差。比如，在表述任务时可能存在一些模糊的词汇或隐含的条件，AI 可能无法完全准确地理解其含义。因此，与责任人进行二次确认，能够避免因理解错误而导致的任务安排失误，确保各项任务能够得到准确的执行。

在权限管理方面，对于涉及敏感信息的会议纪要，要充分利用飞书的"水印 + 查看权限"功能来控制传播范围。水印功能可以在会议纪要上添加公司名称、部门信息、个人姓名等标识，一旦纪要被非法传播，能够快速追溯到来源。同时，通过设置查看权限，如仅允许特定部门或个人查看，能够有效防止敏感信息的泄露，保障公司的信息安全。在当今信息安全日益重要的背景下，这些措施能够为公司的业务发展提供有力的保障，避免因信息泄露而带来的潜在风险和损失。

拥抱智能办公未来

DeepSeek 和飞书的组合，为我们带来了一种全新的、高效的会议纪要整理方式。从会前的准备工作，包括账号注册、模板调用、议程生成和智能提醒设置，到会中的实时转写、关键信息提炼以及争议问题处理，再到会后的结构化信息提取、任务分发以及线下会议记录的处理，最后到高阶应用中的知识沉淀和持续优化，每一个环节都充分展现了这一组合的强大优势和高效性能。

6. 联手 CUTOI：AI 编程的黄金搭档

CUTOI 是一款专注于为编程提供全方位支持的智能工具，它在代码分析、智能提示、错误诊断等方面发挥着重要作用，为开发者的编程工作保驾护航。

在代码分析方面，CUTOI 能够对代码进行深度解析，不仅可以理解代码的语法结构，还能分析代码的逻辑关系和功能实现。它通过构建代码的抽象语法树（AST），对代码中的变量、函数、类等元素进行识别和分析，从而准确把握代码的整体结构和功能。

例如，当开发者打开一个复杂的项目代码时，CUTOI可以快速生成代码的结构视图，帮助开发者迅速了解项目的架构和各个模块之间的关系，这对于新接手项目的开发者来说尤为重要。

智能提示是CUTOI的一大特色功能。在开发者编写代码的过程中，CUTOI会实时监测输入内容，并根据上下文和已有的代码知识，提供精准的代码提示。这些提示不仅包括函数、变量的名称，还包括参数的类型和数量等信息。比如，当开发者在Python中使用pandas库进行数据处理时，输入df.后，CUTOI会立即弹出pandas数据帧对象的所有可用方法和属性的提示，帮助开发者快速选择所需的操作，减少了记忆函数名称和参数的负担，同时也提高了代码的准确性和编写速度。

当代码出现错误时，CUTOI的错误诊断功能就发挥了关键作用。它能够快速定位错误位置，并给出详细的错误信息和修复建议。CUTOI会分析错误的类型，如语法错误、逻辑错误、运行时错误等，并根据不同类型的错误提供针对性的解决方案。例如，如果是语法错误，CUTOI会指出错误的具体位置和可能的原因，如缺少括号、引号不匹配等；如果是逻辑错误，它会分析代码的执行逻辑，帮助开发者找出错误的根源，如条件判断错误、循环终止条件不正确等。通过CUTOI的错误诊断功能，开发者可以更快地发现和解决代码中的问题，提高开发效率。

CUTOI还支持代码重构和优化建议。它能够分析代码的性能瓶颈，提出优化建议，帮助开发者提升代码的运行效率。例如，对于一些低效的算法或数据结构的使用，CUTOI会建议使用更高效的替代方案；对于重复的代码片段，它会提示开发者进行重构，提取成独立的函数或模块，以提高代码的可维护性和复用性。

CUTOI 凭借其强大的功能，为编程工作提供了全面而有力的支持，成为开发者不可或缺的编程好帮手。

组合的原理与优势

协同工作原理

DeepSeek 和 CUTOI 之所以能成为 AI 编程的绝佳助手，关键在于它们能够实现高效的协同工作，通过数据交互和功能互补，为编程过程带来全方位的支持。

在数据交互方面，DeepSeek 和 CUTOI 建立了紧密的联系。当开发者向 DeepSeek 输入自然语言描述的编程需求时，DeepSeek 会迅速理解需求并生成相应的代码框架。这个代码框架包含了实现功能的基本结构和关键逻辑，为后续的开发奠定了基础。然后，CUTOI 会介入，对 DeepSeek 生成的代码框架进行深入分析。它会识别代码中的各个元素，包括变量、函数、类等，并构建代码的抽象语法树（AST）。通过 AST，CUTOI 能够全面了解代码的结构和逻辑，从而为代码优化和完善提供有力支持。

CUTOI 还会将分析过程中获取的信息反馈给 DeepSeek，帮助 DeepSeek 进一步优化代码生成。例如，CUTOI 在分析代码框架时，发现某个函数的参数类型定义不够准确，它会将这个信息传递给 DeepSeek。DeepSeek 根据这些反馈，调整代码生成策略，重新生成更准确的代码，实现了两者之间的数据交互和协同优化。

在功能互补方面，DeepSeek 擅长生成代码框架和解决复杂的逻辑问题，而 CUTOI 则在代码分析、智能提示、错误诊断和优化等方面表现出色。当开发者面对一个新的编程任务时，DeepSeek 可以快速生成一个初步的代码框架，帮助开发者明确实现思路。比如，在开发一个电商网站的后端接口时，DeepSeek 能够根据需求描述，生成包含用户认证、商品查询、订单处理等功能模块的代码框架。然后，CUTOI 会对这个框架进行详细分析，检查语法错误、潜在的逻辑问题，并提供智能提示。在编写商品查询功能的代码时，CUTOI 会根据已有的代码结构和上下文，提示开发者可能用到的数据库查询函数和参数，帮助开发者快速准确地编写代码。

在代码编写完成后，CUTOI 会对整个代码进行全面的错误诊断。它会检查代码中的语法错误、逻辑错误及潜在的性能问题，并给出详细的错误信息和修复建议。如果发现代码中存在循环嵌套过深导致的性能问题，CUTOI 会建议开发者优化循环结构，或者使用更高效的数据结构来提高代码的运行效率。而 DeepSeek 则可以根据 CUTOI 的诊断结果，对代码进行进一步的优化和完善，如调整算法、优化数据处理流程等，从而提升代码的整体质量。

显著优势展现

DeepSeek 和 CUTOI 的组合在编程过程中展现出了诸多显著优势，这些优势不仅提高了代码编写的效率和质量，还增强了编程的准确性和稳定性，为开发者带来了前所未有的编程体验。

在提高代码编写速度方面，DeepSeek 和 CUTOI 的组合表现尤为突出。DeepSeek 的快速代码生成能力，能够在短时间内为开发者提供代码框架和关键代码片段，大大节省了手动编写代码的时间。而 CUTOI 的智能提示功能，能够让开发者在编写代码时快速获取所需的函数、变量和参数信息，减少了查阅文档和记忆的时间。据相关测试数据显示，使用 DeepSeek 和 CUTOI 组合进行编程，代码编写速度平均提升了 30%—50%。在开发一个小型的 Web 应用程序时，传统的编程方式可能需要花费数天的时间来完成代码编写，而使用 DeepSeek 和 CUTOI 组合，开发者可以在一天内完成大部分代码的编写，大大缩短了项目开发周期。

代码质量的提升也是组合的一大优势。CUTOI 的代码分析和错误诊断功能，能够及时发现代码中的潜在问题，并提供优化建议，避免了代码中的低级错误和性能瓶颈。DeepSeek 则可以根据 CUTOI 的建议，对代码进行优化和完善，生成更高效、更健壮的代码。通过这种方式，组合生成的代码通常具有更高的可读性、可维护性和可扩展性。在一个大型企业级项目中，使用 DeepSeek 和 CUTOI 组合进行代码开发和审查，代码中的错误率降低了 40%—60%，代码的整体质量得到了显著提升，为项目的长期维护和升级提供了有力保障。

在增强编程的准确性和稳定性方面，DeepSeek 和 CUTOI 的组合同样发挥了重要作用。CUTOI 的实时错误检测和提示功能，能够帮助开发者在编写代码的过程中及时发现并纠正错误，避免了错误的积累和扩散。而 DeepSeek 的强大逻辑推理能力，能够确保生成的代码逻辑正确、功能完整。在开发一个金融交易系统时，准确性和稳定性至关重要。使用 DeepSeek 和 CUTOI 组合进行编程，能够有效避免因代码错误导致的交易风险，确保系统的稳定运行。在实际应用中，该组合帮助多个金融项目成功上线，并在运行过程中保持了高稳定性和准确性，赢得了用户的高度认可。

应用场景实战

Web 开发中的应用

在 Web 开发领域，DeepSeek 和 CUTOI 的组合展现出了强大的实力，为开发者带来了诸多便利，显著提升了开发效率和代码质量。

　　以一个典型的电商 Web 应用开发项目为例，在前端页面构建环节，DeepSeek 可以根据设计师提供的原型图和功能需求描述，快速生成 HTML 和 CSS 代码框架。当开发者需要创建一个商品展示页面时，向 DeepSeek 输入"创建一个电商商品展示页面，包含商品图片、名称、价格、描述和购买按钮，页面布局采用响应式设计，适应不同屏幕尺寸"，DeepSeek 能够迅速生成包含基本结构和样式的 HTML 代码，以及相应的 CSS 样式代码，确保页面在桌面端和移动端都能呈现出良好的视觉效果。而且，DeepSeek 生成的代码遵循现代前端开发的最佳实践，如使用 Flexbox 或 Grid 布局来实现灵活的页面排版，这为后续的开发工作奠定了坚实的基础。

　　在后端逻辑编写方面，CUTOI 与 DeepSeek 的协同作用更加明显。假设该电商应用需要实现用户注册和登录功能，后端使用 Python 的 Flask 框架进行开发。开发者首先可以向 DeepSeek 描述需求："使用 Flask 框架实现用户注册和登录功能，注册时需要验证用户名、密码和邮箱格式，登录时需要进行身份验证并生成 JWT 令牌。"DeepSeek 会根据这些需求生成基本的代码框架，包括路由定义、数据库连接、用户模型定义等关键部分。然后，CUTOI 会对生成的代码进行分析，检查代码的语法错误和潜在的逻辑问题。在编写用户注册的验证逻辑时，CUTOI 会根据已有的代码结构和上下文，提示开发者可能用到的验证函数和方法，如使用正则表达式验证邮箱格式，使用哈希算法对密码进行加密存储等。CUTOI 还会实时监测代码的执行情况，当出现错误时，能够快速定位错误位置，并给出详细的错误信息和修复建议。如果在数据库连接过程中出现配置错误，CUTOI 会指出错误的具体位置和可能的原因，帮助开发者迅速解决问题。

通过使用 DeepSeek 和 CUTOI 组合进行 Web 开发，该电商项目的开发周期缩短了约 30%，代码中的错误率降低了 40%。开发者不再需要花费大量时间在繁琐的代码编写和调试上，而是可以将更多的精力放在业务逻辑的实现和用户体验的优化上。这不仅提高了开发效率，还提升了项目的整体质量，为电商应用的成功上线和后续发展提供了有力保障。

数据分析项目的助力

在数据分析项目中，数据处理和分析的效率与准确性至关重要。DeepSeek 和 CUTOI 的组合为数据分析师提供了强大的工具，帮助他们更高效地完成数据清洗、分析算法实现、数据可视化等任务，解决实际问题。

在数据清洗阶段，面对大量的原始数据，往往存在数据缺失、重复、错误等问题。使用 DeepSeek，分析师只需将脏数据上传，并给出简单指令，如"保留完整用户 ID，缺失值用中位数填充"，系统会在几分钟内反馈处理结果。它能够理解自然语言描述的数据清洗需求，快速生成相应的代码来处理数据。在处理一份包含用户信息的 CSV 文件时，文件中存在部分用户年龄字段缺失的情况，分析师向 DeepSeek 输入"对 CSV 文件中的用户年龄字段进行处理，缺失值用该字段的中位数填充"，DeepSeek 会迅速生成使用 Python 的 pandas 库进行数据处理的代码，实现缺失值的填充，节省了大量手动编写代码和处理数据的时间。而 CUTOI 则会对生成的代码进行分析，检查代码的正确性和潜在的问题，确保数据清洗的准确性。

在分析算法实现方面，DeepSeek 可以根据分析需求生成相应的算法代码框架。当分析师需要进行用户流失率预测时，向 DeepSeek 输入"使用逻辑回归算法进行用户流失率预测，数据包含用户的行为数据、基本信息等字段"，DeepSeek 能够生成包含数据预处理、模型训练、评估等关键步骤的代码框架。CUTOI 会在代码编写过程中提供智能提示，帮助分析师快速选择合适的函数和参数，提高代码编写效率。在模型训练过程中，CUTOI 还会实时监测代码的执行情况，当出现问题时，如模型收敛速度过慢，CUTOI 会分析原因并给出优化建议，如调整学习率、增加正则化项等。

数据可视化是数据分析结果展示的重要环节。DeepSeek 可以根据分析结果生成相应的可视化代码，如使用 matplotlib 或 seaborn 库生成柱状图、折线图、散点图等。分析师向 DeepSeek 输入"根据用户购买金额数据生成柱状图，展示不同金额区间的用户分布情况"，DeepSeek 会生成对应的可视化代码。CUTOI 则会对可视化代码进行优化，确保图表的美观和可读性。它会提示分析师调整图表的颜色、字体、标签等属性，使图表更加清晰直观地展示数据信息。

通过使用 DeepSeek 和 CUTOI 组合进行数据分析，分析师的工作效率得到了大幅提升。在处理一个包含 10 万条数据的销售数据分析项目时，使用该组合工具，数据清洗时间从原来的 2 小时缩短到了 30 分钟，分析算法实现时间缩短了约 40%，数据可视化的制作时间也减少了一半。而且，由于 CUTOI 的错误检测和优化建议功能，分析结果的准确性得到了显著提高，为企业的决策提供了更可靠的数据支持。

机器学习模型开发

在机器学习模型开发过程中，从模型构建到参数调优再到模型评估，每一个环节都至关重要。DeepSeek 和 CUTOI 的组合为机器学习工程师提供了全方位的支持，加速了模型开发进程。

在模型构建阶段，DeepSeek 能够根据任务需求生成相应的模型代码框架。当工程师需要开发一个图像分类模型时，向 DeepSeek 输入"使用卷积神经网络（CNN）构建一个图像分类模型，用于识别猫和狗的图像，数据集为 CIFAR-10"，DeepSeek 会生成包含模型结构定义、数据加载、训练循环等关键部分的代码框架。这个框架基于深度学习的最佳实践，采用了合适的网络层和激活函数，为模型的后续开发提供了良好的基础。CUTOI 会对生成的代码进行分析，检查代码的语法正确性和结构合理性，确保模型构建的准确性。

参数调优是提升模型性能的关键步骤。DeepSeek 提供了多种超参数优化策略，如随机搜索、网格搜索、遗传算法等。工程师可以根据具体需求选择合适的优化策略，并通过 CUTOI 的智能提示，快速设置超参数的取值范围和搜索空间。在使用随机搜索优化模型的学习率、批量大小等超参数时，CUTOI 会实时监测搜索过程，分析每次迭代的结果，并给出建议，如是否需要调整搜索范围、是否已经接近最优解等。通过 CUTOI 的辅助，工程师可以更高效地找到最优的超参数组合，提升模型的性能。

模型评估是判断模型优劣的重要环节。DeepSeek 可以生成用于模型评估的代码，计算各种评估指标，如准确率、召回率、F1 值、均方误差等。在评估图像分类模型时，DeepSeek 会生成计算准确率和召回率的代码，并根据评估结果给出模型的性能分析。

CUTOI 则会对评估结果进行深入分析，帮助工程师发现模型存在的问题。如果模型在某些类别上的召回率较低，CUTOI 会分析可能的原因，如数据不平衡、模型过拟合等，并给出相应的改进建议，如进行数据增强、调整模型结构等。

通过使用 DeepSeek 和 CUTOI 组合进行机器学习模型开发，一个图像分类模型的开发周期从原来的一周缩短到了三天，模型的准确率提高了 5%—8%。这充分展示了该组合在机器学习模型开发中的强大优势，帮助工程师更高效地开发出性能更优的模型，满足不同领域的应用需求。

配置与使用指南

安装与配置步骤

在不同操作系统和开发环境下，安装和配置 DeepSeek 与 CUTOI 的方法各有特点。以 Windows 系统为例，首先需确保系统满足软件运行要求，如操作系统为 Windows 10 及以上版本，具备至少 8GB 运行内存和一定空闲硬盘空间，同时安装好 Python、CUDA 工具包及深度学习相关库（如 TensorFlow、PyTorch）。若要安装 DeepSeek，可通过 Ollama 进行，打开浏览器访问 Ollama 官网，点击"Download"按钮，选择 Windows 系统对应的安装包下载。下载完成后，找到 .exe 文件双击运行，在安装向导界面按提示点击"下一步"，可自行选择安装路径，完成安装。安装好 Ollama 后，打开命令提示符，根据自身机型内存输入相应的 DeepSeek 模型安装包命令，如"ollama runDeepSeek-r1:7b"，等待模型下载并运行。

对于 CUTOI，可前往其官方网站，在下载页面选择适用于

Windows 系统的版本进行下载。下载完成后，双击安装包，按照安装向导的提示逐步完成安装，如同意许可协议、选择安装路径等。安装完成后，可在开始菜单或桌面上找到 CUTOI 的快捷方式。

为确保 DeepSeek 和 CUTOI 能够协同工作，需进行相关配置。打开 CUTOI 的设置选项，在其中找到与外部工具集成的部分，选择 DeepSeek，并指定 DeepSeek 的安装路径。这样，当在 CUTOI 中进行代码编写和分析时，就可以调用 DeepSeek 的代码生成功能。在 CUTOI 中编写 Python 代码时，若遇到复杂的函数实现需求，通过配置好的集成功能，可直接向 DeepSeek 发送请求，获取代码生成建议，从而实现两者的高效协同。

在 MacOS 系统上，安装 DeepSeek 时，需确保系统为 MacOS Catalina 10.15 及以上版本，准备至少 8GB 运行内存和一定空闲硬盘空间。打开浏览器访问 Ollama 官网，点击"Download"按钮，选择 Mac 系统对应的 .dmg 后缀安装包。下载完成后，双击 .dmg 文件，弹出安装窗口，将 DeepSeek 图标拖到"应用程序"文件夹。然后按 Command + 空格键，输入"终端"后回车打开终端，输入命令"ollama runDeepSeek-r1:xxxb"（xxx 代表模型版本），等待模型下载并运行。安装 CUTOI 的步骤与 Windows 系统类似，访问官网下载适用于 MacOS 系统的版本，打开安装包并按指示完成安装，安装完成后可在"应用程序"文件夹中找到 CUTOI。配置协同工作时，同样在 CUTOI 的设置中指定 DeepSeek 的安装路径。

在 Linux 系统下，若系统为常见发行版，如 Ubuntu 18.04 及以上版本，准备至少 8GB 运行内存和一定空闲硬盘空间后，可打开浏览器访问 Ollama 官网，点击"Download"按钮，根据系统

选择 .deb 或 .rpm 等格式的安装包。若为 .deb 格式，在终端中使用"sudo dpkg-i 安装包名 .deb"命令安装；若是 .rpm 格式，使用"sudo rpm-ivh 安装包名 .rpm"命令安装。安装完成后，打开终端，输入命令"ollama runDeepSeek-r1:xxxb"下载并运行 DeepSeek 模型。安装 CUTOI 时，访问官网下载 Linux 版本安装包，根据 Linux 发行版，使用相应的包管理器（如 apt、yum 等）或手动解压安装包进行安装。配置协同工作时，在 CUTOI 设置中指定 DeepSeek 路径，若涉及环境变量配置，将 DeepSeek 的可执行文件路径添加到系统的 PATH 环境变量中，以便在终端中直接运行相关命令实现两者协同。

使用技巧与注意事项

在使用 DeepSeek 和 CUTOI 的过程中，掌握一些实用技巧能显著提升代码生成效果和开发效率。优化提示词是获得更好代码生成效果的关键。在向 DeepSeek 输入需求时，应尽可能清晰、准确地描述问题。不要简单地说"生成一个 Python 函数"，而要详细说明函数的功能、输入参数和输出要求，如"生成一个 Python 函数，该函数接收两个整数参数，返回它们的和，并对输入参数进行有效性检查，若参数不是整数则抛出异常"。这样明确的提示词能让 DeepSeek 更好地理解需求，生成更符合要求的代码。提供背景信息也很重要，在描述需求时，告知 DeepSeek 项目的背景、相关的业务逻辑等信息，有助于它生成更贴合实际应用场景的代码。

利用 CUTOI 的智能提示功能可以快速定位和解决问题。在编写代码时，CUTOI 会实时监测输入内容，并根据上下文提供精准的代码提示。当输入变量名时，它会自动提示该变量可能的类型和作用；当调用函数时，会提示函数的参数列表和返回值类型。在使用 Python 的 numpy 库进行数组操作时，输入 np.array 后，CUTOI 会立即弹出 np.array 函数的参数提示，包括 object、dtype、copy 等参数，帮助开发者快速准确地编写代码。当代码出现错误时，CUTOI 会快速定位错误位置，并给出详细的错误信息和修复建议。若出现语法错误，它会指出错误的具体位置和可能的原因，如缺少括号、引号不匹配等；若为逻辑错误，会分析代码的执行逻辑，帮助找出错误根源，如条件判断错误、循环终止条件不正确等。

使用过程中也有一些需要注意的问题。在输入提示词时，避免使用过于模糊或开放式的提问，否则可能得到不准确或不完整的回答。不要问"帮我写个程序"，而应具体说明程序的功能、实现的算法、使用的编程语言等信息。当 DeepSeek 生成的代码不符合预期时，不要盲目接受，可通过多轮对话与它进一步沟通，细化需求，让它对代码进行优化和调整。首次生成的代码在某些细节上不符合要求，可向 DeepSeek 指出具体问题，如"生成的函数中对输入参数的有效性检查不够全面，需要增加对负数的处理"，然后让它重新生成代码。

在使用 CUTOI 的智能提示时，虽然它能提供很多便利，但也不能完全依赖，开发者仍需对代码的逻辑和功能有清晰的理解，确保提示的代码符合实际需求。在实际开发中，还可能遇到软件兼容性问题、与其他开发工具冲突等情况，此时可查阅官方文档、社区论坛或向技术支持寻求帮助，以解决问题，确保开发工作的顺利进行。

随着技术的不断进步，DeepSeek 和 CUTOI 组合在未来 AI

编程领域有望展现出更为广阔的发展前景，其功能拓展和应用领域的深化将为开发者带来更多惊喜。

在功能拓展方面，DeepSeek 和 CUTOI 将不断提升自身的智能水平。DeepSeek 可能会进一步增强对自然语言的理解和处理能力，能够更精准地解读开发者复杂的需求描述，生成更加完善和优化的代码。它或许能够实现对多种自然语言混合需求的处理，满足全球不同地区开发者的多样化需求。在面对一个涉及多语言开发的项目时，DeepSeek 可以根据项目需求，同时生成不同语言版本的代码框架，并确保各语言版本之间的兼容性和协同性。

CUTOI 则可能在代码分析和优化方面取得更大突破。它将能够对代码的性能进行更深入的分析，不仅能够检测出常见的性能瓶颈，还能针对特定的硬件环境和应用场景，提出更加个性化的优化建议。在移动应用开发中，CUTOI 可以根据不同移动设备的硬件配置，如处理器性能、内存大小等，为代码的优化提供针对性的方案，以提高应用在各种设备上的运行效率和稳定性。

在与更多开发工具的集成方面，DeepSeek 和 CUTOI 的组合将与主流的集成开发环境（IDE）实现更紧密的融合。在 Visual Studio Code、PyCharm 等常见的 IDE 中，用户可以直接调用 DeepSeek 和 CUTOI 的功能，实现代码的快速生成、分析和优化，无需在不同工具之间频繁切换，大大提高了开发的便捷性和流畅性。它们还可能与版本控制系统（如 Git）、项目管理工具（如 Jira）等进行集成，实现代码开发、管理和项目协作的一体化流程。在团队开发项目中，开发者可以在 Jira 中创建任务需求，通过集成功能将需求直接传递给 DeepSeek 生成代码，CUTOI 对代码进行分析和优化后，自动提交到 Git 进行版本管理，整个过程无缝衔接，提高了团队协作的效率。

对于新兴技术的支持，DeepSeek 和 CUTOI 也将紧跟时代步伐。随着量子计算、边缘计算、区块链等新兴技术的发展，它们将逐渐支持这些技术领域的编程需求。在量子计算编程中，DeepSeek 可以生成量子算法的代码框架，CUTOI 则负责对代码进行分析和优化，确保量子计算程序的正确性和高效性。在区块链开发中，DeepSeek 能够根据智能合约的需求描述，生成相应的代码，CUTOI 可以对代码的安全性进行检测和评估，帮助开发者防范潜在的安全漏洞。

7. 联手 WPS：开启办公效率新纪元

在数字化浪潮汹涌的当下，人工智能（AI）技术与办公软件已成为现代办公不可或缺的关键要素。AI 凭借强大的数据分析、智能决策和自动化处理能力，为办公流程注入了高效与智能；办公软件则作为日常办公的基础平台，承载着文字处理、数据运算、演示展示等核心任务，二者的协同发展深刻地变革着办公模式，提升了办公效率。

WPS 作为国产办公软件的佼佼者，由金山软件公司精心打造，是一款功能全面、操作便捷的办公套件。它涵盖文字处理（WPS文字）、表格处理（WPS 表格）、演示文稿（WPS 演示）、画图（WPS 画图）以及邮箱客户端（WPS Mail）等丰富功能模块。在文字处理方面，提供多样化的文本编辑、段落格式设置、表格制作、图片插入以及文档校验等功能；表格处理支持复杂的数据计算、统计分析、图表制作、数据透视以及公式运算；演示文稿则具备精美的幻灯片制作、丰富的动画效果、视频插入和交互设计能力，助力用户生动呈现内容。此外，WPS 还支持 PDF 文件的查看与编辑，提供云存储服务，方便用户随时随地访问和管理文件，实现高效的团队协作与文件共享。

强强联合：为何二者能成王炸组合

功能互补

在日常办公的文档创作环节，WPS 文字虽提供了丰富的格式设置、排版工具以及大量实用模板，但在内容构思与生成上，主要依赖用户自身的知识储备和创作能力。而 DeepSeek 的加入则打破了这一局限，它凭借强大的自然语言处理能力和海量的知识储备，能根据用户输入的简单主题或关键词，瞬间生成逻辑清晰、内容详实的文章大纲。例如，当用户需要撰写一份关于"人工智能在金融领域应用"的调研报告时，DeepSeek 可以快速生成包含研究背景、现状分析、应用案例、挑战与机遇以及未来发展趋势等板块的大纲，为用户搭建起创作的基本框架。在内容填充阶段，它还能依据大纲生成具体的段落内容，用户只需结合实际情况进行适当调整和补充，极大地提高了创作效率。同时，DeepSeek 的语法检查和风格调整功能，能帮助用户优化文档语言，使其更加准确、流畅，符合专业文档的规范要求。

在数据处理方面，WPS 表格拥有强大的数据计算、统计分析和图表制作功能，用户可以通过公式、函数等方式对数据进行各种操作。然而，对于一些复杂的数据洞察和趋势分析，尤其是需要深入挖掘数据背后隐藏信息时，传统的操作方式可能显得力不从心。DeepSeek 则能通过自然语言交互，自动对导入的数据进行深度分析。比如，在处理销售数据时，用户只需输入"分析过去一年各地区销售额的变化趋势及原因，并预测下一季度销售额"，DeepSeek 就能迅速生成包含详细趋势图表、原因分析以及销售预测的报告。它还能根据历史数据建立模型，为企业的决策提供更具前瞻性的依据，弥补了 WPS 表格在智能分析方面的不足。

在演示文稿制作中，WPS 演示提供了丰富的模板、动画效果和图形编辑工具，让用户能够将内容以生动的形式呈现出来。但从创意构思到内容设计，往往需要花费大量时间和精力。DeepSeek 的智能模板推荐和内容生成功能为这一过程带来了极大的便利。当用户新建演示文稿并输入主题后，DeepSeek 可以根据主题特点和用户需求，推荐与之匹配的高质量模板，确保演示文稿整体风格统一、美观大方。在每个幻灯片页面的内容布局上，它能提供专业建议，如选择合适的图表类型展示数据，使内容更加直观易懂。此外，在撰写幻灯片文字内容时，DeepSeek 可根据用户输入的要点生成简洁明了的文本，用户再进行个性化调整，即可快速完成一份精彩的演示文稿。

技术融合优势

从技术层面来看，DeepSeek 与 WPS 的融合带来了多方面的显著优势。在处理速度上，DeepSeek 高效的算法和强大的计算能力，能够加速 WPS 在各类复杂任务上的处理速度。例如，在处理包含大量数据的表格时，DeepSeek 可以帮助 WPS 快速完成数据的筛选、排序和复杂公式计算，大大缩短了等待时间。对于长篇文档的处理，其智能分析和内容生成功能也能在瞬间完成，使得用户能够及时获取所需结果，提高工作效率。

在用户交互体验方面，二者的结合实现了更加智能化、人性化的交互方式。用户可以通过自然语言与 WPS 进行交互，不再局限于传统的菜单操作和指令输入。比如，在 WPS 文字中，用户无需手动查找各种格式设置选项，只需告诉 DeepSeek "将标题设置为二号黑体，加粗居中"，即可快速完成格式调整。在 WPS 表格中，用户也能通过自然语言指令完成数据操作，如 "计算各部门的平均业绩，并按照从高到低排序"，这种交互方式更加直观、便捷，降低了用户的学习成本，提高了操作的流畅性。

此外，DeepSeek 的多模态处理能力还能与 WPS 的功能相结合，拓展办公应用的边界。例如，它可以实现图像与文本的关联处理，在 WPS 文字中，用户插入图片后，DeepSeek 能够自动识别图片内容，并生成相关的文字描述或注释；在 WPS 演示中，它能根据演示文稿的主题和内容，智能推荐合适的图片素材，进一步丰富演示文稿的表现力。

实际应用案例展示

企业场景

在企业运营中，市场部常常面临着撰写各类调研报告的重任。以一家专注于智能硬件产品的企业市场部为例，在进行年度市场调研时，需要对智能手表、智能手环等产品的市场现状、竞争态势、消费者需求等进行全面分析。以往，市场调研人员在撰写调研报告时，从大纲构思到内容撰写，往往需要耗费大量时间。他们不仅要查阅大量的行业资料、分析市场数据，还要绞尽脑汁地组织语言，构建报告的逻辑框架。

在引入 DeepSeek 与 WPS 的组合后，这一过程发生了巨大的改变。调研人员首先在 WPS 文字中打开一份新的文档，然后通过与 DeepSeek 的自然语言交互，输入"智能硬件产品市场调研报告大纲"，DeepSeek 瞬间就能生成一份包含市场规模、增长趋势、主要竞争对手分析、消费者行为分析、技术发展趋势以及未来市场预测等板块的详细大纲。接着，调研人员根据大纲，进一步向 DeepSeek 询问每个板块的具体内容，比如在"主要竞争对手分析"板块，输入"分析苹果、华为、小米等品牌智能手表的竞争优势与市场份额"，DeepSeek 便能迅速生成相关的分析内容，调研人员只需将这些内容复制到 WPS 文档中，并结合自己的调研数据进行适当调整和补充。在报告撰写完成后，DeepSeek 还能对文档进行语法检查和语言润色，确保报告语言准确、流畅。通过这种方式，原本需要一周时间完成的调研报告，现在仅需三天就能高质量完成，大大提高了工作效率，使市场部能够更快地为企业决策提供有力支持。

对于企业的财务部来说，处理财务数据是日常工作的核心。以一家中型制造企业的财务部为例，每月都需要对大量的财务数据进行核算、分析和报表制作。在传统的工作模式下，财务人员需要花费大量时间在数据录入、计算和报表格式调整上。例如，在进行月度财务报表分析时，财务人员需要手动从各个业务系统中导出数据，然后在 WPS 表格中进行数据整理和计算，如计算各项成本费用、利润、资产负债率等财务指标。对于一些复杂的财务分析，如预算差异分析、成本结构分析等，还需要运用各种函数和公式，操作过程繁琐且容易出错。

借助 DeepSeek 与 WPS 的组合，财务工作的效率得到了显著提升。财务人员只需将整理好的财务数据导入 WPS 表格中，然后通过自然语言与 DeepSeek 交互，输入"分析本月各项成本费用的占比及变化趋势，并与上月进行对比"，DeepSeek 就能自动对数据进行分析，生成详细的分析报告，其中包括直观的柱状图、折线图等图表，清晰地展示各项成本费用的占比和变化情况。同时，DeepSeek 还能根据历史数据预测未来几个月的财务趋势，为企业的财务决策提供更具前瞻性的依据。在制作财务报表时，DeepSeek 可以根据财务人员的指令，快速生成符合规范的报表模板，并自动填充数据，财务人员只需对报表进行简单审核和调整即可。通过这一组合，财务人员的工作效率提高了近一倍，不仅节省了大量的时间和精力，还减少了数据处理过程中的错误，提升了财务工作的准确性和可靠性。

个人办公场景

在个人办公领域，DeepSeek 与 WPS 的组合同样发挥着重要作用。以自媒体创作者为例，他们需要不断地创作高质量的内容来吸引读者和粉丝。在创作过程中，选题策划、内容构思和文案撰写是关键环节，但也是最耗费时间和精力的部分。

一位专注于科技领域的自媒体创作者小李，在以往的创作中，常常为了寻找一个新颖的选题而花费大量时间浏览各种科技资讯网站和论坛。在确定选题后，撰写文章大纲和内容时也会遇到思路卡顿的情况。自从使用了 DeepSeek 与 WPS 的组合，他的创作效率得到了极大的提升。当他想要创作一篇关于"人工智能最新发展趋势"的文章时，只需在 WPS 文字中打开一个新文档，然后向 DeepSeek 输入"人工智能最新发展趋势文章大纲"，DeepSeek 很快就能生成一份包含人工智能在自然语言处理、计算机视觉、医疗、金融等领域最新发展动态的大纲。根据大纲，小李进一步向 DeepSeek 询问各个领域的具体案例和数据，DeepSeek 会迅速提供相关信息，小李将这些信息整合到文章中，并加入自己的观点和分析，一篇高质量的科技文章就轻松完成了。而且，DeepSeek还能帮助小李对文章进行润色和优化，使其语言更加生动、易懂，符合自媒体文章的风格特点。通过这种方式，小李的创作速度提高了至少两倍，能够更频繁地发布优质内容，吸引了更多的粉丝关注。

对于大学生来说，完成课程作业是学习过程中的重要任务。在撰写课程论文、制作演示文稿等作业时，往往需要查阅大量资料、整理思路并进行精心的排版设计。以一名市场营销专业的大学生小王为例，在完成"市场营销策略分析"课程作业时，需要对某一品牌的市场营销策略进行深入分析，并制作一份演示文稿进行汇报。

在使用 DeepSeek 与 WPS 组合之前，小王需要花费大量时间在图书馆和网络上查找相关资料，然后手动整理资料、构思论文框架和演示文稿内容，最后在 WPS 中进行排版和设计。整个过程繁琐且耗时，常常让他感到力不从心。现在，小王借助 DeepSeek的强大功能，在确定品牌后，向 DeepSeek 输入"'品牌名称'市场营销策略分析资料汇总"，DeepSeek 能够快速从网络上搜集相关资料，并进行整理和总结，为小王提供丰富的素材。在撰写论文和制作演示文稿时，小王根据 DeepSeek 生成的资料，结合自己的学习理解，在 WPS 中进行创作。DeepSeek 还能为他提供演示文稿的模板推荐和内容设计建议，帮助他快速制作出一份逻辑清晰、内容丰富、设计精美的演示文稿。通过这一组合，小王不仅提高了作业完成的效率和质量，还减轻了学习压力，能够将更多的时间和精力投入到知识的学习和理解中。

使用指南：轻松上手王炸组合

安装与配置

要将 DeepSeek 集成到 WPS 中，可通过安装 OfficeAI 插件来实现。首先，访问 OfficeAI 插件下载地址（https://www.office-ai.cn/），下载适合 Windows 系统的版本，下载完成后，双击安装文件，按照提示完成安装，安装完成后重启 WPS。

接下来，获取 DeepSeek 的 API Key。打开 DeepSeek 官网（https://www.deepseek.com/），点击右上角的"API开放平台"，登录账号（若没有账号，需先注册一个）。登录成功后，点击左侧的"API Keys"，然后点击"创建 API Key"，输入一个名称，创建完成后复制生成的 32 位加密字符的 API Key。

在 WPS 中配置插件，打开 WPS，此时在 WPS 界面中会多出一个"OfficeAI"的选项卡。点击"OfficeAI"选项卡，再点击"设置"，在"设置"窗口中，选择"大模型设置"，打开"本地部署"开关，选择"ApiKey"标签。在【大模型设置】右侧的【模型平台】下拉菜单中，选择 DeepSeekR1（DeepSeek 官网）或者硅基流动（支持 DeepSeekR1）；【模型名】设置为 DeepSeek-chat；在【API_KEY】输入框中填入之前申请的 DeepSeek API Key，点击"保存"按钮。

使用技巧与注意事项

在 WPS 中调用 DeepSeek 功能时，为了提高操作效率，可以设置一些快捷键。例如，在 OfficeAI 插件中，可自定义某些常用功能的快捷键，如将"生成报告"功能设置为"Ctrl + Shift + R"，这样在需要生成报告时，只需按下快捷键，即可快速调用 DeepSeek 的相关功能，无需通过繁琐的鼠标点击操作来寻找功能入口。

在向 DeepSeek 提问时，优化提问方式能让其给出更符合需求的回答。提问时应尽量表述清晰、明确，提供足够的背景信息和细节。比如，在撰写一份关于项目进度汇报的文档时，如果只是简单地问"帮我写个项目汇报"，DeepSeek 给出的内容可能比较宽泛、缺乏针对性。但如果提问"帮我写一份关于'项目名称'在过去一个月的进度汇报，包括已完成的任务、遇到的问题以及解决方案，重点突出项目的关键成果和下一步计划"，这样 DeepSeek 就能根据详细的需求，生成更贴合实际情况的内容。

使用过程中，网络状况对 DeepSeek 的响应速度和使用体验有较大影响。确保网络连接稳定且速度较快，避免在网络信号差或带宽不足的情况下使用，否则可能会出现响应延迟甚至请求失败的情况。同时，不同的模型版本在功能和性能上可能存在差异，用户可根据具体需求选择合适的模型。例如，DeepSeek-R1 模型在数学、编程以及自然语言推理等方面表现出色，如果涉及到这些领域的任务，可优先选择该模型；而如果只是进行一般性的文本创作和润色，DeepSeek-V3 模型可能就能够满足需求。此外，还需注意保护 API Key 的安全，不要将其泄露给他人，以免造成不必要的风险。

未来展望：持续进化的办公新体验

展望未来，随着 AI 和办公软件技术的持续发展，DeepSeek 与 WPS 的组合有望在多个方面实现新的突破和拓展。

在功能拓展上，二者将不断挖掘用户需求，推出更具创新性的功能。在文档处理方面，可能会实现更加智能的内容理解和分析。例如，当用户阅读一份复杂的技术文档时，DeepSeek 不仅能提供文档的总结和关键信息提取，还能根据用户的提问，深入分析文档中的技术原理、应用场景以及与其他相关技术的关联，为用户提供全方位的知识解读。在数据处理领域，除了现有的分析和预测功能，未来可能会实现对实时数据的动态监测和智能预警。比如，企业在进行线上销售时，WPS 表格与 DeepSeek 结合，能够实时分析销售数据，当发现某一地区的销售额出现异常波动时，自动发出预警，并提供可能的原因分析和应对策略建议。

在智能协作方面，未来二者的组合将支持更高效的团队协作。团队成员在使用 WPS 进行文档协作时，DeepSeek 可以实时分析成员的编辑内容和沟通记录，提供智能的协作建议，如提醒成员关注重要信息、协调工作进度等。它还能实现跨语言、跨地域的协作，通过实时翻译功能，让不同语言背景的团队成员能够无障碍地交流和协作，共同完成项目任务。随着技术的不断进步，DeepSeek 与 WPS 的组合将持续进化，为用户带来更加智能、高效、便捷的办公新体验，引领办公领域的未来发展潮流。

8. 联手 Zotero：解锁论文创作新神器

科研工具的"梦幻联动"

在科研的漫漫征途中，论文相关工作堪称最为烦琐复杂的环节之一。从浩如烟海的学术数据库里筛选出有价值的文献，到逐字逐句精读晦涩难懂的研究内容，再到撰写论文时绞尽脑汁梳理逻辑、组织语言，每一步都充满挑战，耗费科研人员大量的时间和精力。比如在医学领域，研究人员可能需要从数万篇文献中找出与特定疾病治疗相关的资料，面对海量信息，常常感到无从下手。

如今，DeepSeek 与 Zotero 的携手合作，为科研人员带来了新的曙光。这两款工具的结合，犹如一场科研工具界的"梦幻联动"，有望彻底改变科研人员处理论文的方式，大幅提升科研效率。Zotero 作为一款广受欢迎的文献管理工具，能够帮助用户轻松收集、整理和管理文献资料，还具备强大的引用和参考文献生成功能；DeepSeek 则是先进的人工智能技术，在自然语言处理和语义理解方面有着卓越的表现。二者的结合，将为科研人员提供更为智能化、高效化的论文工作解决方案。

Zotero：文献管理的得力助手

Zotero 则是一款广受欢迎的免费开源文献管理工具，致力于帮助研究人员高效地收集、组织、引用和分享研究资料。在文献收集方面，Zotero 支持从各种来源获取文献，无论是网页、学术数据库，还是本地的 PDF 文件，都能轻松导入。用户只需在浏览器中安装 Zotero 插件，在浏览学术网站时，点击插件按钮，就能一键将文献信息保存到 Zotero 中，同时自动提取文献的标题、作者、出版日期等元数据，大大节省了手动录入的时间。

在文献整理方面，Zotero 提供了灵活多样的组织方式。用户可以根据研究项目、学科领域、时间顺序等创建不同的文件夹和标签，将文献进行分类存放。还能通过拖放操作，方便地将文献移动到相应的类别中。在进行生物多样性研究时，科研人员可以创建"植物多样性""动物多样性""微生物多样性"等文件夹，将相关文献分别归类，便于后续查找和使用。

引用功能是 Zotero 的一大亮点。它内置了丰富的引用格式库，涵盖了多个学术领域的标准格式，如 APA、MLA、Chicago 等。当科研人员撰写论文时，只需在 Zotero 中选择需要引用的文献，然后点击插入引用按钮，Zotero 就能自动按照所选的引用格式，在论文中生成正确的引用标注和参考文献列表。而且，在论文修改过程中，如果需要更改引用格式，Zotero 也能一键完成格式转换，无需科研人员手动逐个修改，极大地提高了论文写作的效率。

强强联合，打造论文神器

配置步骤全解析

将 DeepSeek 接入 Zotero 的操作并不复杂，科研人员只需按照以下步骤进行操作，就能轻松完成配置，开启高效的论文工作之旅。

首先，安装必要的插件。科研人员需要确保已经安装了 Zotero 软件，这可以在 Zotero 官方网站（https://www.zotero.org）上免费下载并安装。安装完成后，打开 Zotero，在菜单栏中找到"工具"选项，点击"插件"，进入插件安装界面。在插件安装界面中，点击右上角的"齿轮"图标，选择"从文件安装插件"，然后找到事先下载好的"Awesome GPT"插件文件（.xpi 后缀），选中并点击"打开"，即可完成插件的安装。

接下来，申请 DeepSeek 的 API 密钥。打开浏览器，访问 DeepSeek 开放平台申请 API 网址（https://www.deepseek.com），点击右上角的"API 开放平台"。如果是首次使用，需要先注册一个账号，按照系统提示填写相关信息，完成注册。注册成功后，登录账号，在 API 开放平台页面中，找到"API 密钥管理"选项，点击"创建 API 密钥"，为密钥命名（可随意命名，方便自己识别即可），然后点击"确定"，系统会生成一个 API 密钥，将其复制并妥善保存，这是后续配置中必不可少的关键信息。

最后，进行配置参数的设置。在 Zotero 中，点击菜单栏中的"编辑"选项，选择"首选项"，在弹出的窗口中，找到"ChatGPT"选项卡。在"ChatGPT"配置项中，进行如下设置：Base API 输入"https://api.deepseek.com"；模型选择"DeepSeek-chat"；将之前申请并复制的 API Key 粘贴到"API Key"输入框中。设置完成后，点击"确定"保存设置。

强大功能展示

完成上述配置后，DeepSeek 与 Zotero 的联合工具就可以发挥出强大的功能，为科研人员的论文工作提供全方位的支持。

文献快速总结

在面对大量的文献资料时，快速了解每篇文献的核心内容是至关重要的。使用联合工具，科研人员只需在 Zotero 中选中需要总结的 PDF 文献，然后点击"AskPDF"按钮，输入"请总结本文的核心内容"等指令，DeepSeek 就能迅速对文献进行分析，提取其中的关键信息，生成简洁明了的摘要。在研究量子计算领域的文献时，通过这一功能，科研人员可以快速了解每篇文献关于量子比特的研究方法、实验结果以及理论突破等核心内容，大大节省了阅读文献的时间，提高了文献筛选的效率。

智能问答

在阅读文献的过程中，科研人员难免会遇到各种疑惑，对于一些复杂的理论、实验方法或研究结论，可能需要进一步的解释和说明。这时，联合工具的智能问答功能就派上了用场。科研人员只需在 Zotero 中选中需要提问的段落，然后按下快捷键"Ctrl+/"（可根据个人设置进行调整），调出提问窗口，输入问题，如"这段文字中提到的实验方法有哪些优点和局限性？"DeepSeek 就会根据选中文本的内容，结合自身的知识储备，给出准确、详细的回答，就像身边有一位随时答疑解惑的真人导师一样。在阅读一篇关于生物基因编辑技术的文献时，对于文中提到的某种新型基因编辑工具的作用机制存在疑问，通过智能问答功能，DeepSeek可以详细解释该工具的工作原理、与其他工具的对比优势等，帮助科研人员深入理解文献内容。

文献综述生成

文献综述是论文写作中的重要环节，需要对多篇相关文献进行综合分析和总结。联合工具的文献综述生成功能，能够帮助科研人员轻松完成这一复杂的任务。科研人员只需在 Zotero 中多选几篇与研究主题相关的文献，然后点击"AskPDF"按钮，输入"请对这些文献进行综述，分析它们的研究空白和未来研究方向"等指令，DeepSeek 就会自动对这些文献进行分析，梳理出每篇文献的研究重点、创新点以及不足之处，然后综合多篇文献的内容，生成一篇逻辑清晰、内容丰富的文献综述。在进行人工智能在医疗领域应用的研究时，科研人员可以通过这一功能，快速生成关于该领域的文献综述，了解当前研究的热点和难点，为自己的研究提供有力的参考。

其他实用功能

除了上述核心功能外，DeepSeek 与 Zotero 的联合工具还具备许多其他实用功能。在论文写作过程中，科研人员可能需要对一些语句进行润色，使其表达更加准确、流畅。联合工具可以实现文本润色功能，科研人员只需选中需要润色的文本，输入"请对这段文字进行润色，使其更符合学术论文的语言风格"等指令，DeepSeek 就能对文本进行优化，调整词汇、语法和句式，提升文本的质量。在涉及到国际学术交流时，语言翻译也是必不可少的功能。联合工具支持多种语言之间的翻译，科研人员可以将外文文献中的内容选中，输入"请将这段文字翻译成中文"等指令，即可快速获得准确的翻译结果，打破语言障碍，方便科研人员获取全球范围内的学术信息。

DeepSeek 与 Zotero 的合作开启了科研工具智能化的新篇章，未来，它们有望在更多方面实现深度融合，为科研人员带来更多的惊喜。在功能拓展上，随着人工智能技术的不断发展，DeepSeek 的自然语言处理能力将更加精准和强大，这将使联合工具在文献分析方面实现更深入的语义挖掘。它不仅能够总结文献的核心内容，还能分析文献中的实验数据、研究方法的优缺点，甚至预测研究的潜在方向，为科研人员提供更具前瞻性的研究思路。

在用户体验方面，未来的联合工具可能会更加注重个性化服务。根据科研人员的研究领域、使用习惯和偏好，为其提供定制化的功能和界面设置，让科研人员能够更加便捷地使用工具，提高工作效率。在医学领域的科研人员可能更关注疾病的诊断和治疗方法，联合工具可以为其推送相关的最新研究成果和文献综述；而在物理学领域的科研人员可能更需要对复杂的理论模型进行分析，工具则可以提供针对性的分析功能和数据可视化展示。

从更宏观的角度来看，DeepSeek 和 Zotero 的合作模式可能会成为科研工具发展的新趋势，引领更多的人工智能技术与专业工具的融合。这将促进科研领域的创新发展，加速科研成果的产出，推动各个学科领域的进步。在材料科学领域，人工智能与材料设计软件的结合，可能会加速新型材料的研发进程；在环境科学领域，人工智能与数据分析工具的融合，可能会更有效地分析环境数据，为环境保护提供更科学的决策依据。

PART 03

第三篇

行业应用

第五章
电商行业

1. 开启电商商品推荐与个性化搜索新时代

DeepSeek 赋能电商：个性化体验的变革

在竞争激烈且高度数字化的电商行业中，个性化体验早已成为吸引消费者、提升用户忠诚度与促进销售增长的核心要素。消费者不再满足于千篇一律的商品展示和通用化的服务，他们期望在购物过程中获得精准、专属且便捷的体验，能够迅速找到符合自身独特需求和偏好的商品。

DeepSeek，作为先进的人工智能技术代表，凭借其强大的深度学习和数据分析能力，在电商的商品推荐与个性化搜索领域发挥着举足轻重的作用，正引领着电商行业个性化体验的深刻变革。它就像一位智能导购，深入洞察消费者的内心需求，为其提供超乎预期的购物指引，让购物变得更高效、更愉悦。

DeepSeek 在商品推荐中的应用
个性化首页推荐

当消费者登录电商平台时，就仿佛踏入了一个琳琅满目的数字商场。而 DeepSeek 此时就如同商场中一位经验丰富、洞察力极强的导购，它会迅速且精准地根据用户的历史购物记录，如过去购买过的服装款式、电子产品品牌等，以及浏览行为，包括在哪些商品页面停留时间较长、反复查看的商品类别等信息，为用户精心生成个性化的首页推荐。

以一位经常购买运动装备的用户为例，DeepSeek 通过分析其过往购买的各类跑步鞋、运动服装品牌和款式，以及浏览过的运动手表、健身器材等页面数据，判断出该用户对运动健身的强烈兴趣和偏好。当用户再次登录平台时，首页便会优先展示最新款的运动跑鞋，这些跑鞋可能在材质、设计上有了新的突破，正好符合该用户追求高品质运动装备的需求；同时，还会推荐与跑步相关的运动配件，如专业的运动护膝，以满足用户在运动过程中对身体保护的需求；此外，还会展示一些热门的健身课程推荐，这些课程可能是由知名健身教练录制，涵盖了跑步训练技巧、体能提升等方面，与用户的运动兴趣紧密相关。

通过这样的个性化首页推荐，用户无需在海量的商品中盲目搜索，能够快速定位到自己可能感兴趣的商品，大大提高了购物效率，也让用户感受到电商平台对自己的关注和了解，从而提升了购物满意度。

智能购物车推荐

在消费者浏览商品并将心仪的商品加入购物车后，DeepSeek 的智能购物车推荐功能便开始发挥作用。它就像一个贴心的购物伙伴，时刻关注着购物车中的商品信息，依据这些信息深入分析用户的购物意图和潜在需求。

比如，当购物车中已有一件简约风格的白色衬衫时，

DeepSeek 会基于对时尚搭配的理解和大数据分析，判断出用户可能需要一条与之搭配的裤子。它会推荐一条黑色的直筒西裤，因为黑色与白色是经典的搭配组合，直筒西裤的版型能够与简约风格的白色衬衫相得益彰，展现出干练、时尚的穿搭效果；同时，考虑到整体搭配的完整性，还可能推荐一条精致的领带，如深蓝色带有细条纹的领带，为整个造型增添一份精致感；此外，也会推荐一些相关的配饰，如简约设计的手表，以提升整体的时尚品位。

如果购物车中的商品是某品牌的智能手机，DeepSeek 会分析该手机的型号、配置等信息，推荐适配的手机壳，如具有防摔、轻薄特点的硅胶手机壳；还会推荐手机膜，如高清、防指纹的钢化膜，以保护手机屏幕；甚至可能推荐一些与手机相关的周边产品，如无线蓝牙耳机，方便用户在使用手机时享受更好的音频体验。

这种智能购物车推荐功能，不仅为用户提供了便利，让他们能够轻松获取搭配商品或替代品的建议，丰富了购物选择，还能有效促进商品的销售，提高客单价，为电商平台带来更多的商业价值。

精准营销推送

DeepSeek 凭借对消费者购物行为和偏好的深度洞察，能够制定出精准的营销推送策略，成为电商平台与消费者之间的高效沟通桥梁。

当消费者浏览了某款商品但未购买时，DeepSeek 就像敏锐的市场分析师，迅速捕捉到这一行为背后的潜在购买意愿。它会根据该商品的特点和用户的偏好，为用户推送个性化的营销信息。例如，对于浏览过一款高端智能手表但犹豫不决的消费者，DeepSeek 可能会推送该手表的限时优惠券信息，如"立即购买可享受 8 折优惠"，通过价格优惠来吸引消费者；或者推送该手表的促销活动信息，如"购买即赠送价值××元的表带或充电底座"，增加商品的附加值，激发消费者的购买欲望；还可能推送一些用户对该手表的好评和使用体验分享，以增强消费者对商品的信任和购买信心。

对于那些经常购买特定品牌商品的用户，DeepSeek 会根据品牌的新品发布计划和促销活动安排，为用户推送专属的营销信息。比如，某用户经常购买某知名运动品牌的运动鞋，当该品牌推出新款跑鞋时，DeepSeek 会及时向用户推送新品上市信息，介绍新款跑鞋在技术创新、设计亮点等方面的优势，如"全新的缓震技术，为你的每一步提供更强大的支撑""时尚的外观设计，引领运动潮流"；同时，还会提供购买链接和专属的折扣码，方便用户购买。

通过精准营销推送，电商平台能够将营销资源精准地投放到目标用户群体，提高营销活动的效果和转化率，激发消费者的购买欲望，促进商品销售，实现商业价值的最大化。

DeepSeek 在个性化搜索中的应用
语义理解与精准匹配

在电商搜索中，传统的关键词匹配方式就如同一个刻板的导购，只能机械地根据用户输入的关键词来查找商品，常常无法理解用户复杂的语义和真实需求，导致搜索结果不尽如人意。比如，当用户输入"适合跑步时穿的透气上衣"，传统搜索可能仅仅匹配包含"跑步""透气""上衣"这些关键词的商品，而忽略了用户对材质、款式、品牌等潜在的要求，可能会出现推荐的上衣材质不适合运动排汗、款式过时或者品牌不符合用户偏好等情况。

而 DeepSeek 则像是一位精通语言艺术和用户心理的高级导

购,它借助先进的自然语言处理技术和深度学习算法,能够深入理解用户搜索语句的上下文含义和潜在意图。它不仅会分析关键词,还会综合考虑词语之间的语义关系、用户的搜索历史和偏好等多方面因素,实现真正意义上的语义搜索,从而为用户提供高度精准的商品搜索结果。

当用户搜索"适合夏天户外运动的防晒装备"时,DeepSeek会理解到用户需要的是在夏天高温环境下进行户外运动时能有效防晒的产品。它会从海量的商品数据中筛选出符合要求的防晒衣,这些防晒衣可能采用轻薄透气的面料,能够在阻挡紫外线的同时保证身体的舒适感;还会推荐具有高倍数防晒指数的防晒霜,满足长时间户外活动的防晒需求;以及宽边遮阳帽,为脸部提供全面的防晒保护。通过这种精准的语义理解和匹配,大大提升了搜索结果的相关性,让用户能够迅速找到心仪的商品,提高了购物的效率和满意度。

跨语言与多模态搜索

在全球化的电商市场中,消费者来自不同的国家和地区,使用着各种各样的语言。同时,随着多媒体技术的发展,消费者对于搜索方式的需求也日益多样化,不再局限于传统的文本搜索。

DeepSeek 就像是一位全能的国际导购,具备强大的跨语言搜索能力,能够支持多种语言的搜索请求。无论用户使用英语、中文、日语、西班牙语等何种语言进行搜索,DeepSeek 都能准确理解用户的意图,并从全球范围内的商品数据库中筛选出相关的商品信息。这使得电商平台能够更好地服务全球用户,打破语言障碍,促进国际间的电商交易。

DeepSeek 还支持多模态搜索,它能够处理文本、图片、音频等多种类型的搜索信息。这就好比消费者既可以通过口头描述商品的特征，让 DeepSeek 通过语音识别技术进行搜索；也可以上传一张自己喜欢的商品图片，DeepSeek 利用图像识别技术分析图片中的商品特征，然后在商品库中找到与之相似或相关的商品。例如，用户看到朋友穿着一款时尚的运动鞋，不知道品牌和名称，只需要拍摄鞋子的照片上传到电商平台进行搜索，DeepSeek 就能迅速识别出鞋子的款式、颜色、材质等特征，并推荐出类似款式的运动鞋，甚至还能提供不同品牌、不同价格区间的选择，满足用户多样化的需求。这种多模态搜索方式极大地拓宽了用户的搜索途径，为用户提供了更加便捷、灵活的购物体验。

自适应搜索推荐

在用户进行电商搜索的过程中，DeepSeek 不仅仅是简单地返回与搜索关键词相关的商品，它更像是一位时刻关注用户需求变化的智能导购，能够根据用户的实时行为和长期积累的兴趣偏好，在搜索时提供个性化的推荐，挖掘用户潜在的购物需求。

当用户在搜索框中输入"笔记本电脑"时，DeepSeek 会迅速分析用户的搜索历史，发现该用户之前经常浏览轻薄便携的笔记本电脑，并且对某几个品牌有较高的关注度。基于这些信息，DeepSeek 在返回搜索结果时，会优先展示符合用户偏好的轻薄款笔记本电脑，并且推荐该用户关注品牌的最新款产品，同时还可能推荐一些与笔记本电脑相关的配件，如轻薄便携的电脑包、高分辨率的外接显示器、舒适的无线键盘和鼠标等，这些配件能够进一步提升用户使用笔记本电脑的体验，满足用户在工作、学习或娱乐等不同场景下的需求。

DeepSeek 还会根据用户在搜索结果页面的浏览行为，实时调整推荐内容。如果用户在浏览某款笔记本电脑的详情页时停留时间较长，并且反复查看了配置参数、用户评价等信息，DeepSeek会判断用户对这款产品有较高的兴趣，可能会在页面下方推荐同品牌或同价位段的其他热门笔记本电脑，以及相关的促销活动信息，如限时折扣、赠品优惠等，激发用户的购买欲望。这种自适应搜索推荐功能，让用户在搜索过程中不断发现新的感兴趣的商品，丰富了用户的搜索体验，同时也为电商平台增加了销售机会，实现了用户与平台的双赢。

应用案例与成效

某头部电商平台

某头部电商平台在竞争激烈的市场环境中，面临着如何精准满足用户多样化需求、提高用户留存率和销售额的挑战。为了突破这一困境，该平台引入了 DeepSeek 技术，致力于打造个性化的购物体验。

在商品推荐方面，DeepSeek 的智能推荐系统对平台上数以亿计的用户行为数据进行深度分析。通过对用户历史购买记录、浏览行为、搜索关键词等多维度数据的挖掘，它能够精准地把握用户的兴趣和偏好。在首页推荐中，根据用户的个性化特征，为用户展示专属的商品推荐列表。对于一位喜欢健身的年轻用户，系统会推荐最新款的运动装备，如具有先进减震技术的跑鞋、透气速干的运动服装等，同时还会推荐一些热门的健身课程和运动配件，满足用户在健身过程中的全方位需求。

在购物车推荐环节，当用户将商品加入购物车后，DeepSeek会迅速分析购物车中的商品信息，为用户推荐与之搭配的商品或替代品。如果购物车中有一款智能手机，系统会推荐适配的手机壳、手机膜、蓝牙耳机等配件，以及相关的手机周边产品，如手机支架、移动电源等。这种智能购物车推荐功能大大提高了用户的购物便利性，丰富了用户的购物选择，有效促进了商品的销售。据统计，该平台引入 DeepSeek 技术后，用户的平均客单价提高了 25%，销售额增长了 35%。

在搜索方面，DeepSeek 的语义理解和精准匹配技术发挥了重要作用。当用户输入搜索关键词时，它能够准确理解用户的真实意图，提供高度相关的搜索结果。例如，当用户搜索"适合上班族的轻便笔记本电脑"时，DeepSeek 不仅会筛选出符合"轻便"和"笔记本电脑"这两个关键词的商品，还会根据用户的搜索历史和偏好，推荐配置合适、品牌可靠、轻薄便携且适合办公使用的笔记本电脑。同时，它还支持跨语言搜索，方便了来自不同国家和地区的用户。此外，自适应搜索推荐功能会根据用户在搜索过程中的行为，实时调整推荐内容，不断挖掘用户的潜在需求。用户在浏览某款笔记本电脑的详情页时，系统会根据用户的停留时间、查看的参数信息等，推荐同品牌或同价位段的其他热门笔记本电脑，以及相关的促销活动信息。这使得用户在搜索过程中能够更轻松地找到心仪的商品，搜索满意度提升了 40%。

某跨境电商平台

某跨境电商平台在全球范围内拥有庞大的用户群体，用户来自不同的文化背景和语言区域，需求也各不相同。为了满足全球用户的购物需求，提升平台的竞争力，该平台采用了 DeepSeek 技术。

在商品推荐方面，DeepSeek 利用其强大的数据分析能力，对全球用户的购物行为和偏好进行分析。考虑到不同国家和地区的文化差异、季节变化、消费习惯等因素，为用户提供个性化的商品推荐。在欧美地区，根据当地消费者对时尚和品质的追求，推荐知名品牌的时尚服装、高品质的电子产品等；在东南亚地区，结合当地的气候特点和消费需求，推荐轻薄透气的夏季服装、适合当地饮食习惯的厨房用品等。同时，根据用户的历史购物记录和浏览行为，为用户推荐符合其个人口味的商品。一位经常购买日本美妆产品的用户，系统会推荐日本最新推出的热门美妆单品，以及相关的护肤产品。

在搜索功能上，DeepSeek 的跨语言搜索能力为全球用户提供了极大的便利。无论用户使用英语、中文、日语、西班牙语等何种语言进行搜索，它都能准确理解用户的意图，并从全球商品数据库中筛选出相关的商品信息。用户使用中文搜索"德国厨具"，系统能够迅速返回德国知名品牌的厨具产品，包括炒锅、汤锅、刀具等，并提供详细的产品介绍和用户评价。这种多语言支持的搜索功能，打破了语言障碍，促进了国际间的电商交易。该平台的国际订单量增长了 40%，用户满意度提升了 30%。

某社交电商平台

某社交电商平台依托社交网络的优势，拥有大量的用户互动数据。为了更好地利用这些数据，提升用户的购物体验，该平台引入了 DeepSeek 技术。

在商品推荐方面，DeepSeek 结合用户在社交平台上的互动行为，如点赞、评论、分享商品等，以及用户的购物历史和偏好，为用户提供个性化的商品推荐。一位用户经常在社交平台上点赞和分享时尚穿搭的内容，并且购买过一些时尚服装，系统会推荐当季流行的时尚款式，以及相关的时尚配饰，如项链、手链、包包等。

同时，利用社交关系网络，为用户推荐好友购买过或推荐的商品，增加商品推荐的可信度和吸引力。

在个性化搜索方面，DeepSeek 能够根据用户在社交平台上的讨论话题和兴趣点，理解用户的潜在搜索需求。如果用户在社交群组中讨论旅游相关的话题，当用户在平台上进行搜索时，系统会自动推荐旅游用品，如旅行箱、背包、防晒用品等，以及热门的旅游目的地推荐和旅游攻略。这种基于社交互动的个性化搜索和推荐功能，增强了用户与平台的黏性，提高了用户的购物转化率。该平台的用户活跃度提高了 35%，商品转化率提升了 30%。

2. 赋能智能客服与营销自动化

传统客服的困境

在电商行业蓬勃发展的浪潮中，传统客服模式曾长期作为消费者与商家沟通的桥梁，发挥着不可或缺的作用。然而，随着电商业务规模的指数级扩张，传统客服的局限性愈发凸显，逐渐成为制约行业服务质量提升和企业高效运营的瓶颈。

人力成本高企是传统客服面临的首要难题。以一家中等规模的电商企业为例，其每日的客户咨询量可达数千条，为了及时响应这些咨询，企业往往需要雇用大量客服人员。从人员招聘、培训，到日常的薪资福利支出，这一系列成本开销巨大。据相关数据统计，在一些人力成本较高的一线城市，电商企业每年在客服人力方面的投入可达数百万甚至上千万元，这无疑给企业带来了沉重的经济负担。

响应速度慢也是传统客服饱受诟病的问题。在电商促销活动期间，如"双十一""618"等，咨询量会呈爆发式增长，短时间内客服人员常常应接不暇。消费者在咨询商品信息、物流进度或售后问题时，往往需要长时间等待，平均等待时间可能长达数分钟甚至十几分钟。这种漫长的等待极易消磨消费者的耐心，导致客户满意度大幅下降，甚至可能使部分潜在客户直接放弃购买，转而选择其他响应速度更快的电商平台。

服务质量一致性难以保证同样不容忽视。由于客服人员的专业素养、工作经验和个人情绪状态各不相同，在面对相同或相似问题时，给出的解答和服务态度可能存在较大差异。比如，对于产品的功能介绍，有的客服人员可能讲解得细致全面，而有的则可能较为简略模糊；在处理客户投诉时，有的客服能够妥善安抚客户情绪并解决问题，有的却可能因沟通不当进一步激化矛盾。这种服务质量的参差不齐，严重影响了品牌在消费者心中的形象和口碑。

智能客服的崛起

为了突破传统客服的重重困境，智能客服凭借其强大的技术优势应运而生，并在电商行业迅速掀起了一场服务变革。智能客服基于自然语言处理（NLP）、机器学习（ML）、深度学习（DL）等前沿人工智能技术，能够实现与客户的自然语言交互，快速准确地理解客户问题，并提供相应的解决方案。

在提升服务效率方面，智能客服展现出了无与伦比的优势。它能够 7×24 小时不间断工作，无论何时何地，只要客户有需求，都能立即响应，打破了传统客服的时间和空间限制。同时，智能客服具备强大的并发处理能力，可同时应对海量的客户咨询，极大地缩短了客户的等待时间。以某知名电商平台为例，引入智能客服后，平均响应时间从原来的数分钟缩短至几秒钟，客户咨询的处理效率得到了数十倍的提升。

从优化用户体验的角度来看，智能客服同样表现出色。通过对客户历史咨询数据、购买行为和偏好的深度分析，智能客服能够为客户提供个性化的服务推荐和解决方案。比如，当客户咨询某款电子产品时，智能客服不仅能详细介绍产品的性能参数、使用方法，还能根据客户的过往购买记录，推荐相关的配件或其他符合其需求的电子产品，让客户感受到专属的贴心服务，从而有效提升客户的购物体验和满意度。

如今，智能客服已在电商行业得到了广泛的应用，从大型电商平台到众多中小电商企业，都纷纷引入智能客服系统来优化客户服务流程。在电商购物的各个环节，如售前咨询、售中订单处理、售后退换货等，智能客服都发挥着关键作用，成为电商企业提升竞争力、实现可持续发展的重要助力。

DeepSeek 赋能智能客 技术原理剖析

DeepSeek 作为人工智能领域的后起之秀，凭借其先进的技术架构和算法，在智能客服领域展现出独特的优势。其核心技术涵盖了自然语言处理（NLP）、机器学习（ML）以及深度学习（DL）等多个关键领域，这些技术相互协同，共同构建了 DeepSeek 智能客服强大的能力基础。

在自然语言处理方面，DeepSeek 采用了 Transformer 架构作为基础，这一架构以其卓越的注意力机制而闻名。注意力机制就如同人类在阅读时会自动聚焦关键信息一样，能够让模型在处理大量文本信息时，精准地捕捉到关键内容，理解不同词汇、语句之间的语义关联，即使这些信息在文本中的位置相隔甚远。例如，当客户咨询"我之前买的那件衣服，洗了一次就掉色了，怎么办？"，DeepSeek 能够通过注意力机制，迅速聚焦"衣服掉色""洗了一次"等关键信息，准确理解客户的问题核心是关于商品质量问题的投诉。

同时，DeepSeek 还创新性地引入了多头潜在注意力（MLA）机制，这是对传统注意力机制的进一步优化升级。在处理长文本时，MLA 机制能够更精确地为不同的句子、段落分配权重，从而更准确地把握文本的核心主旨。以处理电商平台上的产品评价为例，客户的评价可能包含对产品多个方面的描述，如外观、性能、使用体验等，MLA 机制可以帮助 DeepSeek 智能客服在复杂的长文本评价中，快速识别出客户对产品最关注的点以及情感倾向，无论是积极的赞扬还是消极的抱怨，都能精准捕捉。

机器学习技术在 DeepSeek 智能客服中也发挥着关键作用。通过对海量的电商客服对话数据进行学习，模型能够不断优化自身的参数，提升对各类客户问题的理解和解答能力。在这个过程中，DeepSeek 采用了无辅助损失负载均衡策略，确保在混合专家架构（MoE）下，不同的专家模块能够均衡地分担工作负载。就像一个团队中，每个成员都能充分发挥自己的专长，且工作量分配合理，避免出现有的模块过于繁忙而有的闲置的情况，从而提高整个模型的运行效率和稳定性。

此外，DeepSeek 还运用了多 Token 预测（MTP）技术，传统模型通常是逐个预测 Token，而 MTP 技术允许模型一次预测多个 Token，大大加快了推理速度，使生成的回答更加连贯自然。

当客户询问"你们家有没有适合跑步时穿的鞋子，要透气、轻便的"，DeepSeek 智能客服能够快速理解问题，并利用 MTP 技术快速生成连贯的回答，如"我们有几款专门为跑步设计的鞋子，采用了透气的网面材质，鞋底采用轻质材料，不仅轻便，还具有良好的减震效果，非常适合跑步时穿着，比如 '具体鞋款名称'，您可以了解一下。"

实际应用场景展示

在电商平台的日常运营中，DeepSeek 智能客服的身影无处不在，它深度融入了订单咨询、退换货处理、商品推荐等多个关键环节，为商家和消费者带来了全新的服务体验。

在订单咨询场景中，客户常常会询问订单的状态，如"我的订单发货了吗？预计什么时候能收到？"DeepSeek 智能客服能够实时对接电商平台的订单管理系统，快速准确地获取订单的物流信息，并及时回复客户。"您的订单已于 '发货时间' 发货，目前正在运输中，预计在 '预计送达时间' 送达，请您耐心等待。"这种快速响应不仅节省了客户的时间，也减轻了人工客服的工作压力。

当涉及退换货处理时，流程往往较为复杂，客户可能会有诸多疑问。比如"我想退货，怎么操作？运费谁承担？"DeepSeek 智能客服可以详细地为客户介绍退换货的流程，包括如何在平台上提交退货申请、退货地址、退款方式和时间等信息。如果是因为商品质量问题导致的退换货，还能明确告知客户运费将由商家承担，让客户感受到清晰、透明的服务，有效提升客户满意度。

商品推荐也是 DeepSeek 智能客服的一大优势应用场景。通过对客户的历史购买记录、浏览行为以及当前咨询内容的分析，智能客服能够为客户提供个性化的商品推荐。当客户咨询"我想买一款面霜，我的皮肤比较干燥"，DeepSeek 智能客服会根据客户的肤质和以往购买偏好，推荐适合干性皮肤的面霜产品，如"根据您的需求，我们为您推荐'面霜品牌1'，它含有丰富的保湿成分，能够深层滋润肌肤，缓解干燥；还有'面霜品牌2'，这款面霜的质地轻盈，容易吸收，也非常适合您的干性皮肤，您可以点击链接查看详细产品信息。"这种个性化的推荐不仅提高了客户找到心仪商品的概率，也有助于提升电商平台的销售额。

应用效果数据支撑

某大型电商企业在引入 DeepSeek 智能客服之前，每日平均客户咨询量高达 5 万次，人工客服团队虽然竭尽全力，但仍难以满足需求，客户平均等待时间长达 8 分钟，客户满意度仅为 70%。同时，为了维持客服团队的运转，企业每年在人工客服方面的成本投入高达 500 万元。

引入 DeepSeek 智能客服后，情况得到了显著改善。智能客服与人工客服协同工作，能够快速处理大量常见问题，将客户平均等待时间缩短至 2 分钟以内，大大提升了客户咨询的处理效率。据统计，在引入 DeepSeek 智能客服后的一个月内，人工客服的工作量减少了 40%，企业在客服人力成本方面的支出降低了 200 万元。

从客户满意度来看，提升效果也十分明显。通过对客户的调查反馈，客户满意度从原来的 70% 提升至 90%。许多客户表示，智能客服的快速响应和准确解答让他们在购物过程中感受到了便捷和贴心，增强了他们对该电商平台的好感度和忠诚度。这些数据充分证明了 DeepSeek 智能客服在提升电商服务效率、降低成本以及增强客户满意度方面的显著成效，为电商企业的可持续发展提供了有力支持。

电商行业营销自动化现状营

在电商行业这片竞争激烈的红海中，营销自动化已成为企业谋求生存与发展的关键利器，其重要性不言而喻。随着电商市场的日益饱和，消费者的选择愈发丰富，如何在众多竞争对手中脱颖而出，精准地触达目标客户，成为电商企业面临的首要挑战。营销自动化借助先进的技术手段，能够对海量的客户数据进行深度挖掘和分析，从而精准地洞察客户的需求、偏好和行为模式。

以一家主营时尚服装的电商企业为例，通过营销自动化系统对客户的历史购买记录、浏览行为、搜索关键词等数据进行分析，发现部分客户经常浏览和购买简约风格的服装，且对特定品牌有较高的忠诚度。基于这些洞察，企业可以精准地向这部分客户推送符合其风格偏好的新款服装，以及该品牌的专属优惠活动，大大提高了营销信息的相关性和吸引力，使客户更容易产生购买行为。

从提高营销效果的角度来看，营销自动化能够实现营销活动的精细化管理和个性化定制。传统的营销方式往往采用"一刀切"的策略，向所有客户发送相同的营销信息，这种方式不仅效率低下，而且容易引起客户的反感。而营销自动化系统可以根据客户的细分特征，如年龄、性别、地域、消费能力等，将客户划分为不同的群体，为每个群体量身定制个性化的营销活动。比如，针对年轻时尚的客户群体，采用时尚潮流的宣传文案和社交媒体推广渠道；针对高消费能力的客户，提供高端定制产品和专属的贵宾服务。通过这种个性化的营销方式，能够显著提高客户的参与度和转化率，使营销活动的效果得到最大化提升。

此外，营销自动化还能为企业节省大量的人力和时间成本。在传统的营销模式下，营销人员需要花费大量的时间和精力来策划、执行和监控营销活动，从制作营销素材、发送邮件短信，到统计分析数据，每一个环节都需要人工操作，效率低下且容易出错。而营销自动化系统可以自动完成这些重复性的工作，将营销人员从烦琐的事务中解放出来，使他们能够将更多的时间和精力投入更具创造性和战略性的工作中，如市场调研、品牌建设和客户关系维护等。以邮件营销为例，营销自动化工具可以根据预设的规则，自动向目标客户发送个性化的邮件，包括邮件内容的定制、发送时间的选择以及后续的跟进提醒等，大大提高了邮件营销的效率和效果，同时也节省了大量的人力成本。

现有营销自动化手段

在电商行业，为了实现营销自动化，企业广泛运用了多种工具和技术，其中邮件营销、短信营销、社交媒体营销等手段尤为常见。

邮件营销作为一种经典的营销自动化方式，至今仍在电商领域发挥着重要作用。电商企业通过收集客户的邮箱地址，建立邮件列表，然后利用专业的邮件营销平台，如 Mailchimp、Zoho Campaigns 等，向客户发送个性化的营销邮件。这些邮件内容丰富多样，既可以是新品推荐、促销活动通知，也可以是个性化的产品推荐和客户关怀邮件。例如，在"双十一"购物狂欢节前夕，电商企业会向客户发送大量的促销邮件，介绍活动规则、优惠力度和热门商品，吸引客户提前加购和购买。同时，邮件营销平台还提供了强大的数据分析功能，企业可以通过分析邮件的打开率、点击率、转化率等指标，了解客户的兴趣和行为，进而优化邮件内容和发送策略，提高营销效果。

短信营销同样是电商企业常用的营销自动化手段之一。它具有即时性强、触达率高的特点，能够在短时间内将营销信息精准地传达给客户。电商企业通常会在客户注册、下单、支付等关键节点，向客户发送短信通知，如注册成功通知、订单确认短信、物流提醒等，同时也会利用短信营销平台，向客户发送促销活动短信、优惠券短信等营销信息。为了提高短信营销的效果，企业会根据客户的购买历史、浏览行为等数据，对客户进行细分，向不同的客户群体发送个性化的短信内容。比如，对于近期有购买意向的客户，发送针对性的产品推荐和优惠信息；对于老客户，发送专属的会员福利和忠诚度奖励短信。在发送时间上，企业也会精心选择，避免在客户休息时间或繁忙时段发送短信，以免引起客户反感。

社交媒体营销则借助社交媒体平台的强大影响力和广泛用户基础，实现电商企业的营销自动化目标。常见的社交媒体平台如微信、微博、抖音、Facebook、Instagram 等，为电商企业提供了与客户互动交流的便捷渠道。企业可以在这些平台上创建官方账号，发布产品信息、品牌故事、用户评价等内容，吸引用户关注和互动。同时，利用社交媒体平台的广告投放功能，如微信朋友圈广告、微博粉丝通、抖音 DOU＋等，企业可以根据用户的兴趣、年龄、地域等特征，精准地投放广告，将营销信息推送给目标客户群体。例如，某美妆电商企业在抖音上通过短视频形式展示产品的使用效果和优势，吸引用户观看和点赞，然后通过抖音的广告投放功能，将这些短视频推送给对美妆感兴趣的用户，引导用户点击链接进入电商平台购买产品。此外，社交媒体营销还可以通过用户生成内容（UGC）、口碑传播等方式，扩大品牌影响力，提高产品的知名度和美誉度，促进销售转化。

DeepSeek 驱动营销自动化

在当今竞争激烈的电商市场中，精准营销已成为企业脱颖而出的关键。DeepSeek 凭借其强大的数据分析能力，为电商企业实现精准营销提供了有力支持。它通过对用户在电商平台上留下的海量数据进行深度挖掘和分析，如用户的浏览历史、购买记录、搜索关键词、停留时间、地理位置、设备信息等，能够构建出极为详细且精准的用户画像。

以一位经常在电商平台上浏览和购买户外运动装备的用户为例，DeepSeek 可以从其浏览过的各类登山鞋、运动背包、帐篷等商品信息，以及购买的品牌、款式、价格区间等数据中，分析出该用户对户外运动的热爱程度、偏好的运动项目、消费能力以及品牌忠诚度等特征。基于这些精准的用户画像，电商企业能够针对该用户的独特需求和兴趣，推送个性化的营销内容。比如，当有新款的高性能登山鞋上市时，企业可以第一时间向该用户发送包含产品特点、优惠活动的专属推荐邮件或短信，或者在用户登录电商平台时，在首页展示该款登山鞋的广告，精准地触达目标客户，提高营销信息的吸引力和转化率。

这种基于 DeepSeek 的精准营销方式，与传统的广泛撒网式营销相比，具有更高的针对性和有效性。传统营销方式往往无法准确了解用户的真实需求，导致大量的营销资源浪费在对产品不感兴趣的用户身上。而 DeepSeek 能够帮助电商企业将有限的营销资源集中投入最有可能产生购买行为的用户群体上，大大提高了营销效率，降低了营销成本。根据相关研究数据表明，采用精准营销的电商企业，其营销转化率相比传统营销方式平均提升了30%—50%，有效促进了销售额的增长。

营销活动的优化

在电商营销活动的动态演进过程中，DeepSeek 运用机器学习算法，为广告投放策略的优化提供了强大的技术支持，能够根据市场变化和用户反馈实时调整营销活动，确保营销效果的最大化。

在广告投放策略方面，DeepSeek 通过对大量历史广告数据的学习，能够精准分析不同广告渠道、广告形式、广告内容以及投放时间等因素对广告效果的影响。例如，通过分析发现，某电商企业在社交媒体平台上投放的视频广告，在晚上 8 点—10 点这个时间段，针对年龄在 25—35 岁的女性用户群体，点击率和转化率明显高于其他时间段和用户群体。基于这一分析结果，DeepSeek 可以自动调整广告投放策略，在该时间段加大对这一目标用户群体的广告投放力度，提高广告预算的分配比例，同时优化广告内容，使其更符合该群体的兴趣和需求。

同时，DeepSeek 还能够实时监控市场动态和竞争对手的广告策略。当发现竞争对手推出新的促销活动或加大广告投放力度时，DeepSeek 能够迅速分析其对自身市场份额和用户流量的影响，并及时调整广告投放策略，如调整广告出价、优化广告创意等，以保持竞争优势。例如，当竞争对手针对某款热门电子产品推出大幅降价促销活动，并在各大平台加大广告宣传时，DeepSeek 可以帮助电商企业快速做出反应，一方面推出更具吸引力的价格优惠或赠品活动，另一方面优化广告文案，突出自身产品的独特优势和服务保障，吸引用户的关注。

在实时调整营销活动方面，DeepSeek 能够根据用户在营销活动中的实时反馈，如点击量、转化率、参与度等指标，迅速做出调整。比如，在一次限时促销活动中，DeepSeek 实时监测到某一商品的广告点击率较高，但转化率较低，通过进一步分析发现，是由于商品详情页的描述不够清晰，导致用户对产品的了解不足。DeepSeek 可以立即通知电商企业优化商品详情页，补充详细的产品信息和使用案例，同时调整广告投放策略，将更多流量引导至优化后的商品详情页，从而有效提高了转化率。这种基于实时数据的动态调整能力，使得营销活动能够更加灵活地适应市场变化和用户需求，不断优化营销效果，提高投资回报率。

成功案例分享

某中型服装电商企业在竞争激烈的市场环境中，面临着用户增长缓慢、销售额增长乏力的困境。为了突破这一局面，该企业引入了 DeepSeek 营销自动化系统，开启了精准营销和智能运营的变革之旅。

在引入 DeepSeek 之前，该企业主要采用传统的营销方式，如定期向所有用户发送促销邮件、在社交媒体上进行广泛的广告投放等，但这些方式效果并不理想，营销转化率较低，用户对营销活动的参与度也不高。引入 DeepSeek 后，企业首先利用其强大的数据分析能力，对平台上积累的海量用户数据进行了深度挖掘和分析。通过分析用户的浏览历史、购买记录、搜索关键词等信息，DeepSeek 为每个用户构建了详细的个性化画像，将用户细分为不同的群体，如时尚潮流追求者、舒适休闲爱好者、性价比优先者等。

针对不同的用户群体，企业制定了个性化的营销策略。对于时尚潮流追求者，企业根据他们关注的时尚趋势和品牌偏好，定期推送当季新款时尚服装的推荐信息，邀请他们参与时尚搭配活动，并提供专属的时尚顾问服务；对于舒适休闲爱好者，重点推荐舒适面料、简约设计的服装款式，同时结合用户的购买历史，推荐相关的配饰和家居服；对于性价比优先者，及时推送限时折扣、满减优惠等活动信息，突出产品的性价比优势。

在广告投放方面，DeepSeek 利用机器学习算法对广告投放策略进行了优化。通过对不同广告渠道、广告形式和投放时间的效果分析，DeepSeek 帮助企业确定了最佳的广告投放组合。例如，在社交媒体平台上，针对年轻用户群体，采用短视频广告的形式，展示服装的穿搭效果和时尚感，吸引用户的关注；在搜索引擎广告中，根据用户搜索关键词的热度和相关性，精准投放广告，提高广告的点击率和转化率。同时，DeepSeek 还实时监控广告投放效果，根据市场变化和用户反馈，及时调整广告投放策略，确保广告投放的精准性和有效性。

通过引入 DeepSeek 营销自动化系统，该企业取得了显著的成效。在短短半年内，用户活跃度大幅提升，用户留存率提高了30%，销售额增长了 50%。用户对企业的满意度和忠诚度也明显增强，复购率提高了 40%。许多用户表示，企业推送的个性化推荐和营销活动非常符合他们的需求，让他们在购物过程中感受到了更多的价值和关怀。

　　该案例充分展示了 DeepSeek 在电商营销自动化中的强大作用，通过精准的用户画像、个性化的营销策略和智能的广告投放优化，帮助电商企业实现了营销效果的质的飞跃，提升了市场竞争力，为企业的可持续发展奠定了坚实的基础。

　　尽管 DeepSeek 在电商行业的智能客服和营销自动化应用中展现出巨大潜力，但在实际应用过程中，仍面临着诸多挑战。

　　从技术层面来看，模型的准确性和稳定性有待进一步提升。电商领域的业务场景复杂多样，客户问题和营销需求千变万化，这对 DeepSeek 模型的泛化能力提出了极高的要求。在处理一些专业性较强的商品咨询时，如高端电子产品的技术参数、复杂医疗器械的使用方法等，DeepSeek 可能会出现理解偏差或回答不准确的情况。同时，在电商大促等业务高峰期，如"双十一""双十二"期间，大量的并发请求可能会导致模型响应速度变慢，甚至出现系统崩溃的风险，影响服务的连续性和用户体验。

　　数据安全和隐私保护问题也是 DeepSeek 在电商应用中不容忽视的挑战。电商企业积累了海量的用户数据，包括个人信息、购买记录、支付信息等，这些数据一旦泄露，将给用户带来极大的损失，同时也会严重损害电商企业的声誉。DeepSeek 在数据收集、存储、传输和使用过程中，需要采取严格的安全措施，确保数据的安全性和隐私性。然而，随着黑客技术的不断发展，数据安全面临着越来越严峻的威胁，如何有效防范数据泄漏风险，是 DeepSeek 和电商企业共同面临的难题。

　　此外，用户对智能客服和营销自动化的接受度也是一个重要挑战。部分消费者可能对与机器进行交互存在抵触情绪，认为智能客服无法像人工客服那样提供个性化、有温度的服务。在营销方面，一些用户可能对精准推送的营销信息感到反感，认为这侵犯了他们的隐私。因此，如何提高用户对智能客服和营销自动化的接受度，让用户在享受便捷服务的同时，感受到个性化和人性化的关怀，是 DeepSeek 在电商应用中需要解决的问题。

展望未来，DeepSeek 在电商行业有着广阔的发展空间和无限的可能性。随着人工智能技术的不断发展，DeepSeek 有望与更多的新技术实现深度融合，为电商行业带来更多的创新应用。

与物联网（IoT）技术的融合将是一个重要发展方向。通过物联网技术，电商企业可以实时获取商品的库存信息、物流状态以及用户的使用反馈等数据，DeepSeek 可以利用这些数据实现更精准的库存管理、物流优化和售后服务。当商品库存低于设定阈值时，DeepSeek 可以自动触发补货提醒；根据物流途中的实时数据，优化配送路线，提高配送效率；通过分析用户对商品的使用反馈，及时改进产品设计和服务质量。

虚拟现实（VR）和增强现实（AR）技术也将为 DeepSeek 在电商领域的应用带来新的机遇。结合 VR 和 AR 技术，DeepSeek 可以为用户打造沉浸式的购物体验，让用户在家中就能身临其境地感受商品的实际效果。在家具电商中，用户可以通过 VR 技术，在虚拟空间中摆放家具，查看家具与房间的搭配效果；在美妆电商中，AR 技术可以让用户实时试妆，选择最适合自己的妆容。这种沉浸式的购物体验将大大提高用户的购物兴趣和购买转化率。

DeepSeek 在电商行业的应用场景也将不断拓展。除了现有的智能客服和营销自动化领域，它还可以在电商供应链管理、风险预测与防范等方面发挥重要作用。在供应链管理中，DeepSeek 可以通过对供应商数据、生产数据和物流数据的分析，实现供应链的优化配置，降低成本，提高效率；在风险预测与防范方面，DeepSeek 可以通过对市场数据、用户行为数据和交易数据的分析，提前预测潜在的风险，如欺诈行为、市场波动等，并及时采取相应的防范措施。

未来，DeepSeek 将在电商行业持续创新和发展，为电商企业和消费者带来更多的价值和惊喜，推动电商行业向智能化、个性化、高效化的方向不断迈进。

3. 电商供应链与库存管理的变革引擎

赋能供应链优化的关键环节

电商行业的供应链是一个复杂而庞大的体系，涵盖了从供应商的原材料采购，到生产制造、产品运输、仓储管理，再到最终销售给消费者的全过程。在这个体系中，供应商作为源头，其产品质量、供货稳定性和价格等因素，直接影响着电商企业的运营成本和产品竞争力。物流环节则承担着产品空间转移的重任，高效的物流配送能够确保商品及时送达消费者手中，提升客户满意度。仓储管理在供应链中起着缓冲和调节的作用，合理的库存水平既能保证商品的供应，又能避免库存积压导致的资金浪费。

这些环节紧密相连，任何一个环节出现问题，都可能引发连锁反应，影响整个供应链的效率和效益。例如，供应商的供货延迟可能导致生产中断，进而影响产品的上架时间和销售；物流配送的延误则会降低客户满意度，甚至导致客户流失；仓储管理不善可能造成库存积压或缺货现象，增加成本的同时也会影响销售业绩。

然而，在传统的电商供应链管理中，存在着诸多问题。各环节之间信息沟通不畅，数据无法实时共享，导致企业难以全面掌握供应链的运行状况。当市场需求发生变化时，供应链的响应速度较慢，无法及时调整生产和配送计划，容易造成库存积压或缺货的情况。同时，由于缺乏有效的协同机制，各环节往往各自为政，追求自身利益最大化，而忽视了供应链的整体效益。

DeepSeek 凭借其强大的数据分析和预测能力，能够对海量的市场数据进行深入挖掘和分析。通过整合电商平台的历史销售数据、用户浏览行为数据、市场趋势数据以及供应商的生产和库存数据等多源信息，DeepSeek 可以建立精准的需求预测模型。例如，通过分析历年的销售数据，结合当前的市场趋势和消费者行为变化，预测不同地区、不同品类商品在未来一段时间内的需求量。这种精准的需求预测能够帮助电商企业提前规划采购、生产和配送计划，避免因盲目生产和采购导致的库存积压或缺货问题，实现供应链的协同运作。

在物流配送方面，DeepSeek 利用智能算法对物流路径进行优化。它会综合考虑交通状况、配送时间、运输成本等多种因素，为每个订单规划出最优的配送路线。在配送高峰期，根据实时交通信息，避开拥堵路段，选择最快的路线，以确保货物能够按时送达。同时，DeepSeek 还能根据货物的重量、体积、配送地点等因素，选择最合适的运输方式，如快递、物流、零担运输等，实现运输成本的最小化。通过这些优化措施，不仅能够提高物流配送的效率，降低物流成本，还能提升客户的满意度。

助力库存管理革新

在电商行业，库存管理就像是一场惊险刺激的高空走钢丝表演，稍有不慎就可能面临巨大的风险。由于电商平台的促销活动频繁、节假日效应明显及消费者需求的多样化，订单量常常呈现出剧烈的波动。在"双十一""618"等大型促销活动期间，订单量可能会在短时间内激增数倍甚至数十倍，而在活动结束后又会迅速回落。这种订单量的大幅波动，给库存管理带来了极大的挑战。

电商业务涉及的产品种类繁多，不同产品的需求量、销售周期和季节性等因素各不相同。一些热门商品可能在短时间内就被抢购一空，而一些小众商品或长尾商品的销售速度则相对较慢。这就要求电商企业能够针对不同的产品制定精细化的库存管理策略，然而这并非易事。随着市场的快速变化和产品的更新换代，库存积压的风险也日益增加。一旦某些商品不再受市场欢迎，就可能成为滞销品，占用大量的库存空间和资金。

库存周转率是衡量库存管理效率的重要指标，快速周转库存对于提高资金使用效率和降低运营成本至关重要。然而，由于市场需求的不确定性、供应链的不稳定性以及库存管理策略的不完善等原因，电商企业往往难以实现理想的库存周转率。滞销商品和长尾商品的库存周转率较低，可能会占用大量的资金和仓储空间，影响企业的整体运营效率。此外，库存管理还需要与供应商、物流服务商等多个环节协同合作，然而各环节之间的信息共享和协同往往存在障碍，这也会影响库存管理的效率。

面对这些挑战，DeepSeek 为电商企业提供了一系列创新的库存管理解决方案。通过对历史销售数据、市场趋势、季节因素、促销活动等多源数据的深度分析，DeepSeek 能够运用先进的深度学习算法构建精准的需求预测模型。这些模型可以提前预测不同商品在不同地区、不同时间段的需求量，从而帮助电商企业合理设定库存水平。通过准确预测商品的销售趋势，企业可以提前调整库存，避免库存积压或缺货的情况发生。在某电商平台上，DeepSeek 帮助企业将需求预测准确率从原来的 70% 提升至 90% 以上，大大提高了库存管理的精准度。

DeepSeek 还能够实时监控库存状态，根据实际销售情况和需求变化，动态调整库存分配。借助物联网技术和大数据分析，DeepSeek 可以实时获取库存信息，包括商品的数量、位置、出入库记录等。当某个地区的某种商品需求突然增加时，DeepSeek 可以及时调整库存分配，将其他地区的库存调配到需求旺盛的地区，以满足市场需求。这样不仅能够提高库存周转率，还能提升客户满意度。某服装电商企业利用 DeepSeek 的库存管理功能，将库存周转率提高了 30%，库存成本降低了 20%。

利用机器学习算法，DeepSeek 可以实现自动补货功能。通过设定合理的补货规则和安全库存水平，DeepSeek 能够根据库存的实时变化和需求预测，自动生成补货订单，并及时发送给供应商。这不仅能够提高补货的及时性和准确性，还能减少人工干预，降低运营成本。同时，DeepSeek 还可以对库存周转率、库存成本等关键指标进行实时监控和分析，为企业提供优化建议，帮助企业不断改进库存管理策略。

DeepSeek 应用案例剖析
案例一：大型电商平台的蜕变
某大型电商平台在业务快速扩张的过程中，面临着供应链效率低下和库存管理混乱的问题。传统的供应链管理系统无法准确预测市场需求，导致库存积压和缺货现象频繁发生。在促销活动期间，由于无法及时调配库存和优化物流配送，客户的订单交付时间延长，客户满意度大幅下降。

为了解决这些问题，该电商平台引入了 DeepSeek。通过 DeepSeek 对海量历史销售数据、用户行为数据、市场趋势数据的深度分析，构建了精准的需求预测模型。在一次重要的促销活动前，DeepSeek 准确预测了各类商品的需求量，帮助平台提前做好了充足的库存准备。同时，DeepSeek 优化了物流配送路径，根据实时交通信息和订单分布情况，合理安排配送车辆和人员，使得订单的平均配送时间缩短了 20%。

在库存管理方面，DeepSeek 实时监控库存状态，根据销售情况和需求预测动态调整库存分配。当某个地区的某种商品销量突然增加时，DeepSeek 及时发出预警，并自动调整库存分配，从其他地区调配库存，确保该地区的商品供应。通过这些措施，该电商平台的库存周转率提高了 35%，库存成本降低了 25%。客户满意度也得到了显著提升，重复购买率增加了 15%，销售额同比增长了 30%。

案例二：跨境电商的突破

某跨境电商企业在全球多个国家和地区开展业务，其供应链涉及多个国家的供应商、物流服务商和海关等多个环节，管理难度极大。由于不同国家和地区的市场需求、消费习惯、物流政策等存在差异，传统的供应链管理和库存管理方法难以满足企业的发展需求。在物流配送方面，经常出现货物延误、丢失或清关不畅的情况，导致客户投诉率居高不下。

引入 DeepSeek 后，该跨境电商企业实现了供应链的智能化管理。DeepSeek 通过对全球市场数据的分析，帮助企业精准把据不同国家和地区的市场需求，优化产品选品和采购计划。在物流配送方面，DeepSeek 整合了全球物流信息，根据不同国家和地区的物流政策、交通状况和海关要求，为每个订单规划最优的物流路线和运输方式。同时，DeepSeek 还实时监控货物的运输状态，及时发现并解决运输过程中出现的问题，如清关延误、物流中断等。

在库存管理方面，DeepSeek 根据不同国家和地区的销售数据和市场趋势，制定个性化的库存管理策略。通过与供应商的紧密协作，实现了库存的快速调配和补充。在某欧洲国家，DeepSeek 预测到某款电子产品的需求将在未来两个月内大幅增长，企业提前增加了该产品在当地仓库的库存，并优化了物流配送方案。当需求高峰期到来时，企业能够及时满足客户的订单需求，客户满意度大幅提升。该跨境电商企业的物流成本降低了 20%，库存周转率提高了 40%，客户投诉率降低了 50%，在激烈的市场竞争中脱颖而出，业务规模不断扩大。

随着技术的不断进步和应用的深入，DeepSeek 在电商行业的应用前景将更加广阔。未来，DeepSeek 有望在更多的业务环节中发挥重要作用，与其他新兴技术如物联网、区块链、虚拟现实等实现深度融合。在商品内容创作方面，DeepSeek 可以根据商品的特点和用户的需求，自动生成高质量的商品描述、图片和视频等内容，提高商品的展示效果和吸引力。在虚拟购物体验方面，结合虚拟现实技术，DeepSeek 能够为消费者提供更加沉浸式的购物体验，让消费者在虚拟环境中试穿服装、试用化妆品、体验家居产品等，增强消费者的购物乐趣和参与感。

电商行业的智能化征程

展望未来，电商行业的智能化转型将是大势所趋。随着人工智能、大数据、物联网等技术的不断发展，电商企业将迎来更多的机遇和挑战。那些能够积极拥抱技术变革，善于利用 DeepSeek 等先进技术的企业，将在激烈的市场竞争中脱颖而出，成为行业的领导者。而那些故步自封，不愿意尝试新技术的企业，可能会逐渐被市场淘汰。因此，电商企业应密切关注技术发展动态，加大技术研发和应用投入，不断探索创新的业务模式和运营策略，以适应市场的变化和消费者的需求。通过技术的力量，提升供应链的效率和库存管理的水平，为消费者提供更加优质、便捷的购物体验，推动电商行业向更高水平发展。

第六章
金融行业

1. 开启金融行业风险评估与信用评级新范式

金融科技的新引擎

在科技飞速发展的当下，人工智能已成为推动各行业变革的核心力量。DeepSeek 作为人工智能领域的一颗璀璨新星，以其卓越的技术实力和创新的应用模式，正逐渐在金融行业崭露头角，尤其是在风险评估与信用评级方面，展现出了巨大的潜力和独特的优势。

在金融行业，风险评估与信用评级是至关重要的环节，直接关系到金融机构的稳健运营和市场的稳定。传统的风险评估与信用评级方法主要依赖于人工经验和简单的数据分析模型，存在效率低、准确性差、主观性强等问题。而 DeepSeek 的出现，为金融行业带来了新的解决方案。它凭借强大的自然语言处理能力、数据解析能力和持续进化能力，能够快速、准确地处理和分析海量的金融数据，挖掘数据背后的潜在信息和规律，从而为风险评估与信用评级提供更加科学、客观、精准的依据。可以说，DeepSeek 正成为金融科技领域的新引擎，引领着金融行业向智能化、数字化转型，为金融行业的发展注入了新的活力。

金融行业风险评估与信用评级的传统困境

在金融行业的漫长发展历程中，风险评估与信用评级始终是维护金融稳定、保障金融机构稳健运营的关键环节。然而，传统的风险评估与信用评级方法在面对日益复杂多变的金融市场和海量的数据信息时，逐渐暴露出诸多局限性。

从数据处理能力来看，传统方法存在明显短板。在数据来源上，主要依赖于企业或个人提供的有限财务报表、交易记录等结构化数据，难以涵盖如社交媒体行为、网络消费习惯等非结构化数据。这些非结构化数据往往蕴含着丰富的信用信息，但传统方法却无法有效获取和利用。以个人信用评估为例，传统方式可能仅关注收入、负债等财务指标，而忽视了个人在互联网平台上的消费行为模式、还款及时性等信息，这就使得评估结果难以全面反映个人的真实信用状况。在数据处理技术上，传统方法多采用简单的数据统计和分析工具，对于海量数据的处理效率低下，难以满足金融业务快速发展的需求。例如，在处理大规模信贷数据时，人工计算和简单的电子表格分析不仅耗时费力，还容易出现人为错误，导致风险评估的延误和不准确。

传统风险评估与信用评级方法的准确性也备受挑战。一方面，过度依赖人工经验判断是其准确性不足的重要原因。评级人员的专业水平、主观认知和经验差异，会对评级结果产生显著影响。在评估企业信用风险时，不同的评级人员可能对企业的发展前景、市场竞争力等因素有着不同的判断，从而给出差异较大的评级结果。另一方面，传统的数学模型往往基于线性假设和简单的统计关系构建，难以准确刻画金融市场中复杂的非线性关系和风险特征。比如，在预测股票市场波动对企业信用风险的影响时，传统模型可能无法充分考虑到各种因素之间的相互作用和传导机制，导致预测结果与实际情况偏差较大。

在效率方面，传统方法也难以适应现代金融市场的节奏。复杂的人工流程和烦琐的审批环节，使得风险评估和信用评级的周期较长。在企业申请贷款时，从提交资料到最终获得信用评级结果，往往需要数周甚至数月的时间，这不仅无法满足企业快速融资的需求，也可能使金融机构错失市场机会。同时，传统方法对市场变化的反应迟缓，当市场环境发生快速变化时，难以及时调整风险评估和信用评级结果，为金融机构带来潜在风险。在经济形势突然恶化或行业竞争格局发生重大变化时，传统方法可能无法及时识别企业信用风险的上升，导致金融机构在不知情的情况下继续提供信贷支持，增加了违约风险。

强大的数据处理能力

在金融行业，数据如同流淌的血液，源源不断且蕴含着巨大的价值。DeepSeek 凭借其卓越的数据处理能力，在这片数据海洋中如鱼得水。它能够以惊人的速度处理海量的金融数据，无论是历史交易记录、市场行情数据，还是客户的财务报表等，都能在短时间内完成分析。以一家大型银行的信贷业务为例，每天需要处理数以万计的贷款申请数据，DeepSeek 可以在数小时内完成对这些数据的梳理和初步分析，为后续的风险评估提供坚实的数据基础，而传统的数据处理方式可能需要数天时间。

DeepSeek 的数据处理范围极为广泛，不仅能够整合常见的结构化数据，如企业的财务报表数据、银行的交易流水数据等，还能对非结构化数据进行有效地解析和利用。在社交媒体时代，企业和个人在网络上留下了大量的非结构化数据，如微博上的言论、论坛中的讨论等。DeepSeek 通过自然语言处理技术，可以从这些看似杂乱无章的文本中提取出与信用相关的信息，如企业的声誉、个人的消费偏好和还款态度等。一家电商企业在申请贷款时，银行利用 DeepSeek 分析其在各大电商平台上的用户评价、投诉记录等非结构化数据，从而更全面地了解企业的经营状况和信用风险，为贷款决策提供了更丰富的参考依据。这种对结构化和非结构化数据的全面整合能力，使得 DeepSeek 能够为金融风险评估提供更全面、更准确的数据支持，打破了传统数据处理方式的局限。

精准的模型预测能力

DeepSeek 的模型预测能力堪称一绝，这得益于其先进的深度学习技术和持续优化的算法。它通过对大量历史数据的学习，能够捕捉到金融数据中复杂的模式和规律，从而建立起精准的风险预测模型。在预测企业违约风险时，DeepSeek 模型会综合考虑企业的财务指标、行业发展趋势、市场竞争状况等多个因素，通过复杂的神经网络算法进行分析和预测。与传统的基于线性回归或简单统计模型的风险预测方法相比，DeepSeek 模型能够更好地处理非线性关系和复杂的变量交互作用，从而大大提高了预测的准确性。据相关研究表明，在相同的测试数据集上，DeepSeek 模型对企业违约风险的预测准确率比传统模型提高了 15% 以上，能够更有效地帮助金融机构识别潜在的风险客户，提前采取风险防范措施。

在信用评级方面，DeepSeek 同样表现出色。它能够根据企业或个人的全方位数据，包括但不限于财务状况、信用记录、社会关系等，运用深度学习算法进行综合评估，给出客观、准确的信用评级。传统的信用评级方法往往依赖于有限的指标和固定的评级标准，难以全面反映被评级对象的真实信用状况。而 DeepSeek 的信用评级模型具有更强的灵活性和适应性，能够根据不同的行业特点、市场环境和风险偏好进行动态调整，为金融机构提供更贴合实际需求的信用评级结果。在评估一家新兴的科技企业的信用等级时，DeepSeek 模型能够充分考虑到该企业的技术创新能力、市场前景、研发投入等因素，而不仅仅局限于传统的财务指标，从而给出更合理的信用评级，为金融机构的投资决策提供更有价值的参考。

持续学习与自我优化

金融市场犹如一片变幻莫测的海洋，时刻受到各种因素的影响，如宏观经济政策的调整、市场情绪的波动、行业竞争格局的变化等。为了能够在这样复杂多变的环境中保持敏锐的洞察力和准确的评估能力，DeepSeek 具备了持续学习与自我优化的能力。它能够实时收集和分析新的数据，不断更新自己的知识体系和模型参数。当市场上出现新的金融产品或业务模式时，DeepSeek 可以迅速学习相关的知识和规则，将其纳入自己的分析框架中。在数字货币市场兴起时，DeepSeek 通过对大量数字货币交易数据、市场动态和相关政策的学习，很快掌握了数字货币市场的运行规律和风险特征，为金融机构提供了关于数字货币投资风险评估的有效建议。

DeepSeek 还能够根据市场反馈和实际应用效果，自动调整模型的结构和算法，实现自我优化。如果在实际风险评估中发现某个地区的企业风险特征与之前的模型预测存在偏差，DeepSeek 会深入分析原因，可能是该地区的经济政策发生了变化，或者是行业竞争格局出现了新的情况。然后，它会根据这些分析结果对模型进行针对性地优化，调整相关的参数和算法，使得模型能够更好地适应新的市场环境，提高风险评估的准确性。这种持续学习与自我优化的能力，使得 DeepSeek 始终保持在金融风险评估与信用评级领域的前沿，为金融机构提供最具时效性和准确性的服务，帮助金融机构在复杂多变的金融市场中稳健前行。

DeepSeek 在风险评估中的应用实例

信贷风险评估

信贷业务作为银行的核心业务之一，风险评估的准确性直接关系到银行的资产质量和盈利能力。某大型商业银行在信贷业务中引入了 DeepSeek 技术，旨在提升信贷风险评估的精度和效率。在个人信贷方面，银行利用 DeepSeek 对海量的个人客户数据进行分析，这些数据不仅包括传统的收入、资产、负债等财务信息，还涵盖了客户在社交媒体上的消费行为、信用评价等非结构化数据。通过对这些多维度数据的深度挖掘，DeepSeek 能够精准地识别出客户的潜在风险。一位年轻的上班族申请个人消费贷款，从传统的财务数据来看，他的收入稳定，负债较低，似乎具备良好的还款能力。但 DeepSeek 通过分析其社交媒体上的消费记录，发现他近期频繁参与高消费活动，且有一些不良的消费评价，这表明他可能存在过度消费的风险。基于此，银行在审批贷款时采取了更为谨慎的态度，适当降低了贷款额度，有效避免了潜在的违约风险。

在企业信贷风险评估中，DeepSeek 同样发挥了重要作用。对于一家申请大额贷款的制造业企业，银行利用 DeepSeek 对其财务报表、行业竞争态势、供应链稳定性等多方面数据进行综合分析。DeepSeek 通过对行业数据的学习，发现该企业所在行业正面临着激烈的市场竞争和原材料价格上涨的压力，而企业自身的库存管理存在一定问题，库存积压严重。同时，对企业供应链数据的分析显示，其主要供应商近期出现了一些经营不稳定的迹象。综合这些因素，DeepSeek 评估该企业的信贷风险较高，银行在与企业沟通后，要求企业提供额外的担保措施，并对贷款资金的使用进行严格监控。通过这种方式，银行成功识别并防范了潜在的信贷风险，不良贷款率显著降低，信贷资产质量得到了有效提升。

市场风险评估

市场风险评估是金融机构在投资决策中面临的重要挑战之一，其准确性直接影响着投资收益和资产安全。某知名证券公司在市场风险评估中引入了 DeepSeek 技术，借助其强大的数据分析和预测能力，为投资决策提供有力支持。在股票市场投资中，证券公司利用 DeepSeek 对历史股票价格走势、宏观经济数据、行业动态、公司财务报表等多维度数据进行深度学习和分析。通过建立复杂的市场风险预测模型，DeepSeek 能够提前预测市场的波动趋势，为投资组合的优化提供精准的指导。在 2024 年上半年，市场对科技股的投资热情高涨，许多投资者纷纷涌入该板块。然而，DeepSeek 通过对宏观经济数据、行业竞争格局以及科技公司的财务状况等多方面的分析，预测到科技股市场可能存在过热风险，短期内股价可能出现大幅回调。基于这一预测，该证券公司及时调整了投资组合，降低了科技股的持仓比例，增加了防御性较强的消费股和公用事业股的配置。随后，科技股市场果然出现了大幅下跌，而该证券公司由于提前调整了投资组合，成功规避了市场风险，投资收益保持稳定。

在债券市场投资中，DeepSeek 同样展现出了强大的优势。债券市场的波动受到多种因素的影响，如利率变动、信用风险、宏观经济政策等。证券公司利用 DeepSeek 对这些因素进行实时监测和分析，通过构建债券市场风险评估模型，及时评估债券投资组合的风险水平。当预测到利率可能上升时，DeepSeek 会建议证券公司降低长期债券的持仓比例，增加短期债券的配置，以减少利率风险对投资组合的影响。当某一债券发行人的信用风险出现上升迹象时，DeepSeek 能够迅速捕捉到相关信息，并提醒证券公司及时调整投资策略，如减持该债券或采取信用对冲措施。通过这些措施，该证券公司在债券市场投资中有效降低了市场风险，实现了投资收益的最大化。

多维度数据整合评级

在信用评级领域，传统方法往往局限于对企业有限维度数据的分析，难以全面、准确地评估企业的信用状况。而 DeepSeek 凭借其强大的数据整合能力，开启了多维度数据整合评级的新篇章。它能够广泛收集企业的各类数据，不仅包括财务报表中的资产负债、盈利能力、偿债能力等核心财务数据，还涵盖了企业的经营管理数据，如管理层的背景与经验、企业的组织架构合理性、内部管理制度的完善程度等。这些数据能够反映企业的运营效率和管理水平，对信用评级具有重要的参考价值。DeepSeek 还会纳入市场竞争数据，如企业在行业中的市场份额、竞争对手的优劣势、行业的竞争格局变化等，以此评估企业在市场中的竞争力和发展潜力。

在评估一家新能源汽车制造企业的信用评级时，DeepSeek 首先对企业的财务报表进行深入分析，了解其资产规模、营收增长、利润水平以及债务结构等情况。同时，它会分析企业的研发投入、专利数量、技术创新能力等经营管理数据，判断企业在技术创新方面的实力和可持续发展能力。DeepSeek 还会考量新能源汽车市场的竞争态势，包括其他竞争对手的市场份额、产品特点、价格策略等，以及政府对新能源汽车行业的政策支持力度和市场需求的变化趋势。通过对这些多维度数据的综合分析，DeepSeek 能够更全面、深入地了解企业的真实状况，从而给出更加客观、准确的信用评级。这种多维度数据整合评级的方式，打破了传统评级方法的局限性，为金融机构和投资者提供了更具参考价值的信用信息，有助于他们做出更明智的决策。

实时动态信用跟踪

金融市场瞬息万变，企业的信用状况也会随之发生动态变化。传统的信用评级方式通常是定期进行评估，无法及时捕捉到企业信用状况的实时变化，这就给金融机构和投资者带来了潜在的风险。而 DeepSeek 借助其强大的实时数据处理和分析能力，实现了对企业信用状况的实时动态跟踪。它通过与各类数据源的实时连接，如金融数据提供商、企业信息数据库、社交媒体平台等，能够实时获取企业的最新数据，包括财务数据的更新、重大事件的发生、市场舆情的变化等。

一旦企业发生重大事件，如并购重组、新产品发布、重大法律诉讼等，DeepSeek 能够迅速捕捉到相关信息，并及时分析这些事件对企业信用状况的影响。如果一家企业宣布进行重大并购，DeepSeek 会立即分析并购的目标企业情况、并购的资金来源、并购后的协同效应预期等因素，评估此次并购对企业财务状况、经营管理和市场竞争力的影响，从而及时调整企业的信用评级。在市场舆情方面，DeepSeek 会实时监测社交媒体、新闻媒体等平台上关于企业的评价和报道，当发现大量负面舆情时，它会深入分析舆情的真实性和影响力，判断其对企业声誉和信用的潜在影响。

通过这种实时动态信用跟踪，金融机构和投资者能够及时了解企业信用状况的变化，提前做好风险防范措施或把握投资机会。对于金融机构来说，在审批贷款时，实时动态信用跟踪可以让它们更准确地评估贷款风险，避免向信用状况恶化的企业发放贷款。在投资决策中，投资者可以根据企业信用状况的实时变化，及时调整投资组合，降低投资风险。可以说，DeepSeek 的实时动态信用跟踪功能为金融市场的稳定运行和投资者的利益保护提供了有力保障，使信用评级更加贴近市场实际情况，增强了信用评级的时效性和实用性。

尽管 DeepSeek 在金融行业的风险评估与信用评级领域展现出巨大的潜力和显著的优势，但在实际应用过程中，也不可避免地面临着一系列挑战。

数据安全是金融行业应用 DeepSeek 时面临的首要挑战。金融数据包含大量客户的敏感信息，如个人身份信息、财务状况、交易记录等，一旦泄露，将给客户带来严重的损失，同时也会对金融机构的声誉造成毁灭性打击。为了应对这一挑战，金融机构需要建立严格的数据安全管理体系。在数据存储环节，采用加密技术对数据进行加密存储，确保数据在静态存储时的安全性。在数据传输过程中，利用安全的传输协议，如 SSL/TLS 协议，防止数据被窃取或篡改。加强对数据访问权限的管理，采用最小权限原则，根据员工的工作职责和业务需求，为其分配最小化的数据访问权限，减少数据泄露的风险点。可以通过定期的数据安全审计，及时发现和修复潜在的数据安全漏洞。

模型可解释性也是 DeepSeek 应用中不容忽视的问题。深度学习模型通常被视为"黑箱"，其内部的决策过程和逻辑难以被直观理解。在金融风险评估与信用评级中，这可能导致金融机构和监管部门对模型的输出结果缺乏信任，难以对决策过程进行有效监督和审查。为了解决这一问题，研究人员正在积极探索可解释性人工智能（XAI）技术，以揭示 DeepSeek 模型的决策机制。可以采用可视化技术，将模型的决策过程以图形化的方式展示出来，帮助用户理解模型是如何根据输入数据得出输出结果的。开发基于规则的解释方法，将深度学习模型的决策转化为易于理解的规则，从而提高模型的可解释性。还可以通过引入领域知识和专家经验，对模型的决策进行验证和解释，增强模型的可信度。

监管合规是金融行业必须遵循的重要准则，DeepSeek 的应用也不例外。随着人工智能技术在金融领域的广泛应用，监管部门对其监管力度也在不断加强。金融机构在应用 DeepSeek 时，需要确保其符合相关的法律法规和监管要求，如数据保护法规、反洗钱法规、金融行业监管标准等。在利用 DeepSeek 进行客户身份识别和反洗钱监测时，要确保模型的设计和应用符合反洗钱法规的要求，能够准确识别可疑交易行为。为了应对监管合规挑战，金融机构应加强与监管部门的沟通与合作，及时了解监管政策的变化和要求，确保自身的业务操作符合监管规定。建立健全内部合规管理机制，加强对模型开发、部署和应用过程的合规审查，定期开展合规自查和整改工作，确保 DeepSeek 的应用在合规的轨道上运行。

2.DeepSeek：金融行业的智能"卫士"

在金融行业蓬勃发展的当下，欺诈行为和异常交易如同隐藏在暗处的礁石，时刻威胁着金融机构的稳定运营和客户的资金安全。从虚假财务披露到金融诈骗，再到金融不当销售，欺诈手段层出不穷，其复杂性、滞后性和强危害性让金融机构防不胜防。而异常交易，如债券交易中的价格显著偏离、交易量异常波动等情况，也严重扰乱了金融市场的正常秩序。据相关数据显示，每年因金融欺诈和异常交易导致的损失高达数十亿美元，这不仅给金融机构带来了巨大的经济损失，也削弱了公众对金融市场的信任。

在这样严峻的形势下，DeepSeek 应运而生，成为金融行业应对欺诈和异常交易的有力武器。它凭借先进的人工智能技术和强大的数据处理能力，能够深入分析海量金融数据，精准识别潜在的欺诈风险和异常交易行为，为金融机构提供及时、准确的预警和决策支持，帮助金融机构在复杂多变的金融市场中稳健前行。

DeepSeek 之所以能够在金融欺诈检测和异常交易监控中发挥卓越作用，其背后是先进而复杂的技术原理。它基于深度学习框架，构建了多层神经网络结构，如同一个精密的大脑，能够对海量的金融数据进行深度挖掘和分析。

在数据处理阶段，DeepSeek 利用自然语言处理（NLP）技术，将非结构化的金融文本数据，如新闻报道、研报、公告等，转化为结构化数据，使其能够被模型有效处理。同时，对于结构化的交易数据，如交易时间、金额、交易对手等，DeepSeek 采用高效的数据清洗和预处理算法，去除噪声数据，填补缺失值，确保数据的准确性和完整性。

模型训练是 DeepSeek 的核心环节。它运用了 Transformer 架构，这一架构以其强大的注意力机制而闻名。注意力机制使得模型在处理数据时，能够自动聚焦于关键信息，忽略无关信息，从而更好地捕捉数据中的复杂模式和关系。例如，在分析一笔交易时，模型可以根据交易金额、交易频率、交易对手的信用状况等多个因素，综合判断该交易的正常性。

此外，DeepSeek 还引入了迁移学习和强化学习技术。迁移学习让模型能够借鉴在其他领域或任务中学习到的知识，快速适应金融领域的特定需求，减少训练时间和数据需求。强化学习则通过让模型在模拟的金融环境中不断试错，根据反馈信号优化自身的决策策略，提高对欺诈和异常交易的识别能力。

与传统的金融欺诈检测和异常交易监控手段相比，DeepSeek 展现出了多方面的显著优势。在效率方面，传统方法往往依赖人工规则和简单的统计模型，需要大量的人力和时间进行数据筛选和分析。而 DeepSeek 能够实现实时数据处理，瞬间对海量交易数据进行分析，大大提高了检测效率。例如，在处理一笔交易时，传统方法可能需要几分钟甚至更长时间来判断其是否异常，而 DeepSeek 可以在毫秒级内完成分析并给出结果，及时发现潜在风险。

在准确性上，传统方法由于规则的局限性和对复杂数据关系的处理能力不足，容易出现误判和漏判。DeepSeek 通过深度学习模型，能够学习到更复杂的数据模式和规律，提高了检测的准确性。据相关研究表明，在相同的测试数据集上，DeepSeek 对金融欺诈的识别准确率比传统方法提高了 20% 以上，大大降低了金融机构因误判和漏判而遭受的损失。

DeepSeek 还具有更强的适应性。金融市场环境复杂多变，欺诈手段和异常交易模式也不断更新。传统方法需要人工不断调整规则和模型，难以快速适应变化。而 DeepSeek 能够通过持续学习和自我优化，自动适应新的市场情况和欺诈手段，始终保持高效的检测能力。

DeepSeek 在金融欺诈检测中的应用
数据收集与处理

在金融欺诈检测中，数据是模型运行的基础，DeepSeek 通过多种渠道广泛收集金融交易数据。它与各大金融机构的核心交易系统对接，实时获取交易流水数据，这些数据包含了交易时间、交易金额、交易双方账号、交易类型等关键信息。同时，DeepSeek 还从第三方数据提供商处获取客户的信用数据、身份信息数据等，以补充和完善数据维度。例如，获取客户在其他金融机构的贷款记录、信用卡还款记录等，这些信息对于评估客户的信用风险和潜在欺诈可能性具有重要参考价值。

收集到的数据往往存在噪声、缺失值和异常值等问题，需要进行清洗和预处理。DeepSeek 运用数据清洗算法，识别并去除重复数据，避免数据冗余对模型分析的干扰。对于缺失值，根据数据的特征和分布情况，采用均值填充、中位数填充或基于机器学习的预测填充等方法进行处理。比如对于交易金额的缺失值，如果该客户的交易金额具有一定的稳定性和规律性，就可以利用其历史交易金额的均值进行填充；若交易金额波动较大，则可以通过建立回归模型，结合其他相关特征进行预测填充。

在数据标准化方面，DeepSeek 将不同量级和单位的数据进行归一化处理，使其具有相同的尺度，便于模型进行统一分析。例如，将交易金额、客户年龄等不同特征的数据都转化为 0—1 之间的数值，这样可以提高模型的训练效率和准确性。

欺诈检测模型构建与训练

DeepSeek 利用深度学习算法构建欺诈检测模型，其中神经网络是其核心架构。模型包含输入层、多个隐藏层和输出层。输入层接收经过预处理的金融交易数据，将其转化为模型能够处理的数值向量。隐藏层则通过复杂的神经元连接和权重设置，对输入数据进行层层特征提取和抽象。在这个过程中，神经元之间的连接权重会根据训练数据不断调整，以学习到正常交易和欺诈交易的模式特征。

在训练过程中，DeepSeek 使用大量的历史金融交易数据，其中既包含正常交易数据，也包含已被标记的欺诈交易数据。这些数据被划分为训练集、验证集和测试集。训练集用于模型的参数学习。验证集用于调整模型的超参数，如隐藏层的数量、神经元的个数等，以防止模型过拟合。测试集则用于评估模型的泛化能力和性能表现。

模型训练采用梯度下降算法，通过不断迭代更新模型的参数，使模型在训练集上的预测损失最小化。例如，在每次迭代中，模型根据当前的参数对训练数据进行预测，计算预测结果与真实标签之间的损失（如交叉熵损失），然后根据损失的梯度反向传播，调整参数，使得模型在下次预测时能够更接近真实值。随着训练的进行，模型逐渐学习到正常交易和欺诈交易的特征模式，能够准确地识别出潜在的欺诈交易。

DeepSeek 在异常交易监控中的应用

实时监控系统搭建

基于 DeepSeek 搭建实时监控金融交易的系统，是保障金融市场稳定运行的关键一步。在数据采集方面，该系统通过与金融机构的核心交易系统、支付清算系统等进行深度对接，利用高速数据接口和消息队列技术，实现对海量交易数据的实时抓取。这些数据涵盖了股票、债券、期货、外汇等各类金融交易品种，以及交易时间、交易金额、交易对手、交易方向等详细信息。

数据传输采用了低延迟、高带宽的网络架构，确保数据能够快速、准确地传输到监控中心。同时，为了保障数据的安全性，采用了加密传输技术，防止数据在传输过程中被窃取或篡改。

在数据处理阶段，DeepSeek 利用分布式计算框架，如 Apache Spark，对采集到的海量交易数据进行并行处理。通过实时流处理技术，如 Apache Flink，对交易数据进行实时分析和计算，快速识别出潜在的异常交易信号。例如，在股票交易中，系统可以实时计算每只股票的交易量、交易价格、换手率等指标，并与历史数据和市场平均水平进行对比，及时发现异常波动。

异常模式识别与预警

DeepSeek 在识别异常交易模式方面展现出了强大的能力。对于大额异常转账，它通过建立交易金额的统计模型，结合客户的历史交易数据和风险偏好，设定合理的交易金额阈值。当检测到一笔转账金额远超设定的阈值时，系统会自动触发预警机制。例如，某客户平时的转账金额大多在几万元以内，但突然出现一笔几百万元的转账，DeepSeek 能够迅速捕捉到这一异常情况，并向相关人员发送预警信息。

在高频交易检测方面，DeepSeek 通过分析交易时间间隔和交易频率，构建交易行为模式。当发现某个账户在短时间内进行大量交易，且交易频率明显高于正常水平时，系统会判断为高频交易异常。比如，在外汇市场中，正常情况下一个账户每小时的交易次数可能在几次到几十次之间，如果某个账户在一小时内进行了数百次交易，DeepSeek 就会及时发出预警，提示可能存在异常交易行为。

此外，DeepSeek 还能够识别关联交易异常。它通过对交易对手关系、资金流向等数据的分析，挖掘出潜在的关联交易网络。当发现异常的关联交易，如不合理的价格转移、资金循环等情况时，系统会立即发出预警，帮助金融机构防范潜在的风险。

应对措施与效果评估

当 DeepSeek 发出预警后，金融机构会迅速采取一系列应对措施。对于疑似欺诈交易，首先会对交易进行冻结，暂停资金的流转，防止损失进一步扩大。然后，启动人工审核流程，由经验丰富的风险管理人员对交易的详细信息进行深入分析，包括交易双方的背景、交易目的、资金来源等。如果审核发现交易存在欺诈嫌疑，会及时与客户取得联系，核实交易情况。若确认是欺诈交易，会立即采取措施追回资金，并向相关监管部门报告。

对于异常交易，金融机构会根据交易的性质和风险程度，采取相应的措施。如对异常波动的股票交易，会加强对该股票的监控，分析波动原因，必要时会发布风险提示，提醒投资者注意风险。对于高频交易异常，会要求交易账户提供详细的交易策略和说明，评估其交易的合理性。如果发现交易存在违规行为，会按照相关规定进行处罚。

为了评估 DeepSeek 在异常交易监控中的效果，金融机构设定了一系列评估指标。准确率是指被正确识别为异常交易的数量占所有被识别为异常交易数量的比例，反映了系统识别异常交易的准确性。召回率则是指被正确识别为异常交易的数量占实际异常交易数量的比例，体现了系统对异常交易的覆盖程度。误报率是指被错误识别为异常交易的数量占所有正常交易数量的比例，衡量了系统产生错误预警的情况。

通过实际应用数据的统计分析，某金融机构在使用 DeepSeek 进行异常交易监控后，准确率从原来的 70% 提升到了 90% 以上，召回率从 60% 提高到了 85% 左右，误报率则从 30% 降低到了 10% 以内。这些数据表明，DeepSeek 在异常交易监控中取得了显著的成效，有效提升了金融机构对异常交易的监测和防范能力。

尽管 DeepSeek 在金融欺诈检测与异常交易监控中表现出色，但在实际应用中仍面临诸多技术挑战。数据隐私保护是一个关键问题。金融数据包含大量客户的敏感信息，如个人身份、账户余额、交易记录等，一旦泄露将给客户带来巨大损失，也会损害金融机构的声誉。在数据收集、传输、存储和使用过程中，如何确保数据的安全性和隐私性是 DeepSeek 需要解决的重要问题。例如，在数据传输过程中，可能会面临网络攻击和数据窃取的风险；在数据存储时，存储系统的安全性也至关重要。

模型可解释性也是 DeepSeek 面临的一大挑战。深度学习模型通常被视为"黑盒"，其决策过程难以理解和解释。在金融领域，监管机构和金融机构需要对模型的决策结果有清晰地了解，以确保其合理性和合规性。例如，在欺诈检测中，当模型判断一笔交易为欺诈时，需要能够解释为什么做出这样的判断，以便金融机构采取相应的措施。但目前 DeepSeek 的深度学习模型在解释其决策依据时存在一定困难，这可能会影响其在金融领域的广泛应用。

金融行业受到严格的合规要求和监管规定的约束，DeepSeek 的应用必须确保符合这些要求。在数据使用方面，需要遵循相关的数据保护法规，如欧盟的《通用数据保护条例》（GDPR）和中国的《中华人民共和国个人信息保护法》等。这些法规对数据的收集、存储、处理和共享等环节都有严格的规定，要求金融机构在使用数据时必须获得用户的明确同意，并采取适当的安全措施保护数据隐私。

在模型应用方面，监管机构要求模型的决策过程具有可解释性和透明度，以防止模型出现偏见和歧视性决策。例如，在信贷审批中，如果模型对某些特定群体（如特定种族、性别）的贷款申请给予较低的通过率，而无法解释原因，就可能涉嫌歧视，违反相关法规。DeepSeek 需要确保其模型在金融应用中能够满足这些合规和监管要求，避免因违规而面临处罚。

针对数据隐私保护问题，DeepSeek 可以采用加密技术，如端到端加密和同态加密。端到端加密确保数据在传输和存储过程中始终处于加密状态，只有授权的接收方才能解密查看数据。同态加密则允许在密文上进行计算，无需先解密数据，从而保护数据隐私。例如，在数据传输时，将数据加密后再发送，即使数据被拦截，攻击者也无法获取明文信息；在模型计算时，使用同态加密技术对数据进行处理，保证数据的安全性。

为提高模型的可解释性，DeepSeek 可以开展可解释性算法研究。通过开发可视化工具，展示模型的决策过程和关键特征，帮助金融机构和监管机构理解模型的行为。例如，利用注意力机制可视化技术，展示模型在处理数据时关注的重点信息，从而解释模型的决策依据。还可以结合传统的统计分析方法和机器学习模型，构建可解释的混合模型，在保证模型准确性的同时，提高其可解释性。

在合规与监管方面，DeepSeek 应建立完善的合规管理体系，确保数据使用和模型应用符合相关法规和监管要求。加强与监管机构的沟通与合作，及时了解法规政策的变化，调整自身的应用策略。同时，对金融机构的员工进行合规培训，提高他们的合规意识，确保在实际应用中严格遵守相关规定。

3. 打造你的专属智能投资顾问

DeepSeek 在智能投顾中的应用

个性化投资方案制定

在金融市场中，投资者的需求千差万别，传统的投资方案往往难以满足每个人的独特需求。DeepSeek 凭借其强大的数据分析和处理能力，能够深入分析用户的财务状况、投资目标、风险偏好等多维度信息，从而为用户量身定制个性化的投资组合建议。

与传统的投资顾问相比，DeepSeek 能够在短时间内处理大量的数据，考虑更多的市场因素和投资产品，为用户提供更加科学、合理的投资建议。

市场动态实时跟踪与调整

金融市场瞬息万变，市场趋势、宏观经济数据、行业动态等因素都会对投资组合的表现产生影响。DeepSeek 具备实时监控市场动态的能力，通过对海量金融数据的实时分析，能够及时捕捉到市场的变化，并根据市场情况自动调整投资策略，帮助投资者降低风险，实现资产的稳健增长。

例如，当市场出现大幅波动时，DeepSeek 能够迅速分析波动的原因和可能的影响，判断市场的走势。如果判断市场将进入下行趋势，它会及时调整投资组合，降低高风险资产的比例，增加防御性资产的配置，如债券、黄金等，以减少市场下跌对投资组合的冲击。反之，当市场出现上涨机会时，DeepSeek 会适时增加股票等风险资产的配置，提高投资组合的收益潜力。通过这种实时跟踪和动态调整，投资者的投资组合能够更好地适应市场的变化，降低因市场波动带来的风险。

智能客服与投资者教育

在投资过程中，投资者常常会遇到各种问题和疑惑，需要及时地解答和专业的指导。DeepSeek 的智能客服功能能够为投资者提供 24 小时不间断的服务，快速准确地回答投资者的问题，包括投资产品的介绍、市场行情的分析、投资策略的解读等。同时，DeepSeek 还具备强大的自然语言处理能力，能够理解投资者的问题，并以通俗易懂的语言进行回答，提升投资者的服务体验。

除了解答问题，DeepSeek 还注重投资者教育，通过提供丰富的投资知识和案例分析，帮助投资者提升投资能力和风险意识。它可以根据投资者的需求和知识水平，推送个性化的投资学习内容，如投资入门课程、进阶技巧、市场分析报告等，让投资者在投资过程中不断学习和成长。例如，对于初涉投资的新手，DeepSeek可以推送一些基础的投资知识，如股票、基金、债券的基本概念和投资方法；对于有一定投资经验的投资者，DeepSeek则可以提供更深入的市场分析和投资策略建议，帮助他们提升投资水平。通过智能客服和投资者教育，DeepSeek不仅为投资者提供了便捷的服务，还增强了投资者对投资市场的了解和认知，促进了金融市场的健康发展。

DeepSeek 在量化交易中的应用

策略开发与回测

量化交易策略的开发是一个复杂的过程，需要对大量的历史数据进行分析和研究，以寻找市场中的规律和机会。DeepSeek凭借其强大的数据分析和机器学习能力，能够帮助投资者快速、准确地开发出量化交易策略。

DeepSeek可以从多个数据源获取历史数据，包括股票价格、成交量、宏观经济数据、公司财务报表等。通过对这些数据的清洗、整理和分析，DeepSeek能够挖掘出数据中的潜在模式和规律，为策略开发提供有力支持。例如，DeepSeek可以利用机器学习算法对历史价格数据进行分析，识别出股票价格的趋势、周期和波动特征，从而构建出基于趋势跟踪、均值回归等原理的量化交易策略。

在策略开发完成后，需要对策略进行回测，以评估策略的有效性和盈利能力。回测是利用历史数据模拟交易过程，检验策略在过去市场环境下的表现。DeepSeek能够快速地对策略进行回测，并提供详细的回测报告，包括收益率、最大回撤、夏普比率等指标。

通过对回测结果的分析，投资者可以了解策略的优缺点，及时调整策略参数，优化策略性能，提高策略的可靠性和稳定性。

自动化交易执行

在量化交易中，交易执行的速度和准确性至关重要。市场行情瞬息万变，机会稍纵即逝，人工交易往往难以快速响应市场变化，容易错过最佳交易时机。DeepSeek 能够实现自动化交易执行，通过与交易系统的无缝对接，当策略发出买入或卖出信号时，DeepSeek 能够迅速将交易指令发送到交易市场，实现快速、精准的交易。

以高频交易为例，高频交易要求在极短的时间内完成大量的交易操作，对交易速度和执行效率提出了极高的要求。DeepSeek 凭借其强大的计算能力和快速的数据处理能力，能够在毫秒级的时间内完成交易决策和指令发送，满足高频交易的需求。同时，DeepSeek 还能够根据市场行情的变化实时调整交易策略，如动态调整交易价格、交易量等，以确保交易的顺利进行，提高交易的成功率和收益。

风险管理与风险预警

量化交易虽然能够带来较高的收益，但也伴随着一定的风险。市场风险、信用风险、流动性风险等各种风险因素都可能对投资组合造成损失。因此，有效的风险管理是量化交易成功的关键。DeepSeek 能够实时监控市场动态和投资组合的风险状况，通过建立风险评估模型，对投资组合的风险进行全面、准确地评估和管理。

DeepSeek 可以根据市场数据和交易策略，实时计算投资组合的风险指标，如风险价值（VaR）、预期损失（ES）等，帮助投资者了解投资组合的潜在风险。当风险指标超过预设的阈值时，

DeepSeek 会及时发出风险预警，提醒投资者采取相应的风险控制措施，如降低仓位、调整投资组合结构等，以避免或减少风险损失。

例如，当市场出现大幅波动或突发重大事件时，DeepSeek 能够迅速分析事件对市场和投资组合的影响，评估风险水平，并及时向投资者发出预警信息。投资者可以根据预警信息，及时调整投资策略，保护投资组合的安全。此外，DeepSeek 还可以通过多样化的投资组合配置、止损止盈等风险控制手段，降低投资组合的风险，提高投资的安全性和稳定性。

第七章
医疗行业

1. 开启医疗影像与诊断的智能新时代

在医学影像识别领域，DeepSeek 的表现堪称惊艳。它借助先进的深度学习算法，对 X 光、CT、MRI 等各类医学影像有着卓越的分析能力。当面对一张肺部 CT 影像时，DeepSeek 能够快速且精准地定位出其中的微小病灶，哪怕是直径仅为几毫米的小结节，也难以遁形。

以肿瘤识别为例，在过往的临床实践中，DeepSeek 参与分析了大量的肿瘤影像数据。在一组针对肝癌患者的 CT 影像分析实验里，DeepSeek 准确识别出了 95% 以上的肝癌病灶，并且能够清晰地勾勒出肿瘤的边界、形态以及与周围组织的关系，为后续的治疗方案制定提供了极为关键的信息。在骨折诊断方面，DeepSeek 同样表现出色。传统的 X 光影像诊断骨折，有时会因角度、影像清晰度等问题出现误诊或漏诊。但 DeepSeek 可以从多个角度对 X 光影像进行分析，通过对骨骼形态、纹理等特征的学习和识别，能够准确判断骨折的位置、类型以及骨折线的走向，大大提高了骨折诊断的准确性。

　　DeepSeek 在早期病变检测方面有着独特的优势，这对于疾病的早期治疗和患者的康复至关重要。在肺癌早期筛查中，传统的检测方式主要依赖医生的经验，通过肉眼观察 CT 影像来判断是否存在病变。然而，早期肺癌的病变往往非常微小，形态也不典型，容易被医生忽视。DeepSeek 则不同，它通过对海量的早期肺癌影像数据进行学习，能够敏锐地捕捉到那些极其细微的病变特征。

　　有研究表明，DeepSeek 在肺癌早期筛查中的准确率相比传统检测方式提高了 30%。在一项针对乳腺癌早期筛查的项目中，DeepSeek 分析了数千份乳腺钼靶影像和 MRI 影像。结果显示，它能够检测出许多传统方法难以发现的微小钙化灶和乳腺组织的细微结构变化，这些往往是乳腺癌早期病变的重要迹象。通过 DeepSeek 的筛查，乳腺癌的早期发现率得到了显著提升，为患者争取到了宝贵的治疗时间，大大提高了患者的生存率和生活质量。

　　在医疗领域，时间就是生命，诊断效率的提升至关重要。DeepSeek 凭借其强大的计算能力和先进的算法，能够在极短的时间内处理大量的医学影像数据，并给出初步的诊断结果。这一特性极大地减少了医生的阅片时间，使诊断效率得到了显著提高。

　　在急诊室中，患者往往病情危急，需要快速准确地诊断。当患者送来进行脑部 CT 检查时，DeepSeek 可以在短短几分钟内完成对影像的分析，判断是否存在脑出血、脑梗死等紧急病症，并将结果及时反馈给医生。而在传统的诊断过程中，医生可能需要花费半小时甚至更长时间来仔细阅片，判断病情。在这种分秒必争的情况下，DeepSeek 的快速诊断能力为患者的救治赢得了宝贵的时间。

在一些大型医院的放射科，每天需要处理大量的影像资料。以一家日接待患者量超过 1000 人的三甲医院为例，放射科每天要处理的 CT、MRI 等影像数量可达数千张。如果仅依靠医生人工阅片，医生不仅工作强度极大，而且诊断效率低下，容易出现漏诊、误诊的情况。而引入 DeepSeek 后，它可以在短时间内对这些影像进行初步筛选和分析，将疑似有病变的影像标记出来，并给出初步的诊断建议。医生只需重点关注这些被标记的影像，进行进一步的确认和诊断，大大提高了诊断效率，使医生能够在更短的时间内处理更多的患者影像。

DeepSeek 不仅仅是简单的影像识别，它还能够综合患者的影像、病史、症状等多维度数据，运用强大的数据分析和机器学习能力，为医生提供全面的诊断建议和治疗方案参考。

当一位患者因胸痛到医院就诊时，医生会为其进行心电图、心脏超声以及胸部 CT 等多项检查。DeepSeek 可以将这些检查所得到的影像数据与患者既往的心脏病史、家族病史、近期的用药情况以及症状表现等信息进行整合分析。通过对大量相似病例数据的学习和分析，DeepSeek 能够为医生提供关于患者胸痛原因的多种可能性诊断，并根据每种诊断的可能性大小进行排序。同时，它还会参考当前最新的医学研究成果和临床实践指南，为每种可能的诊断提供相应的治疗方案建议，包括药物治疗、手术治疗等具体措施，以及每种治疗方案的预期效果和可能存在的风险。

在肿瘤治疗领域，DeepSeek 的诊断决策参考功能同样发挥着重要作用。对于一位疑似患有肺癌的患者，DeepSeek 会综合分析其肺部 CT 影像中肿瘤的大小、位置、形态，以及患者的基因检测结果、身体状况等信息。根据这些信息，它可以为医生提供关于肿瘤分期的准确判断，并推荐最适合该患者的治疗方案，如手术切除、化疗、放疗、靶向治疗或免疫治疗等。此外，DeepSeek 还能根据患者的个体情况，预测不同治疗方案可能产生的副作用和患者的生存预后，帮助医生和患者共同做出更明智的治疗决策。

尽管 DeepSeek 在医疗行业展现出巨大潜力，但在实际应用中仍面临诸多挑战与限制。数据质量是一个关键问题。医学影像数据的质量参差不齐，受设备差异、成像条件、患者配合程度等多种因素影响。低质量的影像可能存在噪声、伪影、模糊等问题，这会干扰 DeepSeek 的分析和判断，降低其识别和诊断的准确性。在一些基层医疗机构，由于设备老化或技术水平有限，获取的医学影像可能无法满足 DeepSeek 的高质量数据要求，从而影响其在这些地区的应用效果。

数据隐私和安全也是不容忽视的挑战。医疗数据包含患者大量的敏感信息，如个人身份、健康状况、疾病史等，一旦泄露，将对患者的隐私和权益造成严重损害。在数据收集、存储、传输和使用过程中，需要采取严格的安全措施来保护数据的安全。目前，虽然已经有一些加密技术和安全协议被应用于医疗数据保护，但随着黑客技术的不断发展，数据安全仍然面临着巨大的威胁。如何在保障数据安全的前提下，充分发挥 DeepSeek 对医疗数据的分析和应用能力，是亟待解决的问题。

技术自身也存在一些局限性。DeepSeek 模型的泛化能力有待进一步提高。不同地区、不同医院的患者群体特征、疾病谱以及医疗数据特点可能存在差异，这就要求模型能够适应各种复杂多变的情况。然而，目前的模型在面对一些特殊病例或罕见病时，可能会出现诊断不准确或无法诊断的情况。例如，某些罕见病的发病率极低，相关的病例数据非常有限，DeepSeek 在训练过程中难以学习到足够的特征信息，导致在诊断这些罕见病时表现不佳。

DeepSeek 与医生诊断思维的融合也存在一定挑战。虽然 DeepSeek 能够基于大量的数据和算法给出诊断建议，但它缺乏医生所具备的临床经验和对患者整体情况的综合判断能力。医生在诊断过程中，不仅会考虑患者的症状、检查结果等客观因素，还会结合患者的心理状态、生活习惯、家族病史等主观因素进行全面分析。而 DeepSeek 目前还难以做到像医生一样，从多个维度对患者的病情进行综合评估，给出更加人性化和个性化的诊断方案。

在医疗领域，任何诊断工具都需要经过严格的临床验证和审批才能广泛应用。DeepSeek 作为一种新兴的技术，其在临床应用中的安全性和有效性还需要更多的研究和实践来验证。在一些复杂的医疗场景中，DeepSeek 的诊断结果可能存在一定的不确定性，这使得医生在参考其诊断建议时会有所顾虑。目前，DeepSeek 还难以完全替代医生的诊断，它更多的是作为一种辅助工具，帮助医生提高诊断效率和准确性。

随着技术的不断进步和应用的深入，DeepSeek 在医疗行业的未来发展充满了无限可能，有望对医疗行业产生深远的变革性影响。

在诊断模式方面，DeepSeek 将推动医疗诊断从传统的经验驱动向数据驱动的精准诊断模式转变。它能够快速、准确地分析海量的医疗数据，为医生提供更全面、更精准的诊断依据，使诊断结果更加客观、可靠。在未来，医生可能会更多地依赖 DeepSeek 等 AI 技术进行初步诊断和病情分析，然后再结合自己的临床经验和专业知识进行综合判断，制定个性化的治疗方案。这种诊断模式的转变将大大提高诊断的准确性和效率，减少误诊和漏诊的发生，为患者提供更好的医疗服务。

DeepSeek 还有助于优化医疗资源的分配。在当前的医疗体系中，优质医疗资源主要集中在大城市和大型医院，基层医疗机构的医疗资源相对匮乏，导致患者就医不便，医疗资源分配不均。而 DeepSeek 可以通过云端服务等方式，将先进的医疗诊断技术推广到基层医疗机构，让基层医生也能够借助 AI 的力量为患者提供准确的诊断和治疗建议。这将提高基层医疗机构的医疗服务水平，使患者能够在当地得到及时、有效的治疗，减少患者向大城市和大型医院的流动，缓解医疗资源紧张的局面，促进医疗资源的均衡分配。

DeepSeek 在医疗教育和培训领域也将发挥重要作用。它可以为医学生和医生提供丰富的学习资源和模拟诊疗环境，帮助他们更好地掌握医学知识和临床技能。通过与 DeepSeek 的互动，医学生可以学习到最新的医学研究成果和临床实践经验，提高自己的诊断和治疗能力。医生也可以利用 DeepSeek 进行病例讨论和会诊，与同行分享经验和见解，不断提升自己的专业水平。

2. 赋能药物研发与精准医疗

靶点筛选，效率飞跃

在药物研发的漫长征程中，靶点筛选是至关重要的起点。传统的靶点筛选方式如同在浩渺的宇宙中盲目探索，研究人员需要耗费大量的时间和精力，对海量的生物分子进行逐一研究和验证。他们可能需要从数万种蛋白质中，凭借经验和有限的数据去猜测哪些可能与疾病相关，这不仅需要深厚的专业知识，更需要极大的耐心和运气。据统计，传统方法筛选一个可靠的药物靶点平均需要1—2年的时间，其间还伴随着高昂的研究成本，包括人力、物力及各种实验耗材的消耗。

而 DeepSeek 的出现，宛如为靶点筛选带来了一把精准的"定位导航"。它依托于强大的数据分析能力和深度学习算法，能够快速扫描并分析海量的基因组、蛋白质组数据。通过对这些数据的深度挖掘，DeepSeek 可以建立起复杂的疾病与分子之间的关联网络，从而精准地预测出与疾病相关的潜在靶点。在阿尔茨海默病新靶点的发现中，DeepSeek 将传统5年的研发周期大幅压缩至11个月，成功率更是提升至89%。这种效率的提升，不仅仅是时间的缩短，更是为攻克这一疑难病症争取了宝贵的时间，让无数受病痛折磨的患者和家庭看到了希望的曙光。

分子模拟，精准预测

药物分子与生物分子的相互作用，就像是一场微观世界里的"化学反应之舞"，其过程复杂且微妙。在传统的药物研发中，预测药物分子与生物分子的相互作用，以及药物的疗效和副作用，常常依赖于大量的实验和经验判断。研究人员需要合成各种药物分子，然后在实验室中进行烦琐的实验测试，观察它们与生物分子的结合情况以及对生物系统的影响。这种方式不仅效率低下，而且由于实验条件的局限性，很难全面、准确地预测药物在人体中的真实表现。许多在实验室中看似有效的药物分子，在进入临床试验阶段后，却因为各种意想不到的副作用或疗效不佳而被迫放弃，这无疑造成了巨大的资源浪费和时间损失。

DeepSeek 凭借其先进的分子模拟技术，为这一难题提供了全新的解决方案。它能够在计算机虚拟环境中，对药物分子与生物分子的相互作用进行高精度的模拟。通过模拟，DeepSeek 可以直观地展示药物分子如何与生物分子结合，以及这种结合对生物分子结构和功能的影响。它还能利用深度学习模型，综合考虑药物分子的化学结构、物理性质以及生物活性等多方面因素，准确预测药物在体内的吸收、分布、代谢、排泄过程，以及可能产生的副作用。一家生物技术公司在研发一款新型抗癌药物时，利用 DeepSeek 对上千种候选药物分子进行了模拟分析，快速筛选出了活性高、副作用小的分子，大大优化了研发路径，缩短了研发周期。这种精准预测能力，使得药物研发不再是一场充满不确定性的冒险，而是更加科学、高效的探索之旅。

临床试验，智能优化

临床试验是药物研发的关键环节，也是决定一款新药能否成功上市的重要关卡。传统的临床试验设计往往存在一定的盲目性和随机性，在患者筛选方面，主要依靠医生的经验和有限的患者信息进行判断，这容易导致入选的患者群体不能很好地代表药物的目标适用人群，从而影响试验结果的准确性和可靠性。在剂量调整上，也缺乏科学的、动态的调整机制，通常只能按照预先设定的方案进行，无法根据患者的个体差异和实时反应进行及时优化。这些问题导致临床试验的成功率较低，据统计，传统临床试验的失败率高达 95%，不仅浪费了大量的时间和资金，也让许多有潜力的药物无法及时造福患者。

DeepSeek 利用数据分析为临床试验带来了全方位的智能优

化。在患者筛选阶段，它通过分析电子健康记录（EHR）、基因组数据以及患者的生活习惯、病史等多维度信息，能够精准地匹配试验受试者，快速找到那些最有可能从试验药物中获益的患者。这不仅提高了患者招募的效率，将患者招募时间从数月缩短至数天，还能确保试验结果更具代表性和说服力。在试验过程中，DeepSeek 可以实时监测患者的各项生理指标、症状变化以及药物反应等数据，通过数据分析及时发现潜在的问题和风险，并为剂量调整提供科学依据。它还能利用机器学习模型对试验数据进行实时分析和预测，根据预测结果动态调整试验方案，如增加或减少试验组数、调整样本量等，从而有效降低试验风险，提高试验的成功率。某心血管药物的临床试验中，借助 DeepSeek 的智能优化，试验周期缩短了 1 年，患者招募时间从原本的 6 个月缩短至 2 个月，最终成功通过试验，为心血管疾病患者带来了新的治疗选择。

疾病诊断，火眼金睛

在疾病诊断领域，时间就是生命，准确就是希望。传统的医学影像诊断主要依赖医生的经验和肉眼观察，这不仅是一项耗时费力的工作，还容易受到医生主观因素的影响，导致误诊和漏诊的情况时有发生。以肺癌筛查为例，早期肺癌的病灶通常非常微小，在传统的 CT 影像中，这些微小病灶很容易被忽视，据统计，仅依靠人工诊断，早期肺癌的漏诊率高达 20%—30%，许多患者因此错过了最佳的治疗时机。

DeepSeek 的深度学习算法，如同为医学影像诊断装上了一双"火眼金睛"。它能够在极短的时间内，对 X 光、CT、MRI 等各类医学影像进行快速、精准的分析。在肺癌筛查中，DeepSeek

的 AI 模型可以在短短几秒钟内，完成对数百张 CT 影像的分析，准确率高达 95% 以上，远远超过了传统人工诊断的效率和准确性。它能够敏锐地捕捉到影像中极其微小的异常，如早期肺癌的肺小结节，通过对结节的大小、形态、密度、边缘特征等多维度信息的综合分析，准确判断其良恶性。这不仅大大提高了早期疾病的检出率，为患者赢得了宝贵的治疗时间，还减轻了医生的工作负担，让他们能够将更多的精力投入复杂病例的诊断和治疗中。

个性化治疗，量身定制

在传统的医疗模式中，治疗方案往往是"千人一方"，缺乏对患者个体差异的充分考虑。不同患者对药物的反应和治疗效果可能存在很大差异，这是因为每个人的基因信息、病史、生活习惯等都是独一无二的，这些因素都会影响疾病的发展和治疗的效果。同样是高血压患者，由于基因的不同，有的患者对某种降压药物效果显著，而有的患者可能不仅效果不佳，还会出现严重的副作用。

DeepSeek 则致力于打破这种"一刀切"的治疗模式，通过对患者的基因信息、病史、临床症状、生活习惯等多维度数据的深度分析，为患者量身定制个性化的治疗方案。在癌症治疗中，DeepSeek 可以根据患者的基因突变情况，精准地推荐最有效的靶向药物。对于患有乳腺癌的患者，DeepSeek 通过分析其基因数据，发现特定的基因突变，从而推荐针对性的靶向药物，使得治疗效果大幅提升，患者的生存期显著延长，生活质量也得到了极大的改善。这种个性化的治疗方案，不仅提高了治疗的精准性和有效性，还能减少不必要的药物副作用，让患者在治疗过程中少受痛苦。

健康管理，未雨绸缪

传统的健康管理往往侧重于疾病发生后的治疗，而忽视了疾病的预防。人们通常在身体出现明显不适时才去就医，此时疾病可能已经发展到了一定程度，治疗难度和成本都大大增加。很多慢性疾病，如糖尿病、高血压等，在早期往往没有明显的症状，但如果能够在早期发现并进行干预，就可以有效延缓疾病的发展，降低并发症的发生风险。

DeepSeek 通过分析用户的健康数据，如基因信息、生活习惯、体检报告等，能够提前预测疾病风险，实现从"治病"到"防病"的转变。它可以通过分析血糖、血压、血脂等指标的变化趋势，结合用户的生活习惯和家族病史，预测用户未来 5 年内患糖尿病的风险，并提供个性化的健康建议，如调整饮食结构、增加运动量、定期体检等。对于已经患有慢性病的患者，DeepSeek 还可以实时监测健康数据，根据数据变化自动调整治疗方案，如为糖尿病患者智能调整胰岛素用量，帮助患者更好地控制病情。一位长期使用 DeepSeek 进行健康管理的用户表示，在 DeepSeek 的提醒和指导下，他及时调整了生活方式，成功降低了糖尿病的发病风险，身体状况也越来越好。

尽管 DeepSeek 在医疗行业展现出巨大的潜力，但其发展与应用仍面临诸多挑战。数据隐私和安全是首要难题，医疗数据包含大量患者的敏感信息，如个人身份、健康状况、基因数据等，一旦泄露，将对患者的隐私和权益造成严重侵害。如何在数据的收集、存储、传输和使用过程中，确保数据的安全性和隐私性，是 DeepSeek 在医疗应用中必须解决的关键问题。目前，虽然已经有一些技术手段，如加密技术、访问控制、联邦学习等，被用于保护医疗数据的安全，但随着数据量的不断增长和应用场景的日益复杂，数据安全和隐私保护的挑战依然严峻。

AI 模型的准确性和可靠性也有待进一步提高。医疗领域对准确性和可靠性的要求极高，任何微小的错误都可能导致严重的后果。尽管 DeepSeek 在大量数据的训练下，能够在许多任务中表现出较高的准确性，但在面对复杂多变的医疗场景时，仍然可能出现误诊、漏诊等情况。模型的可解释性也是一个重要问题，在医疗决策中，医生和患者需要了解模型做出决策的依据和逻辑，以便对决策的可靠性进行评估。然而，目前许多深度学习模型，包括 DeepSeek，都存在"黑箱"问题，其决策过程难以理解和解释，这在一定程度上限制了其在医疗领域的广泛应用。

DeepSeek 还有望在全球范围内推动医疗资源的均衡分配。通过远程医疗、智能诊断等技术，让偏远地区的患者也能享受到优质的医疗服务，缩小城乡、地区之间的医疗差距。未来，DeepSeek 有望与更多的医疗机构、科研机构和企业合作，共同探索 AI 在医疗领域的更多应用场景，推动医疗行业的创新发展，为人类的健康事业作出更大的贡献。

智能医疗未来已来

DeepSeek 在医疗行业药物研发与精准医疗应用中的探索与实践，为医疗行业的发展带来了新的曙光。它以其强大的数据分析、深度学习和智能决策能力，打破了传统医疗模式的诸多局限，推动药物研发迈向新的高度，使精准医疗成为现实，为全球医疗行业的变革注入了强大动力。

尽管目前 DeepSeek 在医疗领域的应用仍面临一些挑战，但其在提高医疗效率、改善医疗质量、降低医疗成本等方面展现出的巨大潜力，足以让我们对未来的智能医疗充满信心。随着技术的不断进步与完善，DeepSeek 有望在医疗行业发挥更加关键的作用，引领医疗行业进入一个全新的智能化时代，为人类的健康福祉做出不可估量的贡献。

3. 构建医疗行业健康管理与疾病预测新时代

DeepSeek 在健康管理中的应用

个性化健康管理方案定制

DeepSeek 在健康管理领域的一大显著应用便是个性化健康管理方案的定制。在数字化时代，个人健康数据呈现出多元化和丰富化的特点，涵盖基因信息、生活习惯、体检报告等多个维度。DeepSeek 凭借其强大的深度学习算法，能够对这些海量且复杂的数据进行深度分析。

以基因信息为例，不同个体的基因序列中蕴含着关于疾病易感性、药物反应等重要信息。DeepSeek 可以解读基因数据，识别出个体携带的与特定疾病相关的基因标记，从而评估其患某些遗传性疾病的风险。同时，结合生活习惯数据，如饮食偏好、运动频率、作息规律等，进一步分析生活方式对健康的影响。如果一个人长期高油高盐饮食且缺乏运动，DeepSeek 能够基于这些数据判断其患心血管疾病的风险增加，并针对性地给出调整饮食结构、增加运动量的建议。

体检报告则提供了个体当前健康状况的直观数据，包括各项生理指标的数值。DeepSeek 可以将这些指标与正常范围以及个体的历史数据进行对比，分析指标的变化趋势，从而更精准地评估健康状况，制定出包含饮食、运动、心理调节等多方面的个性化健康管理方案，真正做到因人而异、精准施策。

健康风险实时监测与预警

借助可穿戴设备、移动医疗应用等数据采集终端，DeepSeek 实现了对用户健康状况的实时监测与预警。如今，智能手环、智能手表等可穿戴设备能够实时采集用户的心率、血压、睡眠质量、运动步数等生理数据，并通过无线网络将这些数据传输到 DeepSeek 的数据分析平台。

DeepSeek 运用先进的数据分析模型，对这些实时数据进行持续分析。一旦发现数据异常，如心率突然大幅升高且持续超出正常范围，或者血压在短时间内急剧波动，系统会立即启动预警机制。预警方式可以是通过手机应用推送通知，提醒用户注意身体状况；也可以向用户预设的紧急联系人或医疗机构发送警报信息，确保在关键时刻能够及时采取措施。

对于患有慢性疾病的患者，如糖尿病患者，DeepSeek 可以实时监测其血糖数据，根据血糖变化趋势预测可能出现的低血糖或高血糖风险，并提前提醒患者调整饮食、运动或用药剂量，有效预防疾病的急性发作，降低健康风险，为用户的健康保驾护航。

DeepSeek 在疾病预测中的应用

疾病预测模型原理与技术

DeepSeek 的疾病预测模型建立在深度学习算法和大数据分析的坚实基础之上。深度学习算法是其核心驱动力，通过构建多层神经网络，模型能够对输入数据进行自动特征提取和模式识别。

以卷积神经网络（CNN）为例，在处理医学影像数据时，CNN 的卷积层可以自动提取影像中的关键特征，如肿瘤的形状、大小、边缘等特征信息，池化层则对这些特征进行筛选和降维，以减少计算量并突出关键特征。循环神经网络（RNN）及其变体长短期记忆网络（LSTM）则擅长处理时间序列数据，如患者的生命体征随时间的变化数据。LSTM 能够有效捕捉数据中的长期依赖关系，记住过去的重要信息，从而对未来的疾病发展趋势进行预测。

在大数据分析方面，DeepSeek 整合了来自电子病历系统、临床研究数据库、基因检测平台等多渠道的海量医疗数据。这些数据包含了患者的基本信息、病史、症状表现、检查检验结果、基因序列等丰富内容。通过数据清洗、预处理和特征工程，将原始数据转化为适合模型训练的高质量数据集。在训练过程中，模型不断学习数据中的模式和规律，例如某些基因标记与特定疾病的关联，特定生活习惯和环境因素在疾病发生发展中的作用等，从而建立起精准的疾病预测模型。

常见疾病预测的应用场景

在癌症预测领域，DeepSeek 展现出巨大的潜力。以肺癌为例，它可以综合分析患者的肺部 CT 影像数据、吸烟史、家族癌症病史以及基因检测数据。通过对大量肺癌患者和健康人群的 CT 影像进行对比学习，模型能够识别出早期肺癌在影像上的细微特征，如肺部小结节的形态、密度、生长速度等。结合患者的吸烟史和家族病史，评估其患肺癌的风险。如果患者携带与肺癌相关的基因突变，如 EGFR、KRAS 等，DeepSeek 可以进一步提高预测的准确性，判断其患肺癌的概率以及疾病可能的发展阶段，为早期干预和治疗提供关键依据。

对于心血管疾病，DeepSeek 主要基于患者的生理指标数据，如血压、血脂、血糖、心率等，以及生活方式数据，如饮食、运动、作息等进行预测。通过分析这些数据的长期变化趋势，结合心血管疾病的发病机制和风险因素，模型可以预测个体患冠心病、心肌梗死等心血管疾病的风险。若一个人的血压长期处于较高水平，且血脂异常，同时缺乏运动，DeepSeek 能够根据这些数据预测其在未来几年内患心血管疾病的可能性，并给出相应的预防建议，如调整饮食结构、增加运动量、定期体检等，帮助患者降低疾病风险。

实际效果与数据验证

多项实际研究和应用案例充分验证了 DeepSeek 疾病预测的准确性和有效性。在一项针对乳腺癌的预测研究中，DeepSeek 模型分析了数千名女性的乳腺 X 线影像、家族病史、激素水平等数据，并与传统的基于临床经验和简单统计模型的预测方法进行对比。结果显示，DeepSeek 模型的预测准确率达到了 90% 以上，相比传统方法提高了 15% 左右。在预测疾病发生的时间上，DeepSeek 的误差范围也明显小于传统方法，能够更精准地为患者和医生提供疾病预警。

为了解决数据安全与隐私保护问题，DeepSeek 可以采用先进的加密技术，如端到端加密、同态加密等，对数据在传输、存储和处理的全过程进行加密，确保数据的机密性。建立严格的数据管理规范，明确数据收集、存储、使用、共享等各个环节的操作流程和责任主体。在数据收集时，遵循最小必要原则，仅收集与健康管理和疾病预测相关的数据，并获得患者明确的知情同意。加强对数据访问的控制，采用多因素认证、访问令牌等技术，确保只有经过授权的人员才能访问数据。

在技术准确性与可靠性验证方面，DeepSeek 应加强与医疗机构、科研机构的合作，利用大规模、多中心的真实世界数据进行模型训练和验证，提高模型的准确性和泛化能力。建立严格的技术验证和监管机制，定期对模型进行性能评估和测试，确保其符合医疗行业的标准和要求。同时，积极引入可解释性人工智能技术，使模型的决策过程和结果能够被医生和患者理解，增强对模型的信任度。

面对挑战，DeepSeek 需要从技术、管理、合作等多个层面采取措施，不断完善自身的能力和体系，以确保在医疗行业的应用安全、可靠、有效，为推动医疗行业的智能化发展贡献力量。

DeepSeek 在医疗行业健康管理与疾病预测领域的应用，无疑为医疗行业带来了深刻变革和巨大发展机遇。在健康管理方面，它能够根据个体多元化的健康数据制定高度个性化的健康管理方案，实现对健康风险的实时监测与预警，帮助人们提前预防疾病，改善生活方式，提升整体健康水平。某企业基于 DeepSeek 的健康管理项目成功改善员工健康状况的案例，充分证明了其在实际应用中的有效性和价值。

在疾病预测领域，DeepSeek 凭借先进的深度学习算法和大数据分析技术，构建了精准的疾病预测模型，能够对常见疾病如癌症、心血管疾病等进行有效预测。通过对多渠道医疗数据的整合分析，识别疾病的早期特征和潜在风险因素，为疾病的早期诊断和干预提供了关键支持，大大提高了疾病治疗的成功率和患者的生存率。多项实际研究和应用案例所展示的高准确率和有效性，有力地验证了其在疾病预测方面的卓越性能。

第八章
其他行业

1. 开启多行业变革与创意灵感新时代

DeepSeek：打破边界的行业变革者

在科技飞速发展的当下，人工智能已成为推动各行业变革的核心力量。其中，DeepSeek 作为一款先进的大语言模型，以其强大的语言理解与生成能力，正逐渐渗透到教育、娱乐、制造等多个行业，为这些领域带来了前所未有的变革与机遇。同时，它也在设计、写作、绘画等创意领域，为用户激发着无限的灵感，成为创意工作者的得力助手。

教育行业：重塑学习与教学
个性化学习的助力

在教育领域，每个学生都是独一无二的个体，有着不同的学习节奏、知识掌握程度和兴趣偏好。DeepSeek 的出现，为实现个性化学习提供了强大的技术支持。它能够深入分析学生在学习过程中产生的各种数据，如作业完成情况、考试成绩、课堂互动表现等，从而精准洞察每个学生的学习状况。

基于这些全面且细致的分析结果，DeepSeek 能为每位学生量身定制个性化的学习计划。比如，对于数学学习吃力的学生，它可以根据学生在代数、几何等不同板块的薄弱知识点，推送详细的解题思路讲解视频和同类型的强化训练题目，帮助学生有针对性地进行学习和巩固；对于对历史感兴趣的学生，DeepSeek 会提供深度的历史事件分析文章、相关纪录片推荐以及拓展阅读材料，满足学生对历史知识的探索欲望，让学习更加贴合学生的实际需求，真正做到因材施教。

智能教学辅助

DeepSeek 在辅助教师教学方面同样发挥着重要作用，为教师的备课、课堂互动、作业批改等教学环节提供了全方位的支持。

在备课环节，教师只需输入教学主题、教学目标和学生年级等关键信息，DeepSeek 就能快速生成结构清晰、内容丰富的教案框架。这个教案框架涵盖了课程导入的创意构思、教学过程中的互动环节设计、重点难点的讲解思路以及课后作业的布置建议等内容，为教师节省了大量的时间和精力，让教师能够将更多的心思放在教学方法的创新和对学生的个性化指导上。同时，它还能根据教师的需求，从海量的教育资源中筛选并整合出优质的教学素材，如相关的图片、视频、案例等，丰富教学内容，提升教学的趣味性和吸引力。

在课堂互动中，DeepSeek 可以作为智能助手，实时解答学生的疑问，为学生提供即时的学习支持。当学生提出问题时，它不仅能给出准确的答案，还会以通俗易懂的方式逐步引导学生思考，帮助学生理解问题的本质，掌握解题方法，就像一位时刻陪伴在学生身边的专属辅导老师，有效增强了课堂的互动性和学生的参与度。

作业批改是教师教学工作中较为繁琐的一项任务，而DeepSeek的智能批改功能大大减轻了教师的这一负担。它能够快速准确地批改作业，不仅能判断学生答题的对错，还能对学生的答题思路进行分析，指出学生在知识理解和应用方面存在的问题，并给出具体的改进建议。教师通过查看DeepSeek生成的作业分析报告，可以更全面地了解学生对知识的掌握情况，从而有针对性地调整教学策略，为学生提供更有效的指导。

娱乐行业：创造沉浸式体验

内容创作的新引擎

在娱乐行业，内容创作是核心环节，而DeepSeek正逐渐成为内容创作者们的得力助手，为创作过程注入了新的活力。以网文行业为例，阅文集团旗下的作家助手集成了独立部署的DeepSeek-R1大模型，为网文作家们带来了全方位的创作支持。

在创作过程中，灵感的获取往往是作家们面临的一大挑战。DeepSeek强大的智能问答功能，就像是一位知识渊博的创作伙伴，随时为作家们提供灵感和思路。当作家在构思情节时陷入困境，或是需要查找特定的历史资料、文化背景信息时，只需向DeepSeek提出问题，它便能迅速给出详细且准确的回答。比如，一位正在创作古代仙侠小说的作家，想要描写一场精彩的法宝争斗场景，但对各种法宝的独特属性和战斗方式缺乏灵感。通过DeepSeek，作家可以获取到丰富的素材，包括古代神话传说中各种法宝的神奇能力、不同法宝之间的相生相克关系以及相关的战斗描写示例等，这些信息为作家的创作提供了丰富的灵感源泉，帮助作家构思出更加精彩独特的法宝争斗情节。

同时，DeepSeek 还能在描写润色方面发挥重要作用。它能够深入理解作家的创作意图，根据不同的题材和风格，对作家的文字进行精准地优化和润色。无论是仙侠世界中气势磅礴的战斗场面，还是现代言情中细腻动人的情感描写，DeepSeek 都能帮助作家提升文字的表现力，使作品更加生动形象，吸引读者的目光。比如，对于一段描写男女主角初次相遇的场景，DeepSeek 可以从语言风格、情感氛围的营造等方面进行优化，将原本平淡的描述变得更加富有诗意和感染力，让读者能够更深刻地感受到主角之间那种微妙的情感变化。通过使用 DeepSeek，网文作家们的创作效率得到了显著提升，能够更快地将脑海中的精彩故事转化为文字作品，满足读者日益增长的阅读需求。

个性化娱乐体验

在视频、音乐等娱乐平台，DeepSeek 的应用为用户带来了更加个性化的娱乐体验。这些平台通过集成 DeepSeek 模型，利用其强大的数据分析和算法推荐能力，能够深入了解用户的兴趣爱好和行为习惯，从而为用户精准推荐符合其口味的内容。

以视频平台为例，当用户在平台上观看了一部科幻电影后，DeepSeek 会根据这部电影的类型、导演、演员以及用户的观看历史、收藏记录等多维度数据，分析出用户对科幻题材的偏好程度，以及可能感兴趣的其他相关元素，如外星文明探索、时空穿越等。基于这些分析结果，平台会为用户推荐一系列类似题材的优质科幻电影、电视剧，以及相关的科幻纪录片、电影制作幕后花絮等内容，让用户能够深入沉浸在自己喜爱的科幻世界中。而且，DeepSeek

还能根据用户在不同时间段的行为模式，如晚上下班后可能更倾向于观看轻松搞笑的综艺节目，周末则有更多时间观看长篇电影等，为用户在不同的时间节点推荐合适的视频内容，真正做到了个性化的贴心服务。

在音乐平台上，DeepSeek 同样发挥着重要作用。它可以根据用户的音乐偏好，如喜欢的音乐风格（摇滚、流行、古典等）、歌手、歌曲年代等，为用户创建个性化的歌单。比如，对于一位喜欢周杰伦歌曲的用户，DeepSeek 不仅会推荐周杰伦的经典曲目和最新专辑，还会根据周杰伦歌曲的风格特点，推荐其他具有相似风格的歌手和歌曲，如方大同、陶喆等歌手的作品，以及一些融合了R&B、中国风等元素的小众歌曲，帮助用户发现更多符合自己口味的音乐宝藏，拓宽音乐欣赏的边界，让用户在音乐的海洋中尽情畅游，享受个性化音乐推荐带来的愉悦体验。

2. 引领新时代智能制造升级

生产流程优化

在制造业中，生产流程的优化对于企业的生存和发展至关重要。远东控股集团在这方面进行了积极的探索与实践，通过接入DeepSeek 大模型，实现了生产流程的智能化升级，取得了显著的成效。

在设备维护方面，传统的设备维护方式往往是基于定期巡检和故障发生后的维修，这种方式不仅效率低下，而且容易导致生产中断，给企业带来巨大的经济损失。而 DeepSeek 大模型的智慧运维功能彻底改变了这一局面。它通过与设备全生命周期管理系统的深度融合，实时采集设备的运行数据，如温度、压力、振动等关键参数，并运用深度学习算法对这些数据进行分析和预测。

例如，当监测到某台关键生产设备的某个部件温度持续升高，且超出正常范围时，DeepSeek 大模型能够迅速判断出该部件可能存在故障隐患，并提前预测出故障发生的概率和时间。基于这些精准的预测结果，企业可以及时安排维护人员对设备进行针对性的维护和保养，更换潜在故障部件，避免设备在生产过程中突然发生故障，从而有效减少了因设备故障导致的生产中断时间，提高了设备的利用率和生产效率。

在生产参数优化方面，DeepSeek 大模型同样发挥着重要作用。生产过程中的参数设置直接影响着产品的质量和生产效率，但传统的生产参数调整往往依赖于操作人员的经验，难以实现精准优化。DeepSeek 大模型通过对生产过程中产生的海量数据进行实时分析，包括原材料特性、设备运行状态、产品质量检测数据等，能够快速找到最优的生产参数组合。

以线缆生产为例，在生产不同规格和型号的线缆时，需要调整拉丝速度、退火温度、绞线节距等多个参数。DeepSeek 大模型通过对大量历史生产数据的学习和分析，结合实时的生产情况，能够为每一次生产任务提供精确的参数建议。操作人员只需按照这些建议进行参数设置，就能生产出高质量的线缆产品。同时，DeepSeek 大模型还能根据生产过程中的实时反馈，动态调整生产参数，确保产品质量始终保持在最佳状态。

供应链协同创新

供应链管理是制造业的重要环节，其协同效率直接影响着企业的运营成本和市场响应速度。DeepSeek 凭借其强大的数据分析和预测能力，为企业实现供应链协同创新提供了有力支持，帮助企业优化库存管理和物流配送，提升供应链的整体效率。

在库存管理方面，传统的库存管理方式往往难以准确预测市场需求的变化，容易导致库存积压或缺货现象的发生。库存积压不仅占用大量资金，增加仓储成本，还可能导致产品过期贬值；而缺货则会影响客户满意度，导致订单流失。DeepSeek 大模型通过对市场需求、原材料供应、生产计划、销售数据等多方面信息的实时分析和深度挖掘，能够构建精准的需求预测模型，为企业提供科学合理的库存管理建议。

在物流配送方面，DeepSeek 大模型能够综合考虑订单信息、交通状况、物流资源分布等多方面因素，为企业智能规划最优的物流配送路线，提高物流配送效率，降低物流成本。它可以实时获取交通路况信息，避开拥堵路段，合理安排配送车辆和配送时间，确保货物能够按时、准确地送达客户手中。

3. 设计、写作、绘画领域的创新伙伴

设计：突破创意边界

在设计领域，创意是核心竞争力，但灵感的获取并非总是一帆风顺。DeepSeek 的出现，为设计师们打开了一扇通往无限创意的大门。它就像一位充满奇思妙想的创意伙伴，能够根据设计师输入的主题、风格偏好、目标受众等信息，快速生成多样化的创意草图和设计概念，为设计工作提供丰富的灵感源泉。

以室内设计为例，当设计师接到一个为年轻创业者打造的创

意办公空间的项目时，可能会面临如何在有限的空间内实现功能与创意完美融合的挑战。这时，设计师只需向 DeepSeek 描述项目需求，如"现代简约风格，注重开放交流空间，融入科技元素，面向年轻创业团队"，DeepSeek 便能迅速生成一系列设计草图和布局方案。这些方案不仅包含了常见的开放式办公区、灵活的会议空间等设计元素，还可能提出一些独特的创意，如利用可移动的智能隔断划分空间，实现空间的灵活转换；在休息区设置虚拟现实体验区，为员工提供放松和创新灵感的场所等。这些创意为设计师提供了新的思路，帮助设计师突破传统设计思维的局限，打造出更具创新性和吸引力的办公空间。

写作：开启创作新思路

对于广大创作者而言，写作过程中常常会遭遇思维瓶颈，不知从何处下笔，或者在文章结构、语言表达等方面遇到难题。DeepSeek 凭借其强大的自然语言处理能力，成为创作者们的得力助手，为写作带来了全新的思路和方法。

在生成文章大纲方面，DeepSeek 表现出色。比如，一位科普博主想要创作一篇关于人工智能发展历程的文章，只需告诉 DeepSeek 文章主题和大致框架要求，如"以时间线为脉络，介绍人工智能从诞生到如今的关键发展阶段和重要事件，分析每个阶段的技术突破和应用场景"，DeepSeek 就能在短时间内生成一个详细的大纲。这个大纲不仅清晰地梳理了人工智能发展的各个阶段，还为每个阶段提供了具体的内容要点和相关案例，如在介绍深度学习阶段时，提及了 ImageNet 图像识别大赛中深度学习算法取得的重大突破，以及其在医疗影像诊断、自动驾驶等领域的应用案例，为博主的创作提供了清晰的思路和丰富的素材，大大节省了创作时间和精力。

在文案润色方面，DeepSeek 同样发挥着重要作用。它能够深入理解文章的内容和风格，对文案进行精准地优化和润色。例如，一篇旅游宣传文案初稿中描述"这里的风景很美，有山有水，让人心情愉悦"，这样的表述较为平淡。经过 DeepSeek 润色后，文案变成了"踏入这片神奇的土地，连绵的山峦似大地的巨龙蜿蜒起伏，澄澈的湖水如天空之镜倒映着蓝天白云，每一处景致都宛如大自然精心雕琢的杰作，让人心旷神怡，沉醉其中无法自拔"。DeepSeek 通过运用更生动形象的词汇、丰富的修辞手法和细腻的情感表达，使文案的感染力和吸引力大幅提升，能够更好地吸引读者的注意力，激发读者的兴趣。

绘画：拓展艺术表达

绘画是一种极具创造力的艺术形式，而 DeepSeek 的 AI 绘画工具为艺术家和绘画爱好者们提供了一个全新的创作平台，让他们能够突破传统绘画的限制，探索更多的艺术表达可能性。

AI 绘画工具的工作原理是基于深度学习算法，通过对大量图像数据的学习和分析，模型能够理解不同图像的特征和风格，并根据用户输入的文本描述生成相应的图像。当艺术家想要创作一幅具有梦幻风格的森林场景画作时，只需在 DeepSeek 的 AI 绘画工具中输入"神秘的梦幻森林，树木高大而奇幻，树叶闪烁着五彩光芒，森林中弥漫着金色的雾气，地面上生长着发光的蘑菇"这样的描述，工具就能在短时间内生成一幅栩栩如生的梦幻森林画作。这幅画作不仅包含了艺术家描述的各种元素，还通过独特的色彩搭配和构图设计，营造出了一种神秘而奇幻的氛围，为艺术家的创作提供了新的灵感和方向。

AI 绘画工具还可以与传统绘画技巧相结合，为艺术家带来更多的创作灵感。艺术家可以先利用 AI 绘画工具生成一些草图或概念图，然后在此基础上进行手工绘制和完善，将 AI 的创意与自己的绘画风格和技巧相融合，创作出更具个性和艺术价值的作品。这种创新的创作方式不仅丰富了绘画的表现形式，也为绘画艺术的发展注入了新的活力。

拥抱 DeepSeek，迎接未来机遇

从教育到娱乐，从制造到创意领域，DeepSeek 正以其独特的技术优势和强大的功能，为各行业带来深刻的变革。它不仅优化了传统的业务流程，提升了效率和质量，还为行业发展开辟了新的道路，创造了更多的可能性。同时，在设计、写作、绘画等创意活动中，DeepSeek 激发了用户的无限创意灵感，成为创意工作者不可或缺的得力助手。

在这个充满变革的时代，我们应积极拥抱 DeepSeek 这样的先进技术，充分挖掘其潜力，为行业发展注入新的活力。无论是企业还是个人，都应勇于探索和应用新技术，不断创新，以适应时代的发展需求，在激烈的市场竞争中抢占先机，迎接更加美好的未来。

PART 04
第四篇

商业变现

第九章
企业如何利用 DeepSeek 流量变现

1. 数据收集：巧用 DeepSeek 广积粮

在数字化浪潮席卷全球的当下，数据已成为企业最为宝贵的资产之一，如同企业的生命线，深刻影响着企业运营的各个环节。从精准把握市场动态、深入了解客户需求，到制定科学合理的战略决策、优化产品与服务，数据都发挥着无可替代的关键作用。在海量的数据中，高质量的数据就像金子一样珍贵，它能为企业提供精准的信息，让企业在竞争激烈的市场中洞察先机，做出正确的决策。

然而，企业在实际运营中所面临的数据环境往往错综复杂。数据来源广泛，涵盖了企业内部的业务系统、客户关系管理系统、财务系统，以及外部的市场调研、社交媒体、行业报告等多个渠道。这些数据不仅格式各异，还可能存在重复、错误、缺失等问题，犹如未经雕琢的璞玉，难以直接为企业所用。因此，数据收集与清洗成为企业挖掘数据价值的首要任务，它是将原始数据转化为有价值信息的关键环节，只有经过精心的收集与清洗，数据才能成为企业决策的有力依据。

DeepSeek 作为一款先进的人工智能工具，在数据收集与清洗领域展现出了卓越的能力，为企业提供了高效、智能的解决方案。它基于先进的自然语言处理、机器学习等技术，能够快速、准确地从各种数据源中收集数据，并运用智能算法对数据进行清洗和预处理，有效解决数据质量问题，帮助企业节省大量的时间和人力成本，提升数据处理效率和质量，为企业的数据分析和决策提供坚实的数据基础。

明确数据收集目标

企业在运用 DeepSeek 进行数据收集之前，首要任务是明确收集目标。这需要紧密结合企业的业务战略与实际需求，确定所需数据的类型与范畴。以电商企业为例，若其目标是优化商品推荐系统，提升用户购买转化率，那么数据收集的重点就应放在用户的浏览行为、购买历史、搜索关键词、收藏夹内容以及用户的基本属性（如年龄、性别、地域等）上。这些数据能够帮助企业深入了解用户的偏好和购买习惯，从而为用户提供更精准的商品推荐。

对于一家制造企业而言，如果其关注的是产品质量的提升和生产效率的优化，那么数据收集的目标则可能聚焦于生产线上的设备运行数据（如温度、压力、转速等）、原材料的质量数据、生产过程中的工艺参数以及产品的质检数据等。通过对这些数据的分析，企业可以及时发现生产过程中的潜在问题，优化生产流程，提高产品质量。

多渠道数据收集

DeepSeek 凭借其强大的技术能力，能够助力企业从多渠道收集数据，实现数据的全面汇聚。

在企业内部系统方面，DeepSeek 可以与企业的客户关系管理（CRM）系统无缝对接，获取客户的基本信息、沟通记录、购买历史等数据。这些数据能够帮助企业更好地了解客户需求，提供个性化的服务，增强客户满意度和忠诚度。DeepSeek 还能与企业资源规划（ERP）系统相连，收集企业的采购、库存、生产、销售等各个环节的数据，为企业的运营管理提供全面的数据支持。通过对 ERP 系统中采购数据的分析，企业可以优化采购策略，降低采购成本；通过对销售数据的分析，企业可以制定更合理的销售计划，提高销售业绩。

在外部平台上，DeepSeek 可以从社交媒体平台收集数据。如今，社交媒体已成为人们表达观点、分享生活的重要场所，企业可以通过 DeepSeek 获取用户在社交媒体上发布的与企业产品或服务相关的内容，如用户的评价、建议、讨论等。这些数据能够帮助企业及时了解市场动态和用户反馈，发现潜在的市场机会和问题。企业可以通过分析社交媒体上用户对某款产品的评价，了解产品的优点和不足之处，从而针对性地进行产品改进和优化。

行业报告和数据提供商也是重要的数据来源。DeepSeek 可以帮助企业获取权威的行业报告和专业的数据提供商发布的数据，这些数据通常经过深入地研究和分析，具有较高的参考价值。企业可以通过这些数据了解行业的发展趋势、市场规模、竞争格局等信息，为企业的战略决策提供有力依据。

数据收集策略与技巧

在数据收集过程中，合理的策略与技巧能够提高数据收集的效率和质量。

数据收集频率的确定至关重要。对于一些变化频繁的数据，如电商平台的商品价格、股票市场的交易数据等，需要较高的收集频率，以确保数据的及时性和准确性。电商平台可能需要每隔几分钟就收集一次商品价格数据，以便及时调整价格策略，保持市场竞争力。而对于一些相对稳定的数据，如企业的员工基本信息、客户的静态属性等，收集频率可以相对较低。企业可以每个月或每个季度更新一次员工基本信息，每年更新一次客户的静态属性。

样本选择也不容忽视。为了确保数据的代表性，企业应采用科学的抽样方法。在对消费者进行市场调研时，可以采用随机抽样的方法，从不同地区、不同年龄、不同性别、不同消费层次的消费者中抽取样本，以确保样本能够反映整个消费者群体的特征。还可以根据研究目的和需求，采用分层抽样、整群抽样等方法，提高样本的代表性。

数据收集的时间窗口也需要合理规划。在收集电商平台的销售数据时，应选择在销售旺季、促销活动期间以及不同时间段（如工作日、周末、节假日等）进行收集，以全面了解销售数据的变化规律。通过分析不同时间段的销售数据，企业可以合理安排库存、优化营销策略，提高销售业绩。

企业数据清洗：DeepSeek 为数据"祛垢"

识别"脏数据"

在企业的数据宝库中，脏数据犹如隐藏在暗处的礁石，随时可能给数据分析和决策带来风险。脏数据的类型丰富多样，对企业的影响也各不相同。

重复数据是较为常见的一种脏数据类型。在客户信息数据库中，可能由于数据录入人员的疏忽，或者系统同步问题，导致同一客户的信息被多次记录。这不仅会占用宝贵的存储空间，还会使数据分析结果出现偏差。当企业统计客户数量时，重复数据会导致客户数量虚增，从而影响企业对市场规模的准确判断。在计算客户购买金额总和时，重复数据也会使计算结果出现错误，无法真实反映企业的销售业绩。

缺失数据同样不容忽视。在员工信息表中，可能存在员工年龄、学历等字段缺失的情况。这会给企业的人力资源管理带来诸多不便。在进行员工培训规划时，由于缺乏员工学历信息，企业可能无法制定出针对性的培训方案，影响培训效果。在评估员工绩效时，缺失的数据也可能导致评估结果不够客观准确。

错误数据的存在会严重干扰企业的决策。在财务数据中，如果将收入金额记录错误，比如将 100 万元误记为 10 万元，这将直接影响企业对财务状况的判断。企业可能会基于错误的数据做出错误的投资决策、资金分配决策，给企业带来巨大的经济损失。在产品库存数据中，如果错误地记录了产品的库存数量，可能会导致企业在生产和销售过程中出现缺货或积压的情况，影响企业的正常运营。

DeepSeek 数据清洗方法

面对复杂多样的"脏数据"，DeepSeek 凭借其强大的技术能力，提供了一系列行之有效的清洗方法。

对于重复数据，DeepSeek 可以运用去重算法，快速准确地识别并删除重复记录。在处理大量客户数据时，DeepSeek能够通过对客户姓名、联系方式、身份证号码等关键信息的比对，找出重复的客户记录，并根据企业设定的规则保留最完整、最准确的一条记录。DeepSeek还可以利用机器学习算法，学习数据中的重复模式，进一步提高去重的准确性和效率。

在处理缺失数据方面，DeepSeek提供了多种填补策略。对于数值型数据，DeepSeek可以根据数据的统计特征，如均值、中位数、众数等，对缺失值进行填充。在销售数据中，如果某一产品的销售额存在缺失值，DeepSeek可以计算该产品在其他时间段的平均销售额，并用这个平均值来填补缺失值。对于非数值型数据，DeepSeek可以通过分析数据的上下文和相关关系，进行合理的推测和填充。在客户地址信息中，如果某一客户的城市字段缺失，DeepSeek可以根据客户的邮编、所属地区等信息，推测出该客户所在的城市。

当遇到错误数据时，DeepSeek能够运用智能算法进行纠正。在日期格式错误的数据中，DeepSeek可以根据日期的常见格式和逻辑规则，对错误的日期进行自动纠正。如果将"2024/01/32"错误地记录为日期，DeepSeek可以识别出这是一个错误的日期，并根据月份的天数规则，将其纠正为"2024/02/01"（假设按照顺延规则）。对于一些逻辑性错误的数据，DeepSeek可以结合业务知识和数据之间的关联关系，进行判断和修正。在订单数据中，如果订单金额与商品单价和数量不匹配，DeepSeek可以通过分析其他相关数据，找出错误原因并进行修正。

清洗流程与质量把控

为了确保数据清洗工作的高效、准确进行，企业需要建立科学合理的清洗流程。

首先，企业应制定详细的数据清洗计划，明确清洗的目标、范围、方法和时间节点。在清洗客户数据时，企业需要确定是对所有客户数据进行清洗，还是只针对特定时间段、特定地区的客户数据进行清洗；需要选择合适的清洗方法，如去重、填补缺失值、纠正错误数据等；还需要安排好清洗工作的时间进度，确保按时完成清洗任务。

在清洗过程中，企业要对数据进行抽样检查，及时发现和解决问题。企业可以随机抽取一定比例的数据，对清洗后的结果进行人工审核，检查数据的准确性、完整性和一致性。如果发现问题，企业需要及时调整清洗策略和方法，重新进行清洗。

数据清洗完成后，企业还需要进行全面的质量评估。可以通过计算数据的准确率、召回率、完整性等指标，来评估数据清洗的效果。准确率是指清洗后数据中正确数据的比例，召回率是指清洗后数据中被正确识别的数据占原始数据中应被识别数据的比例，完整性是指清洗后数据中无缺失值的记录占总记录的比例。通过这些指标的评估，企业可以了解数据清洗工作的质量，为后续的数据分析和决策提供可靠的数据基础。

企业在引入 DeepSeek 进行数据收集与清洗之前，需要做好充分的内部准备工作。技术基础是至关重要的一环，企业应确保自身具备一定的技术实力，包括拥有稳定的网络基础设施，以保证数据传输的高效与稳定，避免在数据收集过程中出现数据丢失或传输中断的情况。还需要具备相应的服务器和存储设备，以满足 DeepSeek 运行和数据存储的需求。若企业计划使用 DeepSeek 进行大规模的数据处理，就需要配备高性能的服务器和大容量的存储设备，确保 DeepSeek 能够快速地处理和存储海量数据。

人员支持同样不可或缺。企业需要组建一支专业的团队，团队成员应包括熟悉数据处理的专业人员，他们能够熟练运用 DeepSeek 进行数据收集与清洗操作，理解数据的业务含义，准确判断数据的质量和价值。还需要有具备机器学习和人工智能知识的技术人员，他们能够对 DeepSeek 的模型进行优化和调整，根据企业的业务需求定制化模型，提高数据处理的准确性和效率。数据分析师能够从清洗后的数据中挖掘有价值的信息，为企业的决策提供支持。企业可以通过内部培训、外部招聘等方式，组建这样一支专业的团队，为 DeepSeek 的应用提供有力的人员保障。

将 DeepSeek 与企业现有系统进行有效融合，是充分发挥 DeepSeek 价值的关键。在实施融合之前，企业需要对现有系统进行全面梳理，包括业务系统、数据管理系统、分析工具等，明确各个系统的功能、数据结构和接口规范。通过梳理，企业能够确定哪些环节可以借助 DeepSeek 进行优化，哪些数据可以与 DeepSeek 进行对接。在客户关系管理系统中，企业可以利用 DeepSeek 对客户反馈数据进行分析，挖掘客户的潜在需求和问题，从而提升客户服务质量。

在技术对接方面，企业可以采用 API 接口调用的方式，将 DeepSeek 集成到现有系统中。许多企业的智能客服系统通过 API 接口与 DeepSeek 相连，当客户咨询问题时，系统将问题发送给 DeepSeek，DeepSeek 快速分析并返回答案，智能客服系统再将答案呈现给客户，大大提高了客服响应速度和服务质量。对于一些对数据安全要求较高的企业，也可以选择将 DeepSeek 进行私有化部署，将其与企业内部的服务器和网络进行深度整合，确保数据在企业内部流转，提高数据的安全性和可控性。在私有化部署过程中，企业需要确保 DeepSeek 与现有系统的兼容性，对系统进行必要的调整和优化，以实现无缝对接。

数据安全与隐私保护是企业在使用 DeepSeek 过程中必须高度重视的问题。企业应制定严格的数据访问权限管理制度，明确不同人员对数据的访问级别和操作权限。只有经过授权的人员才能访问敏感数据，并且只能进行规定的操作，如数据查询、分析等，禁止未经授权的人员对数据进行修改、删除或泄露。在金融企业中，只有风险评估部门的特定人员才能访问客户的信用数据，且只能用于风险评估业务，不得将数据用于其他目的。

加密技术也是保护数据安全的重要手段。企业应对数据在传输和存储过程中进行加密处理，防止数据被窃取或篡改。在数据传输过程中，采用 SSL/TLS 等加密协议，确保数据在网络传输过程中的安全性；在数据存储时，使用 AES 等加密算法对数据进行加密存储，即使数据被非法获取，没有解密密钥也无法读取数据内容。

企业还需要遵循相关的数据隐私法规，如《通用数据保护条例》（GDPR）、《中华人民共和国个人信息保护法》等。在收集和使用用户数据时，应获得用户的明确同意，并向用户说明数据的使用目的、范围和方式。在电商企业收集用户的购买数据时，需要在用户注册或下单时，通过弹窗、协议等方式，向用户明确告知数据的收集和使用情况，获得用户的同意后才能进行数据收集和使用，切实保护用户的合法权益。

随着人工智能技术的持续飞速发展，DeepSeek 在数据处理领域的前景一片光明，有望迎来更加辉煌的发展。在技术层面，DeepSeek 将不断优化其算法和模型，持续提升数据处理的效率与准确性。通过深入挖掘数据间的潜在关联，为企业提供更为精准、深入的洞察。在自然语言处理方面，DeepSeek 将进一步提高对语言的理解和生成能力，使其在文本数据处理中表现更加出色，能够更准确地理解和分析复杂的文本内容，为企业提供更有价值的信息。

在应用领域，DeepSeek 的应用场景将不断拓展，涵盖更多行业和业务环节。在医疗领域，DeepSeek 将协助医生进行疾病诊断、药物研发和健康管理。通过对患者的病历、影像、基因等多源数据进行分析，DeepSeek 可以帮助医生更准确地诊断疾病，预测疾病的发展趋势，为患者提供个性化的治疗方案。在药物研发中，DeepSeek 可以通过分析大量的生物数据，筛选出潜在的药物靶点，加速药物研发的进程，降低研发成本。在教育领域，DeepSeek 将助力个性化学习和智能辅导的实现。根据学生的学习情况和特点，DeepSeek 可以为每个学生量身定制学习计划，提供针对性的学习资源和辅导，帮助学生提高学习效率和成绩。

对于企业而言，积极应用 DeepSeek 进行数据收集与清洗，是顺应数字化时代发展潮流、提升自身竞争力的关键举措。企业应充分认识到数据的重要价值，将 DeepSeek 纳入企业的数据战略规划中，加大对相关技术和人才的投入，不断探索和创新应用场景，充分发挥 DeepSeek 的优势，为企业的发展提供强大的数据支持和决策依据，在激烈的市场竞争中脱颖而出，实现可持续发展。

2. 企业智能化转型的密钥

在数字化浪潮席卷全球的当下，企业智能化转型已成为提升竞争力、实现可持续发展的关键路径。从金融领域的风险精准评估，到制造业的生产流程优化，智能化的身影无处不在。据相关报告显示，中国企业数字化发展正进入新阶段，众多企业加速迈进全面智能化发展的进程，然而，转型之路并非一帆风顺，技术复杂性、高成本等问题成为不少企业前行的阻碍。

在这一背景下，DeepSeek 模型应运而生，为企业智能化转型带来了新的曙光。它以其独特的技术优势和创新架构，在众多人工智能模型中崭露头角，成为企业实现智能化升级的有力助手。无论是在自然语言处理、图像识别，还是数据分析等领域，DeepSeek 模型都展现出了卓越的性能，能够帮助企业更高效地处理海量数据，挖掘数据背后的潜在价值，从而做出更明智的决策。

企业利用 DeepSeek 模型训练的步骤

需求分析与目标设定

企业在踏上利用 DeepSeek 模型进行训练的征程前，深入的需求分析与明确的目标设定是首要任务。以电商企业为例，若期望提升用户购物体验，可借助 DeepSeek 模型构建智能推荐系统，通过分析用户的浏览历史、购买行为等数据，精准推荐符合用户偏好的商品，从而提高用户的购买转化率。对于金融企业而言，风险评估是关键业务需求，利用 DeepSeek 模型对海量金融数据进行分析，能够更准确地预测市场风险，为投资决策提供有力支持。

数据准备

数据是模型训练的基石，其质量直接关乎模型的性能。数据收集来源广泛，企业内部的业务数据库、客户关系管理系统等都是宝贵的数据源泉，同时，也可从公开数据集、行业报告等外部渠道获取相关数据。收集到的数据往往存在噪声、重复等问题，因此数据清洗至关重要，通过去重、纠错、缺失值处理等操作，提升数据的质量。在情感分析任务中，对文本数据进行标注，明确文本表达的情感倾向，是积极、消极还是中性，为模型训练提供准确的标签。

模型选择与接入

企业接入DeepSeek模型的方式丰富多样。API直接调用是便捷的选择，企业无需深入了解模型的内部细节，只需通过调用API接口，即可快速获取模型的服务，实现自然语言处理、图像识别等功能，适用于对技术要求不高、追求快速应用的企业。模型微调则是在DeepSeek预训练模型的基础上，使用企业的特定数据进行进一步训练，使模型更好地适应企业的业务需求，如医疗企业可对模型进行微调，以处理医疗领域的专业术语和知识。此外，企业还可参与开源共建，与其他开发者共同优化和改进模型，推动技术的发展，同时也能根据自身需求定制模型。

训练环境配置

搭建高效的训练环境是模型训练的关键。硬件方面，GPU是核心组件，其强大的并行计算能力可大幅加速模型训练，对于大规模模型训练，如DeepSeek的大语言模型，需配备高性能的GPU集群，如NVIDIA的A100、H100 GPU等。软件层面，深度学习框架如PyTorch、TensorFlow等为模型训练提供了丰富的工具和函数，与DeepSeek模型的兼容性良好。云计算平台如阿里云、腾讯云、华为云等也为企业提供了便捷的训练环境，企业可根据自身需求灵活选择计算资源，降低硬件采购和维护成本。

超参数调整

超参数是模型训练过程中需手动设置的参数，对模型性能影响显著。学习率决定了模型参数更新的步长，若学习率过大，模型可能无法收敛，出现振荡现象；若学习率过小，模型训练速度会极为缓慢，需耗费大量时间。批量大小则是每次训练时使用的样本数量，较大的批量大小可使模型训练更稳定，但会增加内存需求，且可能导致梯度计算不稳定；较小的批量大小虽能减少内存占用，但会使训练过程更加波动。企业可通过网格搜索、随机搜索等方法，寻找最优的超参数组合，提升模型性能。

企业优化 DeepSeek 模型的策略

模型优化的重要性

在企业的智能化转型进程中，模型优化犹如一座灯塔，照亮了企业提升性能、满足特定需求的道路。随着业务的不断拓展和数据量的持续增长，初始训练的 DeepSeek 模型可能无法充分满足企业日益复杂的业务需求。通过优化模型，企业能够显著提升模型的性能，使其在处理任务时更加高效、准确。在图像识别领域，优化后的模型能够更精准地识别图像中的物体，为企业的产品检测、安防监控等业务提供有力支持；在自然语言处理方面，优化后的模型能够更好地理解语义，实现更智能的文本分类、情感分析等功能，提升企业的客户服务质量和市场洞察能力。

优化方法

模型剪枝：模型剪枝是一种去除模型中冗余参数的有效方法，如同修剪树枝一般，去除那些对模型性能贡献较小的部分，从而降低模型的计算复杂度。以神经网络为例，在训练过程中，部分权重参数对模型的输出影响微乎其微，这些参数就如同大树上多余的细枝末节，去除它们并不会对模型的整体性能产生显著影响。通过模型剪枝，企业可以在不损失过多精度的前提下，减少模型的参数量，提高模型的推理速度。在语音识别模型中，经过剪枝处理后，模型的运行速度提升了 30%，同时保持了较高的识别准确率，为企业在实时语音交互场景中的应用提供了更高效的解决方案。

量化技术：量化技术是将模型中的权重和激活值从高精度的浮点数转换为低精度的整数或定点数，从而减少内存占用和计算开销。在传统的深度学习模型中，参数通常以 32 位或 64 位浮点数形式存储，这虽然能够保证较高的计算精度，但占用了大量的内存空间。而量化技术则像是一位精打细算的管家，通过特定算法将这些高精度参数映射到低精度的数值表示上，如 8 位甚至 4 位的整数。在自然语言处理任务中，采用量化技术后，模型的体积缩小至原来的 1/4，大大降低了存储成本，同时在推理时，硬件能够更高效地处理这些低精度数据，计算速度提升了 2 倍，使得企业能够在资源受限的设备上部署模型，拓展了模型的应用场景。

混合精度训练：混合精度训练是一种在训练过程中同时使用单精度（FP32）和半精度（FP16）的技术，它巧妙地在保持精度和提升训练速度之间找到了平衡。在神经网络模型的训练过程中，通常默认采用单精度（FP32）浮点数据类型来表示网络模型权重和其他参数，然而，这种方式在大规模模型和数据上训练时，时间和资源成本变得非常高昂。而混合精度训练则充分利用了半精度（FP16）数据类型存储和计算开销小的优势，将部分计算转换为半精度进行加速，同时保留关键计算的准确性。在图像分类任务中，使用混合精度训练后，训练时间缩短了 40%，同时模型的准确率与全精度训练相当，为企业节省了大量的时间和计算资源，使其能够更快地迭代模型，适应市场的变化。

持续优化与评估

模型优化并非一蹴而就，而是一个持续的过程。企业需要不断地对模型进行优化，以适应不断变化的业务需求和数据环境。随着企业业务的发展，新的数据不断产生，数据的分布和特征也可能发生变化，这就要求企业及时对模型进行更新和优化，以确保模型的性能始终保持在最佳状态。

为了评估模型的性能，企业需要借助一系列指标，其中准确率和召回率是常用的评估指标。准确率是指模型正确分类的样本数与总样本数之比，它衡量了模型在所有样本上的分类性能；召回率则是指模型正确预测的正例样本数与实际正例样本数之比，它反映了模型找出所有正例的能力。在实际应用中，企业需要根据具体的业务需求来权衡准确率和召回率。在医疗诊断领域，召回率可能更为重要，因为我们希望尽可能地检测出所有的病患，避免漏诊；而在垃圾邮件过滤任务中，准确率则更为关键，因为我们不希望将正常邮件误判为垃圾邮件，影响用户的使用体验。此外，F1 分数（准确率和召回率的调和平均值）、AUC-ROC 曲线等指标也能从不同角度全面地评估模型的性能，帮助企业更准确地了解模型的表现。

面临的挑战

数据安全

在数据收集、存储和使用过程中，企业面临着数据泄露、篡改等安全风险。随着数据价值的不断提升，黑客攻击、内部人员违规操作等安全事件时有发生，一旦数据泄露，不仅会损害企业的声誉，还可能导致法律纠纷和经济损失。据相关数据显示，2023年因数据泄露事件导致企业平均损失高达 424 万美元。

技术门槛

DeepSeek 模型的训练和优化涉及复杂的人工智能技术，对企业的技术团队提出了较高的要求。从深度学习算法的理解和应用，到训练环境的搭建和维护，再到模型的评估和优化，每个环节都需要专业的技术知识和经验。对于许多中小企业而言，缺乏专业的技术人才和技术储备，难以自主开展模型的训练和优化工作。

模型可解释性

DeepSeek 模型作为一种复杂的深度学习模型，其决策过程往往难以解释。在金融、医疗等对决策可解释性要求较高的领域，这一问题尤为突出。例如，在医疗诊断中，医生需要了解模型做出诊断的依据，以便判断诊断结果的可靠性。而 DeepSeek 模型的黑盒特性，使得其决策过程难以理解，增加了模型在实际应用中的风险。

应对策略

加强数据安全管理

企业应建立完善的数据安全管理制度，明确数据的访问权限，采用加密技术对数据进行加密存储和传输，防止数据泄露。同时，加强对员工的数据安全培训，提高员工的数据安全意识，避免因员工操作不当导致的数据安全问题。此外，定期进行数据安全审计，及时发现和处理潜在的数据安全风险。

培养专业人才

企业可以通过内部培训、外部招聘等方式，培养和引进一批具备人工智能技术的专业人才。与高校、科研机构合作，开展产学研合作项目，为企业培养实用型人才。例如，与高校联合开设人工智能相关课程，让学生在学习理论知识的同时，参与企业的实际项目，提高学生的实践能力。鼓励员工参加行业研讨会、技术培训等活动，不断提升员工的技术水平。

探索可解释性技术

为了解决模型可解释性问题，企业可以探索使用解释性技术，如 LIME（Local Interpretable Model-agnostic Explanations）、SHAP（SHapley Additive exPlanations）等方法，对模型的决策过程进行解释。这些方法可以帮助企业理解模型的决策依据，提高模型的可信度和可靠性。通过可视化工具，将模型的决策过程以直观的方式展示出来，便于企业管理人员和业务人员理解和应用。

3. 应用场景设计与落地：开启企业智能化变革新征程

DeepSeek 之所以能在众多人工智能模型中崭露头角，关键在于其强大的技术优势，这些优势为企业应用提供了坚实的基础。

在推理能力方面，DeepSeek-R1 堪称佼佼者。它采用了创新的强化学习方法，能够在少量高质量人工标注数据的情况下，打造出卓越的推理能力。与传统模型不同，DeepSeek-R1 在处理问题时，并非简单地从记忆中检索答案，而是通过生成一系列思考 tokens 来详细阐述思考过程，从而更加深入地处理问题。例如在解决数学问题或者复杂的逻辑推理题时，它能够逐步分析问题，给出清晰的推理步骤和准确的答案。在面对"如何优化企业供应链以降低成本"这样的复杂商业问题时，DeepSeek可以通过对市场数据、企业库存数据、物流信息等多方面的分析，给出全面且具有针对性的策略建议，帮助企业在复杂的商业环境中做出明智决策。

多模态交互能力是DeepSeek的又一亮点。它打破了传统人机交互的单一模式，支持文本、图像、语音等多种形式的输入。这意味着企业在应用中可以根据不同的场景和需求，灵活选择交互方式。在智能客服场景中，客户既可以通过文字与客服交流，也可以直接发送语音消息，DeepSeek都能准确理解并快速响应。对于一些需要处理图片信息的行业，如广告设计、电商产品展示等，DeepSeek可以对上传的图片进行分析，提取关键信息，然后根据用户需求生成相关的文案或者设计建议。比如电商企业上传一款新产品的图片，DeepSeek能够识别产品的特点、颜色、款式等信息，为其生成吸引人的产品描述和营销文案，大大提高了工作效率。

开源特性是DeepSeek吸引企业的重要因素之一。它的开源意味着更低的使用成本、更灵活地部署和开发。企业可以根据自身的业务需求，对DeepSeek的源代码进行修改和定制，开发出符合自身特色的应用。这对于一些中小企业来说尤为重要，它们无需投入大量的研发资源从头开始开发人工智能模型，只需基于DeepSeek进行二次开发，就能快速实现智能化转型。而且，开源还促进了全球开发者和研究人员的合作与交流，大家可以共同优化代码，提升DeepSeek的性能和功能，形成一个良性的技术生态。企业在这个生态中可以获取到最新的技术成果和应用案例，不断丰富自己的应用场景。

企业应用 DeepSeek 的多元场景

办公效率提升

在办公场景中，DeepSeek 的应用如同为企业配备了一位不知疲倦的高效助手。在文档处理方面，它能够快速理解文档内容，进行格式调整、内容校对甚至是智能摘要生成。某跨国企业在处理大量合同文档时，以往需要人工仔细核对条款、检查格式，耗费大量人力和时间。引入 DeepSeek 后，它能在短时间内对合同进行智能分析，标记出潜在风险条款和格式错误，处理效率提升了数倍。在会议纪要生成上，DeepSeek 更是表现出色。它可以实时记录会议内容，准确识别发言人的观点和关键信息，会后迅速生成条理清晰的会议纪要。这使得会议组织者无需再手动记录，参会人员也能及时获取准确的会议信息，大大提高了信息传递的效率。在邮件回复场景中，DeepSeek 同样发挥着重要作用。它可以根据邮件内容快速生成合适的回复模板，甚至根据过往沟通记录和业务知识，提供个性化的回复建议。对于一些日常的业务咨询邮件，DeepSeek 能够自动生成回复，节省了员工大量的时间和精力，让他们可以将更多的注意力放在核心业务上。

客户服务优化

在客户服务领域，DeepSeek 的应用带来了显著的变革。以智能客服为例，许多企业已经将 DeepSeek 集成到自己的客服系统中，实现了 7×24 小时的不间断服务。当客户咨询问题时，DeepSeek 能够快速理解客户意图，从知识库中检索相关信息，给出准确的回答。某知名电商企业在引入 DeepSeek 智能客服后，客户咨询的平均响应时间从原来的 5 分钟缩短到了 1 分钟以内，客户满意度从 70% 提升到了 85%。同时，人工客服的工作量大幅减少，企业得以将更多的人力投入复杂问题的处理和客户关系维护上。在客户需求预测方面，DeepSeek 通过对大量客户历史数据的分析，包括购买记录、浏览行为、咨询内容等，能够准确预测客户的潜在需求。企业可以根据这些预测结果，提前做好产品推荐、库存准备等工作，提高客户服务的针对性和效率。某美妆企业利用 DeepSeek 分析客户的购买周期和偏好，提前为客户推送新品信息和个性化的促销活动，成功提高了客户的复购率和购买金额。

生产制造革新

在工业生产中，DeepSeek 为企业带来了全新的发展机遇。在设备故障预测方面，它可以实时监测生产设备的运行数据，包括温度、压力、振动等参数，通过数据分析和机器学习算法，提前预测设备可能出现的故障。某汽车制造企业在生产线上部署了 DeepSeek 设备故障预测系统，成功将设备故障率降低了 30%，减少了因设备故障导致的生产中断时间，提高了生产效率。在生产流程优化上，DeepSeek 通过对生产数据的深度分析，找出生产过程中的瓶颈环节和不合理之处，为企业提供优化建议。某电子产品制造企业利用 DeepSeek 优化生产流程后，生产周期缩短了 20%，生产成本降低了 15%，产品质量也得到了显著提升。同时，DeepSeek 还可以与物联网技术相结合，实现生产设备的智能化控制和协同作业，进一步提高生产的自动化和智能化水平。

市场营销创新

在市场营销领域，DeepSeek 为企业的精准营销和创意内容生成提供了有力支持。在精准营销方面，它能够对海量的市场数据和客户信息进行分析，帮助企业精准定位目标客户群体。通过对客户年龄、性别、地域、消费习惯等多维度数据的挖掘，企业可以制定更加个性化的营销策略，提高营销效果。某金融机构利用 DeepSeek 分析客户数据，将理财产品精准推荐给有需求的客户，营销转化率提高了 50%。在创意内容生成方面，DeepSeek 展现出了强大的创造力。它可以根据企业的品牌定位和营销目标，生成吸引人的广告文案、社交媒体内容等。某餐饮企业在推出新品时，利用 DeepSeek 生成了一系列有趣的社交媒体推广文案，吸引了大量用户的关注和讨论，新品的知名度和销量都得到了大幅提升。

企业落地 DeepSeek 的实施步骤

需求评估与场景规划

企业在引入 DeepSeek 之前，需进行全面且深入的需求评估。这需要跨部门的协作，业务部门要梳理核心业务流程，找出那些对效率提升、成本降低或创新发展有迫切需求的环节。例如在销售部门，分析客户线索转化、客户跟进效率等方面的痛点；生产部门则关注生产流程的优化、设备维护的及时性等问题。通过详细的业务梳理，确定哪些场景适合应用 DeepSeek。同时，结合企业的战略目标，判断 DeepSeek 的应用是否能助力企业在市场竞争中取得优势。比如企业计划拓展新市场，那么可以考虑利用 DeepSeek 进行市场调研数据的分析和目标客户群体的精准定位。

技术选型与架构搭建

根据需求评估的结果，企业要选择合适的 DeepSeek 模型版本。DeepSeek 有不同参数量的模型，如 1.5B、7B、14B、32B、70B、671B 等版本，每个版本在计算能力、存储需求和适用场景上都有所不同。如果是简单的文本分类、关键词提取等基础任务，1.5B—7B 模型即可胜任，它们对硬件要求较低，适合在移动端或边缘计算设备上运行。而对于代码生成、复杂推理、智能客服等专业级任务，则需要选择 14B 及以上的模型。在确定模型版本后，搭建技术架构。这包括选择合适的硬件设施，如服务器、GPU 等，以及部署相关的软件环境，如操作系统、深度学习框架等。对于数据量较大、对实时性要求较高的企业，还可以考虑采用分布式架构，以提高系统的处理能力和稳定性。

数据准备与治理

数据是 DeepSeek 发挥作用的关键，高质量的数据才能训练出高性能的模型。企业首先要收集与应用场景相关的数据，这些数据可以来自企业内部的业务系统、数据库，也可以是外部的市场数据、行业报告等。收集到数据后，进行数据清洗，去除重复、错误、缺失的数据，确保数据的准确性和完整性。接着进行数据标注，根据不同的任务，如文本分类标注类别标签、图像识别标注物体类别等，使数据具有可理解性和可用性。同时，建立完善的数据管理机制，保障数据的安全和隐私，对数据的访问、使用进行严格的权限控制，防止数据泄露。

模型训练与优化

利用准备好的数据对 DeepSeek 模型进行训练。如果企业的数据量较小，可以采用微调的方式，在预训练模型的基础上，使用企业的特定数据进行训练，这样可以节省时间和计算资源。在训练过程中，调整模型的超参数，如学习率、批量大小、训练轮数等，以提高模型的性能。通过交叉验证等方法评估模型的准确性、召回率、F1 值等指标，根据评估结果对模型进行优化。例如，如果模型在训练集上表现良好，但在测试集上效果不佳，可能存在过拟合问题，这时可以采用正则化、增加训练数据等方法来解决。

系统集成与上线

将训练好的 DeepSeek 模型集成到企业现有的系统中。这需要开发相应的接口和中间件，确保 DeepSeek 能够与企业的业务系统、数据库等进行无缝对接。在集成过程中，要进行充分的测试，包括功能测试、性能测试、安全测试等，确保系统的稳定性和可靠性。测试通过后，进行上线部署，可以采用逐步推广的方式，先在部分业务部门或业务场景中试点运行，收集用户反馈，及时解决出现的问题，然后再全面推广，实现 DeepSeek 在企业中的平稳上线。

落地过程中的挑战与应对策略

数据安全与隐私保护

在数据驱动的时代，数据安全与隐私保护至关重要。对于应用 DeepSeek 的企业而言，数据安全关乎企业的信誉和生存。一旦数据泄露，可能导致客户信息被滥用，企业面临法律诉讼和巨额赔偿，声誉也会严重受损。在金融领域，客户的账户信息、交易记录等都是高度敏感的数据。如果这些数据被泄露，不仅会使客户遭受经济损失，还会让金融机构失去客户的信任。

为应对这一挑战，企业可采取多种措施。在数据加密方面，使用先进的加密算法，如 AES（高级加密标准），对数据进行加密处理，确保数据在传输和存储过程中的安全性。即使数据被非法获取，没有正确的密钥也无法解密。在访问控制上，建立严格的权限管理体系，根据员工的职位和工作需要，分配不同的数据访问权限。只有经过授权的人员才能访问特定的数据，有效防止内部人员的非法访问。某企业通过设置多层访问权限，普通员工只能访问自己工作相关的数据，而管理层需要经过多重身份验证才能访问核心数据，大大降低了数据泄露的风险。

人才短缺与技能提升

随着人工智能技术的快速发展，对相关专业人才的需求也急剧增长。企业在应用 DeepSeek 时，面临着人才短缺的问题。一方面，具备深度学习、自然语言处理等专业知识的人才相对稀缺，企业难以招聘到合适的人才；另一方面，现有的员工可能缺乏相关的技能和知识，无法充分发挥 DeepSeek 的优势。某传统制造企业在引入 DeepSeek 进行生产流程优化时，发现内部员工对人工智能技术了解甚少，无法有效操作和维护相关系统，导致项目推进缓慢。

为解决人才短缺问题，企业可以从内部培训和外部招聘两方面入手。在内部培训上，制定系统的培训计划，邀请行业专家或培训机构，为员工提供深度学习、数据分析、模型优化等方面的培训课程。通过线上线下相结合的方式，让员工能够灵活学习。某企业定期组织内部培训课程，同时提供在线学习平台，员工可以根据自己的时间和进度学习人工智能相关知识，提升了员工的技能水平。在外部招聘方面，企业可以与高校、科研机构合作，建立人才输送渠道，吸引优秀的人工智能专业毕业生。还可以通过高薪、良好的工作环境和发展机会等方式，吸引有经验的人才加入。

成本控制与效益评估

应用 DeepSeek 涉及多方面的成本，包括硬件采购成本，如服务器、GPU 等设备的购买；软件授权费用，根据使用的 DeepSeek 模型版本和功能模块，可能需要支付一定的授权费用；数据标注和模型训练成本，高质量的数据标注需要投入人力和时间，模型训练也需要消耗大量的计算资源。这些成本如果控制不当，可能会给企业带来较大的经济压力。

在成本控制上，企业可以根据自身的业务需求和预算，合理选择硬件设备和软件版本。对于一些对计算能力要求不高的应用场景，可以选择性价比高的硬件设备，避免过度投入。在数据标注方面，采用半自动化的标注工具，提高标注效率，降低人工成本。在效益评估上，建立科学的评估指标体系，如投资回报率（ROI）、成本降低率、效率提升率等。通过对比应用 DeepSeek 前后的业务数据，评估其对企业的实际效益。某企业在应用 DeepSeek 优化客户服务后，通过计算客户满意度提升率、客服成本降低率等指标，发现客户满意度提升了 20%，客服成本降低了 30%，证明了 DeepSeek 的应用带来了显著的效益。

DeepSeek 引领企业智能化未来

DeepSeek 以其卓越的技术优势和广泛的应用场景，正逐渐成为企业智能化转型的核心力量。它不仅在当下为企业带来了效率的提升、成本的降低和创新能力的增强，更在未来展现出了无限的发展潜力。

从技术发展趋势来看，DeepSeek 将不断进化，其推理能力、多模态交互能力等将得到进一步提升。随着硬件技术的不断进步和算法的持续优化，DeepSeek 有望实现更高效的运算和更精准的分析，为企业提供更强大的决策支持。在未来的医疗领域，DeepSeek 或许能够通过对患者的基因数据、影像数据、临床数据等多模态信息的综合分析，实现更精准的疾病预测和个性化的治疗方案制定。

在应用场景拓展方面，DeepSeek 将深入渗透到更多的行业和业务环节。随着物联网、大数据等技术的发展，企业的生产、运营、管理等各个环节将产生海量的数据，DeepSeek 将能够对这些数据进行实时分析和处理，实现生产过程的全自动化控制、供应链的智能优化以及企业管理的智能化决策。在智能家居领域，DeepSeek 可以与各种智能设备连接，根据用户的生活习惯和实时需求，自动调节设备运行状态，提供更加便捷、舒适的生活体验。

从行业影响来看，DeepSeek 将推动整个行业的智能化变革。它将促使企业加大对人工智能技术的投入和应用，加速行业的数字化转型。同时，DeepSeek 的开源特性将促进全球范围内的技术创新和合作，形成一个更加开放、繁荣的人工智能生态系统。在这个生态系统中，企业、科研机构、开发者等各方将共同合作，不断探索 DeepSeek 的新应用和新价值，推动行业的持续发展。

DeepSeek 为企业的智能化发展带来了前所未有的机遇。企业应积极拥抱这一技术变革，充分利用 DeepSeek 的优势，实现自身的转型升级和创新发展。在未来的智能化时代，DeepSeek 将成为企业不可或缺的重要工具，引领企业走向更加辉煌的未来。

4. 赋能企业：解锁效果评估与持续迭代密码

深度融合：企业中的 DeepSeek 应用全景

在金融领域，DeepSeek 的应用正掀起一场智能化变革。以江苏银行为例，其依托"智慧小苏"大语言模型服务平台，顺利完成了 DeepSeek-VL2 多模态模型以及轻量 DeepSeek-R1 推理模型的部署与微调。在合同质检工作中，引入 DeepSeek 技术后，智能合同质检系统可以快速扫描合同内容，自动找出条款里的风险点和错误之处，大大缩短了质检所需的时间，提高了合同质检的效率与准确性，降低了潜在风险。不仅如此，在托管资产估值对账环节，通过运用 DeepSeek 技术实现了自动化处理，既减少了人工操作容易产生的误差，又极大地提高了业务处理的速度。此外，国信证券在多个业务场景中对 DeepSeek 模型进行了初步验证，结果显示，该模型在智能问答、投资顾问、个股分析等多个领域表现出色，对比上一代开源模型，展现出了更大的业务融合潜力，后续计划将其更广泛应用于金太阳 App、财富管理、投资银行、投研分析等核心的证券业务领域。

制造业也在借助 DeepSeek 实现从传统制造向智能制造的跨越。深圳坪山的永迦电子是一家提供智能终端、移动通信等产品生产及相关系统软件服务的国家高新技术企业。近段时间，永迦电子对 DeepSeek 进行本地化部署，用于软件辅助开发等。公司 IT 主管罗毅介绍："使用 DeepSeek 后，相当于多了一个 AI 软件开发工程师，可以辅助我们完成代码生成。"此外，公司还逐步安排 DeepSeek 对产品设计、工艺文件等环节进行深度学习。比亚迪在其智能化战略发布会上宣布，整车智能"璇玑架构"将全面接入 DeepSeek，提升车端和云端的 AI 能力，为汽车的智能化驾驶和用户体验带来新的突破。

能源行业同样积极拥抱 DeepSeek，推动行业的数智化跃迁。中国华能集团有限公司完成了 DeepSeek 系列模型的本地化部署，推出了"睿智小能"AI 助手，并与"iHN+"移动门户实现集成，为日常办公与管理赋能，实现了知识问答、公文拟稿、智能校对、文件解读、科研辅助等基础功能。在电力生产控制方面，将工业过程温度控制系统与 AI 助手相结合，保证温度精准控制与快速响应，并根据历史数据给出控制参数建议。南方电网利用 DeepSeek 优化电力调度，提升电网运行效率，为应对不断增长的用电需求与日益复杂的电力网络提供了高效的技术支持。

多维评估：量化 DeepSeek 应用成效

构建评估指标体系

企业在利用 DeepSeek 进行业务革新的过程中，构建全面且精准的评估指标体系是衡量其应用成效的关键。从业务效率提升维度来看，可设定任务处理时间缩短率、业务流程自动化覆盖率等指标。以金融行业的贷款审批流程为例，在引入 DeepSeek 之前，人工审批一笔贷款可能需要 3—5 个工作日，而借助 DeepSeek 的智能审批系统，能够快速分析客户的信用数据、财务状况等信息，将审批时间缩短至 1—2 个工作日，那么贷款审批时间缩短率就可作为一个重要的评估指标。

成本降低维度同样不容忽视，可考虑计算使用 DeepSeek 后人力成本的节省金额、硬件设备采购成本的减少幅度等。在一些制造业企业中，通过 DeepSeek 优化生产流程，减少了对人工巡检的依赖，从而降低了人力成本。同时，在供应链管理方面，利用 DeepSeek 进行需求预测，避免了库存积压，减少了库存管理成本。

质量改进方面，产品次品率、服务投诉率的变化是重要的评估依据。例如，在智能客服场景中，DeepSeek 能够快速准确地回答客户问题，有效降低了客户投诉率，提升了服务质量。

创新能力增强维度，则可以关注新业务模式的开发数量、产品创新周期的缩短程度等指标。一些科技企业借助 DeepSeek 开展研发工作，加速了新产品的开发进程，推出了更多具有创新性的产品和服务，满足了市场的多样化需求。

选择合适评估方法

基准测试是评估 DeepSeek 效果的基础方法之一，通过与行业内的标杆模型或企业自身的传统业务模式进行对比，直观地了解 DeepSeek 的优势与不足。例如，在图像识别领域，将 DeepSeek 与其他知名的图像识别模型进行对比，测试它们在相同数据集上的准确率、召回率等指标，从而判断 DeepSeek 在图像识别任务中的性能表现。

A/B 测试也是常用的方法，将用户随机分为两组，一组使用基于 DeepSeek 的服务或产品，另一组使用传统版本，通过对比两组用户的行为数据和反馈，评估 DeepSeek 对用户体验和业务指标的影响。某电商平台在推荐系统中进行 A/B 测试，A 组用户看到的是基于 DeepSeek 算法生成的商品推荐，B 组用户看到的是传统的热门商品推荐，经过一段时间的测试后，对比两组用户的购买转化率、浏览时长等指标，发现 A 组用户的购买转化率有显著提升，证明了 DeepSeek 在商品推荐方面的有效性。

用户反馈收集同样不可或缺，通过在线问卷、用户评论、客服反馈等渠道，收集用户对 DeepSeek 应用的直接感受和意见。这些反馈能够帮助企业发现一些量化指标难以体现的问题，如用户界面的友好性、回答内容的可理解性等。某智能教育产品在应用 DeepSeek 后，通过用户反馈发现部分学生对 AI 老师的讲解方式不太理解，企业据此对 DeepSeek 的回答策略进行了优化，提高了用户满意度。在实际应用中，企业应综合运用这些评估方法，从多个角度全面评估 DeepSeek 的效果。

建立评估流程

为了确保评估工作的规范化和常态化，企业需要制定定期评估计划。可以根据业务的特点和需求，设定每周、每月或每季度的评估周期。例如，对于业务变化较快的互联网企业，可能每周进行一次小范围的评估，每月进行一次全面的评估；而对于传统制造业企业，每季度进行一次评估可能更为合适。

明确数据收集、分析、报告的流程和责任人至关重要。在数据收集环节，应由相关业务部门负责收集与评估指标相关的数据，如销售部门收集销售数据，客服部门收集客户投诉数据等。数据收集完成后，交由数据分析团队进行清洗、整理和分析，运用统计学方法和数据挖掘技术，提取有价值的信息。最后，由专业的报告撰写人员根据数据分析结果，撰写详细的评估报告，向企业管理层和相关部门汇报。在整个评估流程中，要建立严格的质量控制机制，确保数据的准确性和评估结果的可靠性。同时，根据评估结果及时调整 DeepSeek 的应用策略和参数设置，实现持续优化。

持续进化：驱动 DeepSeek 迭代升级

基于反馈优化模型

在 DeepSeek 的应用过程中，评估结果和用户反馈是推动模型持续优化的关键动力。企业应建立高效的反馈收集机制，从多个维度获取信息。对于智能客服场景中 DeepSeek 的应用，企业可以通过分析用户与客服的对话记录，提取用户对回答内容的满意度评价、问题解决的成功率等数据。如果发现用户频繁对某些类型问题的回答不满意，或者问题解决率较低，就需要对模型进行针对性调整。

在模型优化技术层面，可采用迁移学习和增量学习等方法。迁移学习能让 DeepSeek 利用在其他相关任务上的学习成果，快速适应新的任务需求。当企业将 DeepSeek 从通用的文本分类任务应用到特定领域的文本分类时，通过迁移学习，可以避免在新领域从头开始训练，节省大量的时间和计算资源。增量学习则允许模型在不断接收新数据的过程中持续学习和改进，确保模型始终保持对最新数据的适应性。以新闻推荐系统为例，随着新闻事件的不断更新，增量学习能使 DeepSeek 根据新的新闻数据，及时调整推荐策略，为用户提供更符合当下热点和兴趣的新闻推荐。

技术融合创新

将 DeepSeek 与区块链技术融合，能够为数据安全和可信计算带来新的解决方案。在医疗数据共享领域，区块链的去中心化和不可篡改特性，可确保患者的医疗数据在共享过程中的安全性和完整性。DeepSeek 可以对加密后的医疗数据进行分析，挖掘其中的潜在价值，如疾病预测、药物研发等。同时，利用区块链的智能合约，能够实现数据访问权限的精准控制和数据使用的可追溯性，保护患者的隐私权益。

DeepSeek 与物联网的结合，将开启万物智能互联的新时代。在智能家居系统中，通过将 DeepSeek 集成到智能家电和家居设备中，实现设备之间的智能交互和协同工作。用户可以通过语音指令，让 DeepSeek 控制灯光、调节温度、查询设备状态等。此外，在工业物联网中，DeepSeek 能够对设备运行数据进行实时分析，实现设备的故障预测和预防性维护，提高生产效率和设备可靠性。

人才培养与组织变革

培养既懂业务又懂 AI 技术的复合型人才，是企业充分发挥 DeepSeek 价值的关键。企业可以与高校、科研机构合作，开展定制化的人才培养项目。为计算机科学专业的学生提供企业实际业务场景下的 AI 项目实践机会，让他们在学习理论知识的同时，积累实际应用经验。同时，企业内部也应加强培训体系建设，为员工提供深度学习、数据分析、自然语言处理等相关技术的培训课程，鼓励员工自主学习和探索新技术在业务中的应用。

为了适应 DeepSeek 等 AI 技术带来的变革，企业在组织架构和管理模式上需要做出相应调整。可以建立跨职能的 AI 项目团队，由业务专家、数据科学家、工程师等不同专业背景的人员组成，打破部门之间的壁垒，实现高效的沟通与协作。在管理模式上，采用敏捷管理方法，能够快速响应市场变化和技术发展，及时调整项目方向和策略。某互联网企业在引入 DeepSeek 进行内容推荐系统优化时，成立了专门的 AI 项目团队，通过敏捷管理，快速迭代推荐算法，使推荐的准确率和用户点击率得到了显著提升。

第十章
个人如何利用 DeepSeek 实现流量变现

1. 开启个人数据价值的宝藏钥匙

个人数据价值挖掘的重要性

在数字化时代，我们每个人都在不知不觉中产生着大量的数据。这些数据如同散落的珍珠，蕴含着巨大的价值，等待我们去发现和串联。从日常的消费记录、社交互动，到工作中的项目成果、学习轨迹，每一个数据点都反映了我们生活、工作和兴趣的某一侧面。

个人数据对于职业发展有着不可忽视的作用。通过分析工作中的数据，如项目完成时间、工作效率、客户反馈等，我们可以精准地定位自己的优势与不足。比如，一位从事销售工作的人员，通过分析自己每月的销售数据，发现自己在与某类客户沟通时成功率较高，那么就可以进一步挖掘这类客户的特点，优化销售策略，提高销售业绩。再如，一个程序员通过分析自己代码的错误率、开发周期等数据，能够有针对性地提升自己的编程技能，从而在职业晋升中更具竞争力。

在投资领域，个人数据同样是宝贵的资源。个人的财务状况、消费习惯、风险承受能力等数据，是制定合理投资计划的基础。例如，通过分析自己过去一年的收支数据，明确每月的结余情况，再结合对市场趋势的研究，就能更好地决定将资金投入到股票、基金还是债券等不同领域，实现资产的稳健增长。

个人数据还能助力我们的生活规划。通过分析健康数据，如运动步数、睡眠质量、心率等，我们可以了解自己的身体状况，制定更科学的健身和作息计划。又或者，分析自己的旅行数据，了解自己喜欢的旅游目的地、出行方式等，为下一次旅行做好更完美的安排。

面对如此庞大且复杂的个人数据，仅靠人工分析往往力不从心，这就凸显了利用专业工具进行数据价值挖掘的必要性。DeepSeek 等工具的出现，为我们提供了高效、智能的解决方案，让我们能够轻松驾驭数据，释放数据的潜在价值。

数据挖掘：精准定位信息

DeepSeek 就像是一位不知疲倦的信息猎手，能在浩如烟海的数据世界里，精准地为我们找到所需的内容。无论是探索创业的新机遇、了解市场的动态，还是满足个人的兴趣爱好，它都能成为得力助手。

比如，你正考虑开启一份副业，却苦恼于不知从何下手。这时，只需在 DeepSeek 中输入"适合上班族的兼职副业""低成本创业项目"等关键词，它便能迅速从互联网的各个角落搜集相关信息，为你列出当下热门的兼职领域，如线上家教、自媒体创作、电商代发等，还会提供这些项目的详细介绍、所需的技能以及潜在收益。它还能根据你的个人情况，如时间、资金、技能等，筛选出最适合你的选项，为你提供精准的创业线索，让你在众多选择中不再迷茫。

再如，你对摄影艺术充满热爱，想要深入学习摄影技巧。在 DeepSeek 中输入"摄影构图技巧""不同场景的摄影参数设置"等问题，它会为你呈现来自专业摄影师的教程、摄影论坛的讨论精华及各种实用的摄影资源，帮助你快速提升摄影水平。

智能分析：数据可视化与洞察

仅仅获取数据还不够，更重要的是理解数据背后的含义。DeepSeek 具备强大的智能分析功能，能够将复杂的数据转化为直观易懂的图表，让数据"开口说话"。

以个人消费数据为例，我们日常的消费记录看似杂乱无章，但通过 DeepSeek 的分析，就能清晰地展现出其中的规律。你只需将消费账单数据导入 DeepSeek，它便能生成各种图表，如月度消费柱状图，直观地展示每个月的消费总额变化；消费类别饼图，清晰呈现饮食、购物、娱乐等各项支出的占比情况。通过这些图表，你可能会惊讶地发现，自己在咖啡、奶茶等饮品上的花费远超预期，或者在冲动消费上浪费了不少金钱。这样一来，你就能有针对性地调整消费习惯，制订更合理的预算计划，实现财富的有效积累。

在工作中，DeepSeek 的智能分析同样能发挥巨大作用。比如，一名销售人员可以将自己的销售数据，包括销售额、客户数量、销售渠道等，交给 DeepSeek 进行分析。它会生成销售趋势折线图、客户地域分布地图等，帮助销售人员了解销售业绩的变化趋势，找出最具潜力的客户群体和销售渠道，从而优化销售策略，提高销售效率。

趋势预测：提前布局未来

DeepSeek 还拥有一项令人惊叹的能力——趋势预测。它基于对历史数据的深度学习和对当前趋势的敏锐洞察，能够预测未来的发展方向，为我们的决策提供前瞻性的参考。

在职业规划方面，如果你正处于职业选择的十字路口，对未来的职业发展感到迷茫。DeepSeek 可以通过分析行业发展数据、市场需求变化以及技术创新趋势，预测哪些行业将迎来快速发展，哪些职业技能将变得更为稀缺。比如，它可能会预测在未来几年，人工智能、新能源、健康医疗等领域将持续火热，相关专业人才的需求会大幅增长。基于这些预测，你可以提前学习相关知识和技能，提升自己在职场上的竞争力，为未来的职业发展做好充分准备。

在投资领域，趋势预测更是至关重要。DeepSeek 可以分析股票、基金、债券等各类投资产品的历史数据，结合宏观经济形势、政策变化等因素，预测市场的走势。例如，它通过对历史数据和当前市场动态的分析，预测某只股票在未来一段时间内可能会上涨，那么投资者就可以根据这一预测，提前布局，买入该股票，从而获得潜在的收益。

数据安全与隐私保护

在使用 DeepSeek 挖掘个人数据价值的过程中，数据安全与隐私保护是不容忽视的重要环节。我们要时刻牢记，个人数据是我们的宝贵资产，一旦泄露，可能会给我们带来诸多麻烦，如个人信息被滥用、遭受诈骗等。

在输入数据时，务必避免使用敏感信息进行分析。比如，身份证号、银行卡号、密码等关键信息，绝对不能轻易输入到 DeepSeek 中。即便是在进行消费数据分析时，涉及银行卡交易明细等敏感内容，也应先进行脱敏处理，去除可能暴露个人身份和财务状况的关键信息后，再交给 DeepSeek 分析。

同时，要仔细阅读 DeepSeek 的隐私政策，了解它对用户数据的收集、存储、使用和共享规则。选择那些在数据安全方面有良好口碑和严格保护措施的平台，如对数据进行加密传输和存储，严格限制数据访问权限，只有经过授权的人员才能接触到用户数据，并且对数据访问进行详细审计，确保数据的安全性。如果对隐私政策中的某些条款存在疑问，或者发现平台存在数据安全隐患，应及时停止使用，并向相关平台反馈。

优化使用技巧

想要让 DeepSeek 更好地为我们服务，掌握一些优化使用技巧是必不可少的。精准表述问题是获取准确答案的关键。在提问时，要尽可能详细、具体地描述自己的需求，避免模糊不清的表述。比如，不要简单地问"给我推荐一些投资产品"，而是要明确自己的投资目标、风险承受能力、投资期限等信息，像"我有 50 万元闲置资金，计划进行为期三年的稳健型投资，希望年化收益率在 5%—8% 之间，有哪些适合的投资产品可以推荐"，这样 DeepSeek 就能更精准地理解你的意图，给出更符合你需求的投资建议。

合理利用高级搜索功能也能大大提高我们的使用效率。DeepSeek 支持布尔逻辑运算符，如"AND""OR""NOT"。

通过这些运算符，我们可以更精确地筛选信息。比如，当你想了解关于人工智能在医疗领域的应用，但又不想看到关于人工智能在药物研发方面的内容时，就可以输入"人工智能 AND 医疗 NOT 药物研发"，这样 DeepSeek 就能快速为你筛选出符合条件的信息。此外，还可以利用通配符来进行模糊搜索，*( )可以代表任意字符，比如你想查找关于"大数据技术"的相关内容，DeepSeek 就会搜索出包含"大数据分析技术""大数据存储技术"等相关结果。

在使用 DeepSeek 进行数据分析时，还可以尝试不同的分析模型和算法，找到最适合自己数据和需求的方式。同时，要善于利用 DeepSeek 的可视化功能，将复杂的数据以直观的图表形式呈现出来，帮助我们更好地理解数据背后的规律和趋势。

在这个数据驱动的时代，个人数据价值的挖掘已成为我们实现自我提升、职业发展和财富增长的关键路径。DeepSeek 作为一款强大的智能工具，以其精准的数据挖掘、深入的智能分析和前瞻性的趋势预测能力，为我们开启了一扇通往数据宝藏的大门。

通过前面的案例和方法介绍，我们看到了 DeepSeek 在个人生活和工作中的巨大潜力。它不仅帮助我们在茫茫数据海洋中找到方向，更能让我们从数据中获取深刻的洞察，做出更明智的决策。无论是寻找副业机会、优化投资理财，还是规划个人发展，DeepSeek 都能成为我们可靠的伙伴。

然而，我们也要清醒地认识到，工具只是辅助，真正的价值在于我们如何运用它。在享受 DeepSeek 带来的便利和机遇时，我们不能忽视数据安全和隐私保护，要始终保持警惕，确保个人数据的安全。同时，我们也要不断学习和探索，掌握更多的使用技巧，让 DeepSeek 更好地为我们服务。

2. 自媒体创作的"超级外挂"

在自媒体领域，内容创作与推荐始终是两大核心要素，直接关系到创作者的影响力与收益。如今，随着人工智能技术的飞速发展，DeepSeek 横空出世，为自媒体创作者带来了前所未有的机遇。它就像是一把万能钥匙，能够开启自媒体创作与推荐的全新大门，无论是初出茅庐的新手，还是经验丰富的资深博主，都能从中受益。

DeepSeek 拥有强大的自然语言处理能力与智能算法，这使其在自媒体内容创作与推荐方面展现出独特的优势。它能够深入理解创作者输入的指令，快速生成高质量、富有创意的内容，涵盖文章、脚本、文案等多种形式。而且，借助对海量数据的分析，DeepSeek 还能精准把握用户的兴趣偏好和行为习惯，为创作者提供个性化的推荐策略，让优质内容得以精准触达目标受众，大大提高内容的曝光度与传播效果。

在自媒体的创作道路上，众多创作者都面临着一系列的挑战，这些痛点如同拦路虎，阻碍着他们的发展。

选题难是首先面临的问题。在信息爆炸的时代，要从海量的信息中挖掘出新颖、独特且符合受众兴趣的选题，犹如大海捞针。创作者们常常绞尽脑汁，却依然难以找到那个能引发广泛关注的话题。以科技领域为例，每天都有新的技术、产品发布，但要从中选取一个既能体现自身特色，又能吸引读者的选题，并非易事。有时，好不容易想到一个自认为不错的选题，却发现已经被众多同行捷足先登，竞争压力巨大。

内容质量不高也是普遍存在的问题。许多创作者由于缺乏专业知识、写作技巧或时间精力，导致产出的内容平淡无奇、缺乏深度，难以满足读者日益增长的阅读需求。比如，一些生活类自媒体账号，发布的内容多是流水账式的记录，没有提供任何有价值的信息或观点，自然难以获得读者的青睐。此外，部分创作者为了追求速度和数量，不惜抄袭、搬运他人的作品，这种行为不仅损害了原创作者的权益，也破坏了自媒体行业的生态环境。

　　缺乏互动同样让创作者们头疼不已。他们精心创作的内容发布后，往往得不到读者的回应，评论区冷冷清清，点赞、转发量寥寥无几。这不仅打击了创作者的积极性，也使得他们难以了解读者的需求和反馈，无法针对性地优化内容。例如，一些美食博主分享了自己的烹饪心得和食谱，但读者却没有任何互动，博主就无法知道自己的内容是否对读者有帮助，也不知道该如何改进。

DeepSeek 功能全解析
精准选题：挖掘爆款密码

　　在自媒体创作中，选题是至关重要的第一步。一个好的选题，就像是一把钥匙，能够打开读者的兴趣之门，让你的内容在众多信息中脱颖而出。DeepSeek 在选题方面拥有强大的功能，能够帮助创作者轻松挖掘爆款选题的密码。

　　它可以通过对海量数据的分析，深入了解当前的热点趋势和用户的兴趣偏好。比如，当某个明星的新剧热播时，DeepSeek 能迅速捕捉到这一热点，并结合用户在社交媒体上的讨论内容，分析出观众对该剧的关注点，如剧情走向、演员演技、服装道具等。创作者可以根据这些分析结果，生成与之相关的选题，如"从'明星新剧'看当下电视剧的剧情创新点""'明星新剧'中演员的演技大剖析"等。这样的选题既紧跟热点，又能满足用户的好奇心，具有很高的传播潜力。

此外，DeepSeek 还能从用户的痛点出发，挖掘出具有价值的选题。以健康养生领域为例，很多人都关注如何缓解工作压力、改善睡眠质量等问题。创作者可以向 DeepSeek 输入相关指令，如"列出与缓解工作压力相关的用户痛点，并生成对应的选题"，DeepSeek 便会根据用户在各类平台上的反馈和提问，生成一系列选题建议，如"上班族必知的 5 种缓解工作压力的方法""长期失眠？这几个改善睡眠的小妙招一定要知道"等。这些选题直接针对用户的痛点，能够引起用户的共鸣，吸引他们的关注。

高效内容生成：灵感源源不断

确定好选题后，接下来就是内容创作了。对于很多创作者来说，内容创作往往是一个耗时费力的过程，常常会遇到灵感枯竭、思路受阻的情况。而 DeepSeek 的出现，为创作者们带来了福音，它能够快速生成文章大纲和内容，让灵感源源不断。

当你输入一个选题后，DeepSeek 可以在短时间内为你生成一个逻辑清晰、结构完整的文章大纲。以"人工智能在教育领域的应用"这一选题为例，DeepSeek 生成的大纲可能包括人工智能在教育领域的应用现状、优势、面临的挑战以及未来发展趋势等几个部分，每个部分还会列出具体的要点和论据。有了这样一个大纲，创作者就有了一个清晰的写作思路，能够更加高效地组织内容。

在生成具体内容时，DeepSeek 同样表现出色。你只需向它提供一些关键信息和要求，它就能根据这些信息生成相应的内容。比如，你可以输入"请为'人工智能在教育领域的应用'这一主题生成一段介绍人工智能在教学方法创新方面的内容，要求结合具体案例"，DeepSeek 便会生成一段包含具体案例的内容，如"人工智能技术的发展为教学方法带来了创新。例如，某在线教育平台利用人工智能算法，根据学生的学习进度和答题情况，为每个学生量身定制个性化的学习计划。学生在学习过程中遇到问题时，智能辅导系统会及时给予解答和指导，大大提高了学习效率和学习效果"。

为了获得更好的内容生成效果，创作者还可以掌握一些使用指令的技巧。比如，在指令中明确内容的风格、字数要求、语言特点等。如果你希望生成的内容具有幽默风趣的风格，可以在指令中加上"语言幽默风趣"的要求；如果你需要生成一篇 800 字左右的文章，可以在指令中注明"字数控制在 800 字左右"。这样，DeepSeek 就能根据你的具体要求，生成更加符合你期望的内容。

内容优化：打造精品之作

生成内容只是第一步，要想让内容真正吸引读者，还需要进行优化。DeepSeek 在内容优化方面也有着强大的功能，能够帮助创作者打造精品之作。

它可以对生成的内容进行润色，使语言更加流畅、生动、富有表现力。比如，对于一些平淡无奇的表述，DeepSeek 会给出更加形象、贴切的词汇和表达方式。将"他跑得很快"优化为"他如离弦之箭般飞速奔跑"，让句子更加生动形象。同时，DeepSeek 还能检查内容中的语法错误，确保内容的准确性和规范性。无论是错别字、语病还是标点符号的使用错误，DeepSeek 都能一一识别并给出修改建议。

在逻辑优化方面，DeepSeek 同样发挥着重要作用。它可以帮助创作者梳理内容的逻辑结构，使文章的层次更加分明、条理更加清晰。比如，对于一些逻辑混乱的段落，DeepSeek 会分析其问题所在，并给出调整建议，帮助创作者重新组织段落内容，使段落之间的过渡更加自然。例如，在一篇关于科技产品评测的文章中，原段落可能在介绍产品功能时，顺序混乱，缺乏条理。DeepSeek会建议按照产品的主要功能、次要功能、特色功能等进行分类介绍，使读者能够更加清晰地了解产品的特点和优势。

为了更直观地感受 DeepSeek 在内容优化方面的效果，我们来看一个对比案例。以下是一段未经优化的内容："这款手机的拍照功能很好，它的像素很高，拍出来的照片很清晰。而且它还有很多拍照模式，能满足不同场景的需求。"经过 DeepSeek 优化后，内容变为："这款手机的拍照功能堪称卓越，搭载了高像素镜头，能够捕捉到每一个细微的瞬间，拍出的照片清晰度令人惊叹。不仅如此，它还配备了丰富多样的拍照模式，无论是风景、人像还是夜景，都能轻松应对，满足用户在各种场景下的拍摄需求，为用户带来极致的拍摄体验。"可以明显看出，优化后的内容在语言表达和逻辑结构上都有了很大的提升，更能吸引读者的关注。

个性化推荐：找到目标受众

在自媒体时代，内容的传播至关重要。即使你创作了优质的内容，如果不能精准地推送给目标受众，也很难获得广泛的关注。DeepSeek 依据用户画像和兴趣标签，能够实现个性化推荐，帮助创作者找到目标受众，提升内容的曝光度。

它会通过对用户在平台上的行为数据进行分析，如浏览历史、点赞、评论、收藏等，构建用户画像，了解用户的兴趣爱好、年龄、性别、地域等信息。然后，根据这些用户画像，为用户打上相应的兴趣标签，如科技爱好者、美食达人、旅游爱好者等。当创作者发布内容后，DeepSeek 会根据内容的主题和关键词，以及用户的兴趣标签，将内容精准地推荐给可能感兴趣的用户。比如，一篇关于最新智能手机发布的文章，DeepSeek会将其推荐给那些被打上"科技爱好者"标签的用户，这些用户对科技产品有着浓厚的兴趣，更有可能点击阅读这篇文章。

通过个性化推荐，不仅能够提高内容的点击率和阅读量，还能增强用户与创作者之间的互动。当用户看到自己感兴趣的内容时，他们更有可能进行点赞、评论和转发，从而扩大内容的传播范围。同时，创作者也能通过用户的互动反馈，更好地了解用户的需求和喜好，进一步优化自己的创作内容和推荐策略。

多平台适配：一文多发不是梦

在如今的自媒体环境下，创作者往往需要在多个平台上发布内容，以扩大自己的影响力。然而，不同平台的特点和要求各不相同，这就需要创作者对内容进行调整和优化，以适应不同平台的风格和格式。DeepSeek能够帮助创作者轻松实现多平台适配，让一文多发不再是梦。

对于文字风格，不同平台有着不同的偏好。比如，小红书平台的内容风格通常更加活泼、口语化，且会大量使用emoji表情来增强表达效果；而知乎平台则更注重内容的专业性和深度，语言表达较为严谨。DeepSeek可以根据不同平台的风格要求，对内容进行改写。当你需要将一篇文章发布到小红书时，你可以输入指令"将以下内容改写为小红书风格，加入emoji表情和网络热梗"，DeepSeek便会按照小红书的风格特点，对内容进行改写，使其更符合小红书用户的阅读习惯。

在格式方面，不同平台也有不同的要求。比如，公众号文章通常需要有清晰的段落结构、合适的配图和排版；微博则对字数有限制，且需要使用话题标签来提高内容的曝光度。DeepSeek可以根据这些平台的格式要求，对内容进行调整。它可以帮助创作者自动生成符合公众号排版要求的格式，包括段落划分、小标题设置、图片插入等；也可以将文章内容精简到适合微博发布的字数，并添加相关的话题标签。

通过 DeepSeek 的多平台适配功能，创作者可以节省大量的时间和精力，无需为每个平台单独创作内容，只需在生成内容后，根据不同平台的要求进行简单调整，就可以将内容发布到多个平台上，实现内容的最大化传播。

操作指南：上手 DeepSeek

对于想要利用 DeepSeek 进行自媒体创作与推荐的创作者来说，快速上手是关键。下面为大家详细介绍注册与使用 DeepSeek 的步骤，以及使用过程中的注意事项。

注册步骤

官网注册：打开你常用的浏览器，在搜索引擎中输入"DeepSeek 官网"，找到官方网站并点击进入。在官网首页，通常可以看到"注册"按钮，点击该按钮进入注册页面。你可以选择使用手机号、邮箱或第三方账号（如微信等）进行注册。若选择手机号注册，输入国内有效的手机号码，点击"获取验证码"，手机将收到短信验证码，填写验证码并设置包含字母、数字和特殊字符的高强度密码，点击"注册"即可完成注册。如果使用邮箱注册，填入有效邮箱地址，设置密码后点击"获取验证码"，系统会向你的邮箱发送验证码，登录邮箱查收邮件，将验证码填入对应位置，最后点击"注册"完成注册流程。

App注册：如果你想在手机上使用DeepSeek，也可以通过App进行注册。安卓手机用户可打开手机上的应用商店（如华为应用市场、小米应用商店等），在搜索框中输入"DeepSeek"，点击搜索，在搜索结果中找到DeepSeek应用，点击"安装"按钮，等待安装完成。安装完成后，打开应用，按照提示进行注册，注册方式与官网注册类似，可选择手机号、邮箱或第三方账号登录。苹果手机用户则打开App Store，在搜索栏中输入"DeepSeek"，点击搜索，找到应用后点击"获取"按钮，首次下载可能需要输入Apple ID密码进行验证，验证通过后等待下载安装完成，安装好后打开应用完成注册。

使用步骤

打开DeepSeek：完成注册后，你可以通过官网网页版或手机App打开DeepSeek。在网页版中，登录账号后即可进入操作界面；在App中，点击应用图标，输入账号密码登录后进入。

选择功能模块：DeepSeek的操作界面通常会有清晰的功能分区，如选题模块、内容生成模块、内容优化模块、推荐分析模块等。根据你的创作需求，点击相应的功能模块进入。比如，如果你想进行选题策划，就点击"选题"模块；若要生成内容，点击"内容生成"模块。

输入指令与信息：进入相应功能模块后，在输入框中输入你的指令和相关信息。在选题模块中，你可以输入热点关键词、领域范围等，如"近期科技领域热点选题""美食类热门选题"等；在内容生成模块中，输入选题和具体要求，如"以'智能家居的发展趋势'为主题，生成一篇1000字左右的文章，语言通俗易懂"。

获取结果并调整：DeepSeek会根据你的输入，快速生成相应的结果。如在选题模块中，它会列出一系列相关的选题建议；在内容生成模块中，会生成文章大纲和内容。你可以对生成的结果进行查看和评估，如果不满意，可以根据结果中的问题或不足，调整输入的指令和信息，再次生成，直到获得满意的结果。

应用结果到创作中：将 DeepSeek 生成的选题、内容大纲、优化后的内容等，应用到你的自媒体创作中。比如，根据选题建议确定创作方向，按照内容大纲撰写文章，将优化后的内容发布到自媒体平台上。同时，关注 DeepSeek 提供的个性化推荐策略，根据推荐结果调整发布时间、推广渠道等，以提高内容的传播效果。

注意事项

(1)指令准确性：在使用 DeepSeek 时，输入的指令要尽量准确、清晰、具体，避免模糊不清或过于宽泛的指令。"写一篇文章"这样的指令过于模糊，DeepSeek 可能无法准确理解你的需求，而"以'人工智能在医疗领域的应用'为主题，写一篇 800—1000 字的科普文章，包含具体案例和发展趋势分析"这样的指令则更加明确，能让 DeepSeek 生成更符合你期望的内容。

(2)信息核实：虽然 DeepSeek 具有强大的语言处理能力，但它生成的内容可能存在一定的局限性或错误。对于一些重要的信息、数据、观点等，一定要进行核实，确保内容的准确性和可靠性。在涉及医学、法律、金融等专业领域的内容时，不能完全依赖 DeepSeek 生成的内容，最好咨询专业人士或查阅权威资料。

(3)隐私与安全：注意保护个人隐私和信息安全，不要在 DeepSeek 中输入身份证号、银行卡号、密码、验证码等敏感信息。同时，也要关注 DeepSeek 的隐私政策，了解平台如何收集、使用和保护你的数据。

(4)合理使用：DeepSeek 是一个辅助创作的工具，不能替代创作者的思考和创意。在使用过程中，要充分发挥自己的主观能动性，结合 DeepSeek 提供的内容，进行二次创作和优化，加入自己的观点、经验和特色，使内容更具个性和价值。

随着 DeepSeek 等 AI 技术的不断发展和完善，自媒体行业的未来充满了无限的可能性。在内容创作方面，AI 将进一步提升创作的效率和质量，为创作者提供更多的创意和灵感。除了已经具备的功能，未来的 AI 或许能够根据创作者的情感和心境，生成与之相契合的内容，让作品更具感染力。当创作者心情愉悦时，AI 可以生成轻松欢快的文章；当创作者心情低落时，AI 能生成富有慰藉和鼓励的文字。

在内容推荐方面，AI 将实现更加精准的个性化推荐，让每一个用户都能在海量的信息中快速找到自己感兴趣的内容。通过对用户行为数据的深度分析，AI 不仅能了解用户当前的兴趣，还能预测用户未来的兴趣趋势，提前为用户推荐相关内容。如果一个用户近期频繁关注旅游类内容，AI 可能会预测到他有出行计划，从而为他推荐旅游目的地攻略、机票酒店预订信息等。

对于自媒体创作者来说，拥抱 AI 技术是顺应时代发展的必然选择。我们要积极学习和掌握 AI 工具的使用方法，充分发挥 AI 的优势，提升自己的创作能力和竞争力。同时，也要保持清醒的头脑，认识到 AI 只是一个工具，不能替代人类的创造力和情感表达。在利用 AI 的过程中，要注重发挥自己的主观能动性，加入自己的思考、观点和情感，创作出更具个性和价值的内容。

在未来的自媒体发展道路上，AI 将与创作者携手共进，共同创造更加精彩的内容世界。让我们以开放的心态迎接 AI 时代的到来，借助 DeepSeek 等 AI 技术的力量，在自媒体领域实现自己的梦想，书写属于自己的辉煌篇章。

3. 财富密码：普通人知识变现实战攻略

在当今这个科技飞速发展的时代，人工智能无疑是最具热度与潜力的领域之一。而 DeepSeek 作为其中的佼佼者，正以其强大的功能和广泛的应用，吸引着全球的目光。从科研领域的深度探索，到日常生活的便捷辅助，DeepSeek 的身影无处不在。它不仅推动了科技的进步，更为个人带来了前所未有的机遇——利用 DeepSeek 进行知识付费与技能变现，开启属于自己的财富增长之路。

实操指南：多种变现路径全解析
知识付费课程开发

在知识付费的广阔天地里，课程开发是个人实现技能变现的重要途径之一。

首先，课程主题定位至关重要。我们需要深入剖析自身专长，找到那些独特且具有价值的知识领域。比如，如果你在职场中积累了丰富的项目管理经验，对如何高效协调团队、把控项目进度有着独到的见解，那么"职场项目管理实战技巧"就可能是一个极具吸引力的课程主题。同时，密切关注市场需求也是关键。通过对各类职场平台的数据分析，我们发现众多职场新人渴望提升自己的项目管理能力，以在竞争激烈的职场中脱颖而出。这就表明，此类课程有着广阔的市场空间。

当确定了课程主题后，DeepSeek便成了我们创作内容的得力助手。以"职场项目管理实战技巧"课程为例，我们可以向DeepSeek输入指令："生成一份关于职场项目管理实战技巧课程的大纲，要求涵盖项目启动、规划、执行、监控和收尾等各个阶段，每个阶段需包含关键知识点和实用案例。"DeepSeek迅速响应，生成了一份详细的大纲，不仅清晰地梳理了各个阶段的核心内容，还为每个知识点搭配了生动的案例，如某知名企业项目因前期规划不当而导致失败的案例，以及某创业团队通过高效项目管理实现快速发展的成功故事。在填充内容时，DeepSeek同样表现出色。对于项目规划阶段的"制定项目进度计划"这一知识点，我们向它询问："如何运用甘特图制定项目进度计划，有哪些常见问题及解决方法？"DeepSeek给出了全面而详细的解答，包括甘特图的绘制方法、关键路径的确定，以及在实际操作中可能遇到的资源冲突、任务延期等问题的解决策略。

完成课程内容创作后，课程包装与推广成为吸引学员的关键环节。我们可以聘请专业设计师，根据课程主题和目标受众的特点，设计出极具吸引力的课程封面。比如，对于"职场项目管理实战技巧"课程，封面采用简洁大气的设计风格，以商务蓝为主色调，搭配上一位自信的职场人士正在操作电脑制定项目计划的图片，突出课程的专业性和实用性。同时，精心撰写课程简介，用简洁明了的语言阐述课程的核心价值，如"本课程将带你深入了解职场项目管理的全流程，通过实战案例和实用技巧，助你迅速提升项目管理能力，成为职场中的项目管理高手。"在推广渠道方面，充分利用社交媒体平台，如微信公众号、微博、抖音等。在微信公众号上发布系列文章，介绍课程的亮点和核心知识点，吸引用户关注；在抖音上制作有趣的短视频，展示课程中的精彩片段，引导用户购买课程。

自媒体内容创作与流量变现

在自媒体蓬勃发展的时代，通过内容创作实现流量变现是众多创作者的梦想，而 DeepSeek 为这一梦想的实现提供了强大助力。

选择合适的自媒体平台和明确内容定位是踏上成功之路的第一步。如果你擅长用生动有趣的语言分享生活中的点滴感悟，且目标受众主要是年轻群体，那么小红书和抖音可能是不错的选择。小红书以图文笔记为主，适合分享美妆、时尚、生活方式等内容；抖音则以短视频为核心，能够通过生动的画面和有趣的音效吸引用户的注意力。确定内容方向时，结合自身兴趣和平台特点至关重要。比如，你对美食有着浓厚的兴趣，且善于制作精美的美食视频，那么在抖音上打造一个美食分享账号，专注于制作各类创意美食教程，将能吸引大量美食爱好者的关注。

在内容生产过程中，DeepSeek 展现出了惊人的效率和创造力。当我们需要创作一篇关于"夏日清爽饮品制作"的小红书笔记时，向 DeepSeek 输入指令："生成一篇小红书风格的夏日清爽饮品制作笔记，包含 3 种饮品的制作方法，文字风格活泼，需搭配 emoji 表情。"DeepSeek 瞬间生成了一篇精彩的笔记，详细介绍了西瓜冰沙、柠檬薄荷气泡水和芒果椰奶冻的制作步骤，文字中穿插着各种可爱的 emoji 表情，让人看了就忍不住想要动手尝试。在制作美食视频脚本时，DeepSeek 同样发挥了重要作用。对于"创意美食教程"系列视频，我们向它询问："生成一个制作巧克力熔岩蛋糕的视频脚本，包含食材准备、制作过程、成品展示等环节，每个环节需有详细的镜头描述和台词。"DeepSeek 生成的脚本不仅镜头切换流畅，台词生动有趣，还巧妙地融入了一些小技巧和注意事项，如如何控制烤箱温度以确保蛋糕内部熔岩效果最佳。

当积累了一定的流量后，如何实现流量转化与变现成为关键。广告分成是最常见的变现方式之一。以抖音为例，当账号达到一定的粉丝数量和播放量后，就可以申请开通星图任务，接受品牌方的广告投放。品牌方会根据视频的播放量、互动量等指标支付相应的广告费用。平台奖励也是一种重要的变现途径。一些自媒体平台会为优质创作者提供奖励，如小红书的创作者激励计划，根据创作者的内容质量、粉丝增长等情况给予一定的现金奖励。此外，付费会员、品牌合作等方式也能为创作者带来可观的收入。比如，创建一个美食付费会员社群，为会员提供独家的美食食谱、烹饪技巧分享，以及与美食达人互动的机会；与美食品牌合作，为其产品进行推广，获得合作费用。

自由职业服务拓展

在自由职业的领域中，个人凭借自身技能为客户提供服务，实现价值变现。而 DeepSeek 的出现，为自由职业者提升服务能力、拓展业务范围提供了新的机遇。

明确自身的技能方向是开展自由职业的基础。比如，如果你擅长文案写作，能够用生动的文字吸引读者的注意力，那么文案写作就是你的核心技能。在这个基础上，结合 DeepSeek 的强大功能，可以进一步提升服务水平。例如，在撰写产品推广文案时，向 DeepSeek 输入指令："以年轻女性为目标受众，撰写一篇关于某新款护肤品的推广文案，突出产品的保湿、美白功效，语言风格清新自然，富有感染力。"DeepSeek 生成的文案不仅精准地把握了目标受众的需求和喜好，还运用了丰富的修辞手法和生动的词汇，如"这款护肤品宛如肌肤的温柔呵护者，轻轻一抹，便能为肌肤注入源源不断的水分，让肌肤瞬间焕发出水润光泽；同时，它还蕴含着独特的美白成分，如同肌肤的美白精灵，逐渐淡化色斑，让肌肤变得白皙透亮。"这样的文案能够有效地吸引目标受众的关注，提高产品的推广效果。

有了技能和工具的支持，接下来就是获取客户和订单。猪八戒网、自由人协作平台等是自由职业者接单的重要渠道。在这些平台上，发布详细的服务介绍和个人案例，能够吸引客户的关注。以文案写作服务为例，在猪八戒网上发布服务时，详细介绍自己的写作经验、擅长的领域，如电商文案、品牌故事、公众号文章等，并附上之前撰写的优秀案例，让客户能够直观地了解你的写作水平。当接到订单后，利用 DeepSeek 高效完成任务。比如，客户要求撰写一篇关于某旅游目的地的宣传文案，向 DeepSeek 询问："生成一篇关于某旅游目的地的宣传文案，突出当地的自然风光、特色美食和民俗文化，语言风格热情洋溢，能够激发读者的旅游欲望。"DeepSeek 生成的文案为我们提供了丰富的素材和创意，在此基础上进行适当的修改和完善，就能快速交付一篇高质量的文案。

客户维护是自由职业者实现长期发展的关键。提供优质的服务，确保客户满意度是建立良好口碑的基础。在完成订单后，及时与客户沟通，了解客户的反馈意见，对文案进行必要的修改和完善。同时，定期向客户发送问候和优惠信息，保持与客户的良好关系。比如，在节假日向客户发送祝福短信，并附上一些写作服务的优惠套餐，吸引客户再次下单。通过良好的客户维护，不仅能够获得客户的长期合作，还能通过客户的口碑推荐获得更多的订单。

电商领域的应用与变现

在电商行业竞争日益激烈的今天，利用先进的技术提升运营效率和销售业绩成为商家的必然选择。DeepSeek 作为一款强大的人工智能工具，在电商领域有着广泛的应用，为个人实现电商变现提供了有力支持。

电商文案与营销策划是吸引消费者的关键环节。利用 DeepSeek 撰写产品描述，能够精准地突出产品的特点和优势。例如，对于一款智能手表，向 DeepSeek 输入指令："撰写一篇关于某智能手表的产品描述，突出其健康监测功能、时尚外观和长续航能力，语言简洁明了，能够吸引消费者购买。"DeepSeek 生成的产品描述详细介绍了智能手表的各项功能，如实时心率监测、睡眠监测、多种运动模式识别等，同时强调了其时尚的设计和长达一周的续航能力，让消费者能够快速了解产品的价值。在制定营销策略时，DeepSeek 也能提供有价值的建议。询问它："针对某智能手表，制定一份在社交媒体平台上的营销策略，包括目标受众、推广渠道、内容形式和互动活动等。"DeepSeek 会根据市场分析和用户行为数据，生成一份全面的营销策略，如针对年轻运动爱好者，选择抖音、小红书等社交媒体平台进行推广，制作有趣的短视频和精美的图文笔记，举办打卡挑战活动，吸引用户参与互动。

智能客服与售后支持是提升客户满意度的重要保障。借助 DeepSeek 实现智能客服，能够快速响应用户的咨询和问题。通过训练 DeepSeek 学习常见的问题和回答，它可以在用户咨询时自动给出准确的回复。例如，当用户询问某智能手表的功能时，DeepSeek 能够迅速回答，如"这款智能手表具有实时心率监测、睡眠监测、多种运动模式识别等功能，能够全方位关注您的健康状况"。同时，它还能根据用户的历史购买记录和浏览行为，提供个性化的推荐，如"您之前关注过运动类产品，我们这款智能手表非常适合运动爱好者，它的运动模式识别功能非常精准，能够满足您的运动需求"。这样的智能客服能够提升客户的购物体验，促进销售。

选品分析与供应链优化是电商运营的核心环节。通过 DeepSeek 分析市场数据，能够了解市场趋势和消费者需求，从而优化选品。例如，分析某电商平台上智能手表的销售数据，DeepSeek 可以发现哪些功能和款式的智能手表更受欢迎，如具有血压监测功能的智能手表销量增长迅速，圆形表盘的智能手表更受消费者青睐。根据这些分析结果，选择更符合市场需求的产品进行销售，能够提高销售业绩。在供应链优化方面，DeepSeek 可以帮助商家预测库存需求，避免库存积压或缺货问题。通过分析历史销售数据和市场趋势，它能够准确预测未来一段时间内某智能手表的销量，从而合理安排库存，降低成本。

在利用 DeepSeek 进行知识付费与技能变现的过程中，虽然充满了机遇，但也伴随着一些风险和挑战。了解并规避这些风险，能够让我们在这条道路上走得更加稳健。

内容质量把控

在知识付费的浪潮中，内容质量是决定成败的关键因素。随着市场的不断发展，知识付费课程和服务如雨后春笋般涌现，内容同质化问题日益严重。许多创作者为了追求短期利益，盲目跟风热门主题，导致市场上大量课程内容相似，缺乏独特性和深度。这样的课程难以吸引用户的关注，更难以赢得用户的长期信任和支持。

为了避免陷入内容同质化的困境，我们必须注重知识的深度和实用性。在确定课程主题时，要深入挖掘自己的独特见解和经验，找到那些能够真正解决用户痛点、满足用户需求的内容。例如，在创作职场技能类课程时，不仅要涵盖常见的职场技巧，还要结合实际案例，分享自己在应对复杂职场问题时的独特方法和策略。同时，不断学习和更新知识，保持对行业动态的敏锐洞察力，将最新的理念和方法融入课程中，使课程内容始终保持新鲜感和实用性。

法律合规问题

在知识付费与技能变现的过程中，法律合规问题不容忽视。随着知识产权保护意识的不断提高，以及相关法律法规的日益完善，对知识付费行业的监管也越来越严格。如果我们在创作和运营过程中忽视了法律合规问题，可能会面临侵权和纠纷的风险，不仅会给个人带来经济损失，还会损害个人的声誉和品牌形象。

知识产权是法律合规的重要方面。在创作课程和内容时，必须确保所有内容均为原创，或者已获得合法的授权使用。引用他人的观点、案例和数据时，要注明出处，避免抄袭和剽窃行为。同时，要注意保护自己的知识产权，及时对原创内容进行版权登记，防止他人侵权。在隐私保护方面，要妥善处理用户的个人信息，遵守相关的隐私政策和法律法规。在收集用户信息时，要明确告知用户信息的使用目的和范围，并获得用户的同意。对用户信息进行加密存储和传输，防止信息泄露。

市场竞争应对

知识付费与技能变现市场竞争激烈，要想在这个市场中脱颖而出，就必须不断创新，提升个人竞争力。随着越来越多的人涌入这个领域，市场竞争日益激烈，用户的选择也越来越多。如果我们不能及时跟上市场的变化，不断提升自己的竞争力，很容易被市场淘汰。

关注市场动态和竞争对手是提升竞争力的重要途径。定期分析市场数据，了解行业的发展趋势和用户需求的变化，及时调整自己的内容和服务策略。同时，研究竞争对手的优势和不足，学习他们的成功经验，避免犯同样的错误。在此基础上，不断创新，打造独特的个人品牌和竞争优势。可以通过创新内容形式、服务方式等，吸引用户的关注。例如，除了传统的视频课程和文字内容，还可以尝试采用直播、互动式教学等新颖的形式，提升用户的学习体验。

开启 DeepSeek 变现之旅

在这个充满机遇与挑战的时代，DeepSeek 为我们提供了一个全新的舞台，让我们能够将知识与技能转化为实实在在的财富。通过知识付费课程开发、自媒体内容创作、自由职业服务拓展以及电商领域的应用，我们可以开启属于自己的变现之旅。当然，在这个过程中，我们也要时刻警惕内容质量、法律合规和市场竞争等方面的风险，确保自己的变现之路稳健前行。

成功的案例已经为我们指明了方向，他们的经验值得我们借鉴和学习。但每个人的道路都是独特的，需要我们根据自身的情况和优势，探索出适合自己的变现方式。DeepSeek 就像是一把神奇的钥匙，为我们打开了知识付费与技能变现的大门。现在，行动的号角已经吹响，让我们勇敢地迈出第一步，抓住这个时代赋予的机遇，用 DeepSeek 书写属于自己的财富传奇。

4. 个人品牌塑造与流量运营的破局密码

锚定独特坐标，精准定位

在这个信息爆炸的时代，想要在众多个人品牌中脱颖而出，精准定位是关键的第一步。DeepSeek 作为强大的智能助手，能为我们提供有力的数据支持与趋势洞察。

通过 DeepSeek 的数据分析功能，我们可以深入了解当前市场的需求状况。比如，在知识付费领域，若你对金融知识有深入研究，就可以借助 DeepSeek 分析当下大众对金融投资的关注点，是股票投资技巧、基金理财入门，还是新兴的数字货币领域？了解这些热门趋势后，再结合自身的专业优势，确定独特的品牌定位。

举个例子，如果你在量化投资方面有丰富的实践经验，而 DeepSeek 的数据显示，市场上对量化投资策略的系统讲解需求较大，且相关内容相对较少，那么你就可以将个人品牌定位为"量化投资专家"，专注于为投资者提供专业、系统的量化投资知识与策略分享。

内容创作，构建品牌基石

内容是个人品牌的核心，是与受众建立连接的桥梁。有了明确的定位后，如何高效地创作优质内容，DeepSeek 能发挥重要作用。

DeepSeek 具备强大的文本生成能力。当你确定了一篇文章的主题，比如"量化投资新手入门指南"，只需将主题和相关关键词输入 DeepSeek，它便能迅速生成文章框架。这个框架包含了文章的主要章节、每个章节的核心观点以及大致的论述方向，为你的创作提供清晰的思路。

在丰富文章内容时，DeepSeek 的"段落生成""案例补充"等功能更是大显身手。它可以根据你设定的主题和框架，生成具体的段落内容，还能从海量的信息中筛选出合适的案例，让文章更加生动、有说服力。例如，在讲解量化投资策略时，DeepSeek 可以提供实际的投资案例，分析策略在不同市场环境下的应用效果，帮助读者更好地理解和掌握。

此外，DeepSeek 的"语言润色"功能也不容忽视。它能够优化文章的语言表达，使语句更加通顺、自然，提升文章的可读性。通过不断地使用 DeepSeek 辅助创作，并结合自己的思考与见解，你能够持续输出高质量、专业性强且独具特色的内容，逐渐在目标受众中树立起专业的品牌形象。

形象塑造，打造品牌印记

一个鲜明、独特的视觉形象能让个人品牌更容易被记住，DeepSeek 在这方面同样可以提供助力。

在设计个人品牌 logo 时，你可以利用 DeepSeek 的图像生成功能。将你的品牌定位、社会主义核心价值观以及想要传达的形象特点告知 DeepSeek，它会根据这些信息生成多种 logo 设计方案。比如，作为"量化投资专家"，你希望 logo 体现出专业、精准、创新的特质，DeepSeek 可能会生成以金融图表元素为基础，结合简洁线条和科技感色彩的 logo 设计，供你选择和修改。

不仅如此，在制作海报、宣传图片等视觉素材时，DeepSeek 也能发挥作用。无论是用于线上社交媒体推广，还是线下活动宣传，DeepSeek 生成的高质量视觉素材都能有效提升品牌的辨识度和吸引力。通过这些精心设计的视觉形象，进一步强化个人品牌在受众心中的印象，让你的品牌在众多竞争对手中脱颖而出。

流量运营：开启流量密码

热点追踪，借势而起

在信息快速传播的时代，热点话题如同汹涌的浪潮，瞬间就能吸引海量的关注。巧妙地借助热点，能够让个人品牌的内容迅速获得曝光，吸引大量流量。而 DeepSeek 就像是一位敏锐的热点猎手，能帮助我们实时捕捉热点话题，并结合个人品牌进行内容创作。

以近期的科技热点事件为例，假设人工智能领域出现了一项重大突破，DeepSeek 可以通过对各大新闻平台、社交媒体的实时监测，快速获取这一热点信息。然后，作为"量化投资专家"的你，就可以利用 DeepSeek 分析这一热点与量化投资领域的关联。比如，探讨新的人工智能技术如何应用于量化投资策略的优化，是否会带来新的投资机会等。基于这些分析，你可以迅速创作一篇深度解读文章，如《人工智能新突破，为量化投资带来的变革与机遇》。

在文章中，运用 DeepSeek 生成相关的数据和案例，进一步阐述观点，增加文章的可信度和吸引力。通过及时发布这样与热点紧密结合的内容，借助热点的热度，吸引对量化投资和人工智能都感兴趣的用户关注，从而为个人品牌带来大量的流量。

平台运营，精准出击

如今的互联网平台众多，每个平台都有其独特的用户群体、内容风格和算法规则。要想在流量竞争中脱颖而出，就需要深入了解不同平台的特点，制定精准的运营策略，而 DeepSeek 可以在这方面提供有力的支持。

以微信公众号、微博和抖音这三个典型平台为例。微信公众号用户粘性较高，适合发布深度、专业的长文。在运营公众号时，你可以利用 DeepSeek 对过往文章数据进行分析，了解粉丝的阅读习惯和偏好，如他们更关注量化投资的哪个细分领域，喜欢在什么时间段阅读等。根据这些分析结果，使用 DeepSeek 创作更符合粉丝需求的内容，同时优化文章的排版和推送时间。

微博则以信息传播速度快、话题性强著称。在微博上，内容要简洁明了、吸睛度高，且善于利用话题标签。DeepSeek 可以帮助你生成热门话题标签，以及撰写简短而富有吸引力的微博文案。比如，结合量化投资的热点话题，使用 DeepSeek 生成类似"# 量化投资新趋势 # 揭秘最新量化策略，带你抓住投资机遇"这样的微博内容，吸引更多用户的关注和互动。

抖音是短视频的热门平台，以娱乐性和视觉冲击为主。对于量化投资领域的内容，如何将专业知识以生动有趣的短视频形式呈现是关键。DeepSeek 可以协助你生成短视频脚本，通过动画、案例演示等形式，将复杂的量化投资知识简单化、趣味化。同时，利用 DeepSeek 分析抖音平台上同类型优质视频的特点，如视频时长、音乐选择、拍摄手法等，优化自己的视频内容，提高曝光度。

互动营销，盘活流量

与用户保持良好的互动是提升用户黏性和转化率的重要手段。通过策划有趣的互动活动，能够增强用户对个人品牌的参与感和认同感，让流量真正活起来。DeepSeek 在互动活动策划方面同样能发挥重要作用。

比如，你可以利用 DeepSeek 策划一场"量化投资策略模拟大赛"。首先，通过 DeepSeek 设计大赛的规则和流程，包括如何模拟投资操作、如何计算收益、比赛的时间周期等。然后，使用 DeepSeek 生成宣传文案和海报，在各大平台进行推广，吸引用户参与。

在比赛过程中，利用 DeepSeek 实时跟踪用户的操作数据和反馈，及时解答用户的疑问，提供投资策略建议。比赛结束后，借助 DeepSeek 分析参赛用户的行为数据，了解他们对量化投资的理解程度和需求，为后续的内容创作和服务优化提供依据。

此外，还可以通过 DeepSeek 开展问答、抽奖等互动活动。例如，定期发布一些量化投资相关的问题，让用户在评论区留言回答，使用 DeepSeek 筛选出优质回答，并为回答者送上小礼品。通过这些互动活动，不仅能够增强与用户的互动，还能进一步提升个人品牌在用户心中的形象，促进流量的转化。

持续进阶：在竞争中脱颖而出

在个人品牌打造与流量运营的道路上，持续学习和优化是保持竞争力的关键。随着市场环境的不断变化和用户需求的日益多样化，只有不断进步，才能在激烈的竞争中脱颖而出。而 DeepSeek 作为强大的智能工具，在这一持续进阶的过程中，能够为我们提供全方位的支持。

深度数据分析，洞察运营奥秘

数据分析是优化运营策略的基础，DeepSeek 具备强大的数据分析能力，能够帮助我们深入挖掘数据背后的价值。通过对网站流量、社交媒体互动数据、用户行为数据等多维度数据的分析，我们可以清晰地了解用户的兴趣偏好、行为习惯以及对不同内容的反馈。

以网站流量分析为例，DeepSeek 可以详细统计不同来源的流量占比，如搜索引擎、社交媒体、直接访问等，帮助我们确定哪些渠道的引流效果最佳。同时，它还能分析用户在网站上的浏览路径、停留时间、跳出率等指标，了解用户对不同页面内容的关注度和兴趣点。如果发现某个页面的跳出率过高，我们可以借助 DeepSeek 进一步分析原因，是页面加载速度过慢，还是内容与用户预期不符，从而有针对性地进行优化。

在社交媒体平台上，DeepSeek 可以分析粉丝的增长趋势、互动率、点赞、评论和转发的分布情况等。通过这些数据，我们可以了解粉丝对不同类型内容的喜好程度，以及在什么时间段发布内容能够获得更高的互动。例如，如果数据分析显示粉丝在晚上8—10 点之间对短视频内容的互动率最高，我们就可以调整内容发布计划，在这个时间段发布更多优质短视频，提高内容的曝光度和影响力。

策略优化调整，精准匹配需求

基于 DeepSeek 的数据分析结果，我们能够及时调整个人品牌打造和流量运营策略，使其更加精准地匹配用户需求和市场变化。

在个人品牌定位方面，如果数据分析发现目标受众对某个新的细分领域表现出浓厚兴趣，我们可以在原有品牌定位的基础上，适当拓展相关内容，满足用户的新需求。比如，作为"量化投资专家"，如果发现用户对量化投资与人工智能结合的领域关注度不断上升，我们可以利用 DeepSeek 深入研究这一领域，创作相关的深度文章、视频等内容，进一步丰富个人品牌的内涵，吸引更多潜在用户的关注。

在内容创作策略上，根据 DeepSeek 分析出的用户兴趣偏好和热门话题趋势，我们可以调整内容选题和创作方向。如果数据显示用户对实际投资案例分析的需求较大，我们可以增加这方面的内容创作，利用 DeepSeek 收集更多真实、典型的投资案例，为用户提供更具参考价值的内容。同时，根据用户对内容形式的反馈，如更喜欢图文并茂的文章还是生动有趣的短视频，我们可以灵活调整内容呈现形式，提高用户的阅读体验和满意度。

在流量运营策略上，根据不同平台的数据分析结果，我们可以优化推广策略和资源投入。如果某个平台的流量转化率较低，我们可以通过 DeepSeek 分析原因，是平台选择不当，还是运营策略存在问题。如果是平台选择问题，我们可以考虑调整平台布局，将更多资源投入转化率高的平台；如果是运营策略问题，我们可以根据数据分析结果，优化内容发布时间、频率、互动方式等，提高平台运营效果。

个人品牌的打造和流量运营是一个不断发展的过程，持续学习和创新是保持领先地位的关键。DeepSeek 不仅是我们优化运营策略的工具，更是我们获取新知识、新技能的重要渠道。

通过 DeepSeek，我们可以关注行业最新动态、前沿技术和热门趋势，不断学习和掌握新的知识和技能。例如，在数字营销领域，新的营销技术和工具不断涌现，如人工智能营销、短视频营销、直播营销等。我们可以利用 DeepSeek 了解这些新技术、新工具的应用方法和优势，结合个人品牌的特点，将其应用到实际运营中，创新营销方式和手段，提升品牌的竞争力。

同时，我们还可以借助 DeepSeek 与同行、专家进行交流和学习，分享经验和见解。通过参与行业论坛、在线社区等活动，我们可以了解其他优秀个人品牌的成功经验和运营策略，从中汲取灵感，发现自身的不足之处，不断改进和完善自己的品牌和运营策略。

此外，持续创新也是个人品牌在竞争中脱颖而出的关键。我们可以利用 DeepSeek 的创新思维激发功能，探索新的内容形式、互动方式和商业模式。例如，尝试将虚拟现实（VR）、增强现实（AR）等技术应用到内容创作中，为用户带来全新的体验；开展线上线下相结合的互动活动，扩大品牌的影响力和覆盖面；探索多元化的商业模式，如知识付费、品牌合作、电商带货等，实现个人品牌的商业价值最大化。

5. 高效提示词编写指南

开启与 DeepSeek 的高效对话

在人工智能飞速发展的当下，DeepSeek 作为一款备受瞩目的语言模型，正以其强大的语言理解与生成能力，为我们的生活和工作带来诸多便利。从日常问题解答到复杂任务处理，DeepSeek 都展现出了巨大的潜力。然而，要想充分发挥 DeepSeek 的优势，让它精准地理解我们的需求并给出满意的答案，编写高效实用的提示词至关重要。提示词就像是我们与 DeepSeek 沟通的"密码"，恰当的提示词能够引导 DeepSeek 沿着我们期望的方向进行思考和输出，从而实现更加高效、精准的交互。接下来，就让我们一同深入探索编写高效实用提示词的奥秘，开启与 DeepSeek 的高效对话之旅。

清晰性：精准对焦你的需求

明确目标的力量

在与 DeepSeek 交互时，明确目标是编写有效提示词的基石。当我们向 DeepSeek 提出问题或请求时，目标越明确，它就越能理解我们的意图，从而生成更具针对性的回答。

以撰写一篇文案为例，如果我们仅仅输入"写一篇文案"，这样的提示词过于宽泛，DeepSeek 无法确定文案的主题、受众、风格以及具体用途等关键信息，可能会给出一个通用性很强但缺乏实际价值的回复。比如，它可能会生成一段关于产品推广的通用话术，却没有考虑到产品的独特卖点、目标客户群体的喜好以及推广渠道的特点。

相反，如果我们将提示词改为"为一款面向年轻女性的保湿面膜撰写小红书推广文案，文案要突出面膜的保湿效果、天然成分，使用轻松活泼的语言风格，包含使用感受和产品推荐语，字数控制在 300 字左右"，这个提示词明确了产品信息（面向年轻女性的保湿面膜）、推广平台（小红书）、重点突出内容（保湿效果、天然成分）、语言风格（轻松活泼）以及字数要求。DeepSeek 基于这些明确的指令，能够生成一篇贴合小红书平台调性、吸引目标受众的推广文案。比如："宝子们，今天一定要给你们分享我最近挖到的宝藏保湿面膜！'品牌名' 保湿面膜，用完真的感觉皮肤喝饱了水！它的成分都是天然的，用起来超安心～我每次敷完，都感觉皮肤像剥了壳的鸡蛋一样嫩滑，后续上妆也超级服帖，完全不会卡粉！家人们真的可以试试，保准你们会爱上！"

避免歧义的技巧

在日常语言交流中，我们常常会使用一些模糊、容易产生歧义的表述,而这些表述在与 DeepSeek 交互时可能会导致理解偏差,影响生成结果的准确性。因此,学会消除歧义,让提示词表意唯一,是编写高效实用提示词的关键技巧之一。

例如,"帮我找一些关于苹果的资料",这里的"苹果"既可以指水果苹果,也可以指苹果公司,DeepSeek 在处理这个提示词时就会陷入困惑,不知道用户具体想要哪方面的资料。为了避免这种歧义,我们可以将提示词改为"帮我找一些关于水果苹果的营养价值和种植方法的资料"或者"帮我找一些关于苹果公司近五年的产品发布和市场策略的资料",这样就能明确表达我们的需求,让 DeepSeek 准确地获取相关信息。

再比如,"给我推荐一些好看的书",这个表述同样存在歧义,"好看"的定义因人而异,可能是指内容精彩,也可能是指装帧精美,或者是指畅销热门。我们可以将其细化为"给我推荐一些豆瓣评分在 8 分以上,情节跌宕起伏,适合上班族在闲暇时间阅读的小说",通过明确评分标准、书籍类型和受众群体,消除了歧义,使 DeepSeek 能够精准地推荐符合要求的书籍。

结构化:搭建逻辑的桥梁

分级与步骤引导

当面对复杂的任务或问题时,将提示词进行结构化处理,能够让 DeepSeek 更清晰地理解任务的层次和逻辑,从而有条不紊地生成准确的回答。使用分级的 Markdown 提示词和"第一步、第二步…"这类提示词,是实现结构化的有效方式。

分级的 Markdown 提示词,如"# 一级标题""## 二级标题""### 三级标题"等,能够帮助我们清晰地划分任务的不同部分和层次。在向 DeepSeek 询问关于某个复杂主题的知识时，我们可以使用 Markdown 提示词来组织问题。以"人工智能在医疗领域的应用"为例，我们可以这样编写提示词：

1. 诊断辅助

列举人工智能在疾病诊断方面的具体应用场景。

分析人工智能如何提高诊断的准确性和效率。

2. 药物研发

阐述人工智能在药物研发过程中的作用，如靶点发现、药物设计等。

探讨人工智能如何加速药物研发的进程。

3. 医疗影像分析

介绍人工智能在医疗影像（如 X 光、CT、MRI 等）分析中的应用。

说明人工智能对医疗影像分析带来的变革和挑战。

通过这样的分级提示词，DeepSeek 能够明确我们的需求是从多个方面深入了解人工智能在医疗领域的应用，它会按照我们设定的结构，分别针对每个部分进行详细的阐述和分析，使生成的回答更具逻辑性和条理性。

"第一步、第二步…"这类提示词则能够引导 DeepSeek 按照特定的步骤进行思考和推理，适用于需要按流程进行的任务。在让 DeepSeek 帮助我们制定学习计划时，我们可以使用如下提示词：

第一步，分析我目前的学习水平和知识储备，包括我擅长的科目和薄弱的科目。

第二步，根据我的学习目标，如通过某个考试或掌握某项技能，制定具体的学习目标和指标。

第三步，将学习内容分解为具体的模块和知识点，并为每个模块安排合理的学习时间。

第四步，制定每周和每天的学习计划，包括学习的时间、地点和学习方式。

第五步，列出可能遇到的困难和问题，并提供相应的解决方案和建议。

这种步骤式的提示词能够让 DeepSeek 按照我们设定的流程，逐步生成详细的学习计划，避免出现遗漏或混乱的情况。

流程式提示词示例

在实际应用中，结构化的流程式提示词能够在许多场景下发挥重要作用。下面为大家提供一些常见场景下的结构化提示词示例：

写项目策划书：

第一步，明确项目背景和目标，阐述项目发起的原因、要解决的问题以及预期达到的目标。

第二步，进行市场分析，包括目标市场的规模、需求、竞争状况等。

第三步，制定项目的具体实施方案，包括项目的时间安排、任务分配、资源需求等。

第四步，分析项目可能面临的风险和挑战，并提出相应的应对措施。

第五步，制定项目的预算和成本控制计划，包括各项费用的估算和成本控制的方法。

第六步，总结项目的主要内容和预期成果，强调项目的可行性和价值。

设计产品功能：

第一步，确定产品的目标用户群体，分析他们的需求、痛点和使用场景。

第二步，根据用户需求和产品定位，列出产品的核心功能和主要特点。

第三步，对每个功能进行详细地设计，包括功能的操作流程、界面布局、交互方式等。

第四步，考虑功能之间的关联和整合，确保产品的整体体验流畅。

第五步，进行功能的优先级排序，确定哪些功能是必须优先实现的，哪些是可以后续迭代的。

第六步，对设计好的功能进行评估和测试，收集反馈意见，进行优化和改进。

细节化：雕琢答案的精度

细节如何提升准确性

在与 DeepSeek 交互时，细节是提升答案准确性的关键因素。细节能够通过增加条件约束，让 DeepSeek 更精准地理解我们的需求，从而生成更符合期望的回答。当我们向 DeepSeek 提供的提示词缺乏细节时，它需要在庞大的知识体系和各种可能性中进行广泛的探索，这就容易导致注意力分散，生成的回答可能过于宽泛、缺乏针对性。而增加细节后，额外的约束条件能极大地压缩探索空间，使 DeepSeek 能够更快地聚焦于关键信息，砍掉不必要的长尾计算，从而提高答案的准确性。

比如，当我们询问"推荐一部电影"时，DeepSeek 可能会因为不知道我们的喜好类型、年代范围、导演偏好等信息，而随机推荐一部电影，这个推荐结果可能并不符合我们的期望。但如果我们将提示词改为"推荐一部 21 世纪以来由诺兰导演的，具有烧脑剧情的科幻电影"，这个提示词增加了时间范围（21 世纪以来）、导演信息（诺兰）以及电影类型和特点（科幻、烧脑剧情）等细节，DeepSeek 就能够根据这些明确的条件，精准地推荐出如《盗梦空间》这样符合要求的电影。

此外，细节还有可能激活模型的实例化记忆库，提升输出相关性。模型在训练过程中学习了大量的文本数据，这些数据形成了丰富的实例化记忆。当我们在提示词中提供具体的细节时，就有可能触发模型对相关实例的记忆，从而生成与我们需求更相关的内容。在询问关于旅游景点的信息时，如果我们能详细说明旅游的地点、时间、个人兴趣偏好等细节，DeepSeek 就能从记忆库中提取与之匹配的景点信息和旅游攻略，为我们提供更贴心、更实用的建议。

不同细节程度的对比

为了更直观地感受细节程度对 DeepSeek 输出结果的影响，我们通过以下几个示例进行对比。

抽象提示：写一篇文章。

当我们仅给出这样简单抽象的提示时，DeepSeek 由于缺乏具体的主题、内容方向、语言风格、受众等信息，只能生成一篇非常通用的文章框架。可能只是简单地阐述文章写作的一般步骤，如确定主题、收集素材、组织结构等，缺乏实质性的内容和针对性，无法满足我们实际的写作需求。

基础细节提示：以环保为主题，写一篇 800 字左右的议论文。

　　这个提示词增加了主题（环保）和文章体裁（议论文）、字数要求（800 字左右）等基础细节。DeepSeek 能够根据这些信息，围绕环保主题展开论述，提出一些关于环保的观点，如环境保护的重要性、当前环境面临的问题及解决措施等，并按照议论文的结构进行组织，生成一篇相对完整的议论文。但由于缺乏更深入的细节，如具体的环保案例、针对的环境问题类型（大气污染、水污染等）、期望的论证角度等，文章可能会显得比较宽泛，缺乏独特性和深度。

　　高级细节提示：以当前城市中日益严重的垃圾分类问题为切入点，结合具体城市（如上海）在垃圾分类推行过程中的成功经验和遇到的挑战，运用数据和实际案例进行论证，写一篇 1000—1200 字的议论文，语言风格严谨、逻辑清晰，面向政府环保部门工作人员，为其制定更有效的垃圾分类政策提供参考建议。

　　这个提示词包含了丰富的高级细节，明确了切入点（城市垃圾分类问题）、具体城市（上海）、实际情况（成功经验和挑战）、论证方式（数据和案例）、文章字数范围（1000—1200 字）、语言风格（严谨、逻辑清晰），以及受众（政府环保部门工作人员）和写作目的（提供政策参考建议）。基于这些详细的信息，DeepSeek 能够生成一篇高质量、极具针对性的议论文。它会深入分析上海垃圾分类的具体情况，引用相关数据和实际案例，如上海垃圾分类前后垃圾处理量的变化数据、某些社区在垃圾分类宣传和执行过程中的成功做法以及遇到的居民抵触情绪等问题，并从政府环保部门的角度出发，提出切实可行的政策建议，如加强宣传教育、完善分类设施、建立监督机制等。这样的文章能够真正满足政府环保部门工作人员在制定政策时的参考需求，体现出细节化提示词的强大作用。

实战演练：不同场景的提示词应用

内容创作场景

在内容创作领域，DeepSeek 能够成为我们的得力助手，为我们提供丰富的灵感和优质的内容。无论是写小说、诗歌还是文案，掌握合适的提示词编写思路至关重要。

当我们创作小说时，为了让 DeepSeek 生成更具个性和吸引力的内容，可以设定详细的故事背景、人物设定和情节走向。以创作一部古装武侠小说为例，我们可以这样编写提示词："创作一部以古代江湖为背景的武侠小说，故事发生在明朝末年，朝廷腐败，江湖动荡。主角是一位身世神秘的少年，他自幼被一位隐世高手收养，习得一身绝世武功。在一次偶然的机会中，主角得知自己的身世与一个江湖大秘密有关，为了探寻真相，他踏上了江湖之旅。在旅途中，他结识了一位聪明伶俐的女子和一位豪爽仗义的侠客，三人结伴而行，共同面对江湖中的各种挑战和阴谋。请着重描写主角在面对爱情、友情和江湖正义时的内心挣扎，以及他在武功修炼过程中的奇遇和突破。每章节结尾设置悬念，吸引读者继续阅读。"通过这样详细的提示词，DeepSeek 能够创作出情节跌宕起伏、人物形象鲜明的武侠小说，如第一章可能会描述主角在小镇上初露锋芒，击退了一群恶霸，引起了神秘女子的注意，而结尾则留下悬念，暗示主角的身世秘密即将浮出水面。

对于诗歌创作，我们可以通过描述诗歌的主题、情感、意象和韵律要求来引导 DeepSeek。比如，"以'春天的思念'为主题，创作一首现代诗，要运用丰富的自然意象，如花朵、微风、溪流等，表达出对远方爱人的深深思念之情。诗歌的语言要优美、抒情，富有节奏感，可以适当押韵。"基于这个提示词，DeepSeek 可能会创作出这样的诗歌："在春天的花海中徘徊，微风轻拂着我的发丝，那是你温柔的抚摸吗？ 我在思念里迷失。 溪流潺潺，诉说着寂寞，花朵绽放，却无人共赏，远方的你，是否也在牵挂？这份思念，如春天般生长。"

在文案创作方面，根据不同的产品和推广平台，提示词也需要有所侧重。以撰写一款智能手表的抖音推广文案为例，提示词可以是："为一款具备健康监测、运动记录、智能提醒等功能的智能手表撰写抖音推广文案。文案要突出产品的时尚外观和强大功能，使用生动有趣、富有感染力的语言风格，结合抖音平台的特点，融入热门话题和梗，吸引用户的关注和兴趣。可以采用故事性的叙述方式，讲述用户在使用智能手表过程中的真实体验和改变，最后引导用户点赞、评论和购买。"按照这样的提示词，DeepSeek生成的文案可能会以一个热爱运动的年轻人的一天为主线，描述他如何通过智能手表更好地管理自己的运动和健康，最后呼吁大家一起享受智能生活，购买这款智能手表。

问题解决场景

在工作和生活中，我们常常会遇到各种各样的问题，而DeepSeek可以帮助我们快速找到解决方案。在编写提示词时，我们需要清晰地描述问题的背景、现状和期望达到的目标，以便DeepSeek能够准确地分析问题并提供有效的建议。

在工作中，我们可能会遇到项目进度延误的问题。这时，我们可以向DeepSeek这样提问："我负责的一个项目原计划在一个月内完成，但目前已经过去两周，项目进度只完成了30%。主要原因是团队成员之间沟通不畅，任务分配不合理，部分成员对工作内容不熟悉。请分析当前项目存在的问题，并提出具体的解决方案，包括如何改善团队沟通、重新分配任务以及对不熟悉工作的成员进行培训，以确保项目能够按时完成。"DeepSeek 会根据这些信息，分析问题的关键所在，如沟通不畅可能是由于缺乏有效的沟通渠道和定期的沟通会议，任务分配不合理可能是没有充分考虑成员的技能和经验等。然后，它会提出相应的解决方案，如建立每日工作汇报制度和每周项目沟通会议，根据成员的技能和工作量重新分配任务，为不熟悉工作的成员安排导师进行一对一指导等。

在生活中，我们也会面临各种问题。比如，家里的宠物狗最近总是随地大小便，我们可以这样向 DeepSeek 寻求帮助："我养了一只三个月大的宠物狗，最近它总是在家里随地大小便，我已经尝试过引导它去指定的地点排便，但效果不佳。请问有什么有效的方法可以训练它养成良好的排便习惯？请提供具体的训练步骤和注意事项，以及一些可能导致它随地大小便的原因分析。"DeepSeek 会分析可能的原因，如小狗可能还没有完全理解主人的指令，或者家里的指定排便地点不够吸引它等。然后，它会给出详细的训练步骤，如在小狗饭后、睡醒后等容易排便的时间，将它带到指定地点，等待它排便，排便后给予奖励；如果它在其他地方排便，要及时清理并去除气味，避免它再次在那里排便。同时，还会提醒注意事项，如不要在小狗排便时打骂它，以免造成它的恐惧心理。

学习提升场景

在知识学习和技能提升方面，DeepSeek 也能为我们提供有力的支持。通过编写恰当的提示词，我们可以让 DeepSeek 帮助我们制定学习计划、解答疑惑、总结知识等。

当我们想要学习一门新的编程语言，如 Python 时，可以请

DeepSeek 帮忙制定学习计划："我是一名编程零基础的初学者，想要学习 Python 语言。请为我制定一个为期三个月的学习计划，将学习内容分为基础语法、数据结构与算法、Web 开发、数据分析等模块，每个模块安排合理的学习时间，并推荐一些适合初学者的学习资源，如书籍、在线课程等。同时，为每个学习阶段设置相应的实践项目，以巩固所学知识。"DeepSeek 会根据我们的需求，制定出详细的学习计划，如第一周学习 Python 的基本语法，包括变量、数据类型、运算符等，推荐《Python 基础教程》这本书和菜鸟教程网的在线课程，并设置实践项目，如编写一个简单的计算器程序。

在学习过程中，如果我们遇到了疑惑，也可以向 DeepSeek 请教。比如，在学习 Python 的函数时，对函数的参数传递不太理解，我们可以提问："在 Python 中，函数的参数传递方式有哪些？值传递和引用传递有什么区别？请用具体的代码示例进行解释，并说明在实际编程中如何正确使用不同的参数传递方式。"DeepSeek 会详细解释 Python 中函数参数传递的两种方式，通过代码示例展示值传递和引用传递的不同效果，如对于不可变对象（如整数、字符串），参数传递是值传递，函数内部对参数的修改不会影响外部变量；而对于可变对象（如列表、字典），参数传递是引用传递，函数内部对参数的修改会影响外部变量。同时，还会给出在实际编程中根据不同需求选择合适参数传递方式的建议。

此外，我们还可以利用 DeepSeek 对所学知识进行总结。例如，在学习完 Python 的数据分析模块后，我们可以让 DeepSeek 帮忙总结："请对 Python 中用于数据分析的常用库，如 Pandas、Numpy、Matplotlib 等进行总结，包括每个库的主要功能、常用函数和方法，以及它们在数据分析中的应用场景。以表格的形式呈现，方便对比和记忆。"DeepSeek 会生成一个详细的总结表格，将每个库的相关信息清晰地罗列出来，帮助我们更好地理解和记忆这些知识，为后续的数据分析工作打下坚实的基础。

优化与迭代：让提示词更完美
根据输出调整提示词

在与 DeepSeek 交互的过程中，我们可能会遇到初次输出结果不理想的情况。这时候，深入分析原因并针对性地修改提示词就显得尤为重要。导致输出结果不理想的原因有很多，可能是提示词不够清晰明确，使得 DeepSeek 对我们的意图理解出现偏差；也可能是缺乏关键信息，让 DeepSeek 在生成回答时无法获取足够的依据；还可能是任务本身过于复杂，而我们没有将其合理地拆解，导致 DeepSeek 难以全面、准确地回答。

当我们发现输出结果与预期不符时，首先要仔细对比输出内容和我们的需求，找出差异点。如果是因为提示词模糊导致的问题，我们可以进一步细化提示词，明确关键信息和要求。在询问关于旅游攻略的问题时，如果最初的提示词是"帮我制定一份去北京的旅游攻略"，得到的攻略可能过于笼统，没有考虑到我们的具体兴趣和时间安排。这时候，我们可以将提示词修改为"我计划在北京游玩 5 天，我对历史文化景点和美食非常感兴趣，每天预算 500 元，帮我制定一份详细的旅游攻略，包括每天的行程安排、景点介绍、交通方式和推荐的美食餐厅"。通过这样的细化，补充了游玩时间、兴趣偏好和预算等关键信息，让 DeepSeek 能够生成更符合我们需求的旅游攻略。

如果是因为任务复杂而导致输出不完整或不准确，我们可以尝试将任务进行分解，分步骤向 DeepSeek 提问。在让 DeepSeek 帮助我们完成一个大型项目策划时，一次性提出所有要求可能会让它难以应对。我们可以先询问项目的背景分析和目标设定，得到回复后，再进一步询问具体的实施方案和资源需求，最后询问风险评估和应对措施。通过这种分步骤的提问方式，引导 DeepSeek 逐步深入地思考和回答，从而得到更全面、更完善的项目策划方案。

多轮交互的技巧

在与 DeepSeek 的交互中，多轮交互是获取更优答案的重要方式。通过多轮交互，我们可以逐步补充信息，引导 DeepSeek 不断完善回答，使其更贴合我们的需求。

在多轮交互中，基于上一轮回答进行追问是非常关键的技巧。当 DeepSeek 给出一个回答后，我们可以根据这个回答中的信息和我们的进一步需求进行追问。在询问关于人工智能发展趋势的问题时，DeepSeek 可能会提到人工智能在医疗领域的应用将是一个重要趋势。这时候，我们可以追问"人工智能在医疗领域具体有哪些应用场景，它们目前的发展现状如何"，通过这样的追问，让 DeepSeek 对这个话题进行更深入的阐述。

此外，在多轮交互中，及时调整提示词也是必要的。随着交流的深入，我们可能会发现最初的提示词需要根据新的情况进行修改。在与 DeepSeek 讨论一个商业问题时，最初我们可能只关注市场推广方面的策略，但在交流过程中，我们意识到成本控制也非常重要。这时候，我们就需要调整提示词，将成本控制的相关内容加入进去，如"除了之前提到的市场推广策略，还请分析一下在成本控制方面我们可以采取哪些措施，以提高公司的盈利能力"。通过及时调整提示词，确保 DeepSeek 能够始终围绕我们不断变化的需求进行回答。

同时，在多轮交互中保持清晰的逻辑和连贯性也很重要。我们的每一次提问都应该与之前的内容相关联，避免跳跃性过大，让 DeepSeek 能够更好地理解我们的思路和需求。我们可以在追问时适当引用之前的回答内容，如"你之前提到人工智能在教育领域的应用可以提高学习效率，那么具体是通过哪些方式来实现的呢"，这样可以让 DeepSeek 清楚地知道我们的问题是基于之前的讨论展开的，从而给出更有针对性的回答。

持续提升交互能力

编写与 DeepSeek 交互的高效实用提示词，是我们充分发挥其强大功能的关键。通过明确清晰性、结构化、细节化等要点，我们能够让 DeepSeek 更准确地理解我们的需求，从而生成更符合期望的回答。在内容创作、问题解决、学习提升等不同场景中，运用合适的提示词策略，能够极大地提高我们的工作效率和学习效果。

同时，我们也要认识到，与 DeepSeek 的交互是一个不断优化和迭代的过程。当输出结果不理想时，我们要善于分析原因，及时调整提示词，通过多轮交互，逐步引导 DeepSeek 给出更优的答案。

未来，随着 DeepSeek 等语言模型的不断发展和完善，我们与它们的交互方式也将不断演进。希望大家能够持续实践，不断探索更高效的提示词编写方法，与 DeepSeek 建立更加默契、高效的沟通，让人工智能技术更好地为我们的生活和工作服务，共同开启智能交互的美好未来。

PART 05

第五篇

合规运营

第十一章
科技驱动，安全护航

1. 大模型发展浪潮与监管需求的涌现

近年来，大模型技术在全球范围内掀起了一场科技革命，中国也积极投身于这一浪潮之中，取得了令人瞩目的进展。大模型，作为人工智能领域的关键技术，凭借其强大的语言理解、生成和逻辑推理能力，正逐渐渗透到各个行业，成为推动产业升级和创新发展的重要力量。

在中国，大模型的发展呈现出蓬勃的态势。百度的文心一言、字节跳动的云雀模型等，不仅在技术层面上展现出了强大的实力，更在应用场景的拓展上取得了显著的成果。这些大模型在自然语言处理、图像识别、智能客服等领域发挥着重要作用，为企业提供了更加高效、智能的解决方案。

在金融领域，大模型被广泛应用于风险评估、投资决策、客户服务等方面。银行通过大模型对海量的金融数据进行分析，能够更准确地评估客户的信用风险，制定更加合理的投资策略。同时，智能客服的应用也大大提高了客户服务的效率和质量，为用户提供了更加便捷的金融服务体验。在医疗领域，大模型可以辅助医生进行疾病诊断、药物研发等工作。通过对大量的医疗数据进行学习和分析，大模型能够帮助医生更准确地判断病情，提供个性化的治疗方案。在药物研发方面，大模型可以加速药物分子的筛选和设计，缩短研发周期，降低研发成本。在教育领域，大模型为个性化学习提供了有力支持。通过对学生的学习数据进行分析，大模型能够了解学生的学习状况和需求，为学生提供个性化的学习资源和辅导，帮助学生提高学习效率和成绩。

　　然而，随着大模型的快速发展和广泛应用，一系列问题也逐渐浮出水面。数据隐私问题成为了人们关注的焦点。大模型的训练需要大量的数据，这些数据中可能包含用户的个人隐私信息。如果这些数据被泄露或滥用，将对用户的隐私安全造成严重威胁。例如，某些不法分子可能会利用大模型获取用户的敏感信息，进行诈骗、盗窃等违法犯罪活动。算法偏见也是一个不容忽视的问题。由于大模型的训练数据往往来自于现实世界，而现实世界中存在着各种偏见和不平等现象，这些偏见可能会被引入到算法中，导致大模型在决策过程中出现不公平的结果。比如，在招聘、贷款审批等场景中，算法偏见可能会导致某些群体受到不公平的对待，影响社会的公平正义。此外，大模型的技术滥用问题也日益严重。一些人可能会利用大模型生成虚假信息、进行网络攻击等，对社会稳定和国家安全构成威胁。例如，通过大模型生成虚假新闻、谣言，制造社会恐慌，破坏社会秩序。

　　面对这些问题，监管政策的出台显得尤为必要。监管政策的制定可以规范大模型的研发和应用，保障数据隐私和安全，防止算法偏见和技术滥用，维护社会的公平正义和稳定。正如交通规则的制定是为了保障道路交通安全一样，大模型监管政策的出台是为了确保大模型技术在健康、有序的轨道上发展，为社会带来更多的福祉。

中国大模型监管政策全景透视

《生成式人工智能服务管理暂行办法》核心解读

为了应对大模型发展带来的挑战，中国政府积极行动，出台了一系列监管政策。其中，《生成式人工智能服务管理暂行办法》（以下简称《办法》）于 2023 年 7 月 10 日发布，并于 8 月 15 日正式施行，成为我国大模型监管领域的重要法规。《办法》的出台，是我国在大模型监管方面的一次重要探索，旨在促进生成式人工智能的健康发展和规范应用，维护国家安全和社会公共利益，保护公民、法人和其他组织的合法权益。

《办法》坚持发展和安全并重、促进创新和依法治理相结合的原则。这一原则体现了我国在大模型监管方面的战略眼光，既鼓励大模型技术的创新发展，充分发挥其在推动经济社会发展中的积极作用，又强调安全和依法治理的重要性，确保大模型技术的应用符合法律法规和社会道德规范。在发展方面，《办法》鼓励生成式人工智能技术在各行业、各领域的创新应用，支持行业组织、企业、教育和科研机构等在技术创新、数据资源建设、转化应用、风险防范等方面开展协作，推动生成式人工智能基础设施和公共训练数据资源平台建设。在安全方面，《办法》对训练数据处理、生成式人工智能服务规范等做了相应要求，规定了安全评估、算法备案、投诉举报等配套制度，明确了法律责任和发现违法内容的处置措施。

《办法》采用包容审慎和分类分级监管的方式。包容审慎监管体现了对新兴技术的鼓励和支持，给予企业一定的创新空间，同时也要求企业自觉遵守法律法规和道德规范。分类分级监管则根据生成式人工智能应用的服务场景，对应用中可能出现的风险及影响从高到低进行排序，再根据不同风险等级划定不同的监管方式。这种监管方式更加科学合理，能够提高监管的针对性和有效性，确保监管资源的合理配置。

在数据处理方面，《办法》要求生成式人工智能服务提供者使用具有合法来源的数据和基础模型，涉及知识产权的，不得侵害他人依法享有的知识产权；涉及个人信息的，应当取得个人同意或者符合法律、行政法规规定的其他情形。同时，要采取有效措施提高训练数据质量，增强训练数据的真实性、准确性、客观性、多样性。在数据标注环节，提供者应当制定符合本办法要求的清晰、具体、可操作的标注规则，开展数据标注质量评估，抽样核验标注内容的准确性，对标注人员进行必要培训，提升尊法守法意识，监督指导标注人员规范开展标注工作。

在算法备案方面，提供者应当按照相关规定进行算法备案，公示算法的基本原理、运营机制、应用场景以及目的等关键信息，以便监管部门和公众能够清晰了解算法的运行逻辑和应用情况，从而对算法的安全性和合规性进行有效监督。

在服务规范方面，提供者应当依法承担网络信息内容生产者责任，履行网络信息安全义务。涉及个人信息的，依法承担个人信息处理者责任，履行个人信息保护义务。提供者应当与使用者签订服务协议，明确双方权利义务。要明确并公开其服务的适用人群、场合、用途，指导使用者科学理性认识和依法使用生成式人工智能技术，采取有效措施防范未成年人用户过度依赖或者沉迷生成式人工智能服务。对使用者的输入信息和使用记录应当依法履行保护义务，不得收集非必要个人信息，不得非法留存能够识别使用者身份的输入信息和使用记录，不得非法向他人提供使用者的输入信息和使用记录。同时，应当按照《互联网信息服务深度合成管理规定》对图片、视频等生成内容进行标识。

相关配套政策与地方举措协同

除了《生成式人工智能服务管理暂行办法》，我国还出台了一系列相关配套政策，与《办法》相互补充，共同构建起大模型监管的政策体系。国家互联网信息办公室发布的《互联网信息服务深度合成管理规定》（以下简称规定），对深度合成服务的管理做出了明确规定。深度合成技术作为生成式人工智能的重要组成部分，《规定》的出台为大模型在图像、视频等领域的应用提供了具体的监管依据。《规定》要求深度合成服务提供者落实信息安全主体责任，建立健全管理制度和技术保障措施，对使用者进行真实身份信息认证，加强深度合成内容管理，建立健全辟谣机制和申诉、投诉、举报机制。

在地方层面，北京、上海、深圳等地纷纷出台支持大模型发展与监管的政策，积极探索适合本地的监管模式，形成了上下协同的监管格局。北京市发布《加快建设具有全球影响力的人工智能创新策源地实施方案（2023—2025年）》，提出支持大模型技术攻关，推动国产人工智能芯片实现突破。方案明确了到2025年，北京市人工智能技术创新与产业发展进入新阶段的目标，人工智能核心产业规模达到3000亿元，持续保持10%以上增长，辐射产业规模超过1万亿元。同时，围绕算力、数据、模型、场景和监管五大方面提出了 21 条具体措施，为大模型的发展提供了有力的政策支持。

上海市出台《上海市推动人工智能大模型创新发展若干措施（2023—2025 年）》，明确对创新项目最高给予 1000 万元补贴，支持民营企业广泛参与数据、算力等人工智能基础设施建设。措施涵盖了从技术研发、产业应用到生态构建的多个方面，旨在打造具有国际影响力的人工智能大模型创新高地。

深圳市通过《加快推动人工智能高质量发展高水平应用行动方案（2023—2024 年）》，鼓励大模型研发和场景应用。行动方案从强化智能算力集群供给、增强关键核心技术与产品创新能力、提升产业集聚水平、打造全域全时场景应用、强化数据和人才要素供给、保障措施 6 个方面，提出了 18 项具体举措，推动人工智能在各行业的广泛应用。

这些地方政策的出台，充分体现了各地政府对大模型发展的重视和支持，同时也结合了本地的产业基础和发展需求，具有很强的针对性和可操作性。通过地方政府的积极探索和实践，为国家层面的监管政策提供了有益的经验借鉴，进一步完善了我国大模型监管的政策体系。

监管政策对大模型产业的深远影响
规范市场秩序，引导产业健康发展

监管政策为大模型市场设定了明确的规则和标准，对市场秩序的规范起到了关键作用。在《生成式人工智能服务管理暂行办法》等政策的约束下，数据造假、模型抄袭等不良竞争和非法行为得到了有效遏制。过去，一些企业为了追求短期利益，可能会在数据收集和标注过程中造假，或者抄袭他人的模型成果，这不仅破坏了市场的公平竞争环境，也阻碍了大模型技术的创新发展。例如，在某些大模型的训练数据中，可能存在数据重复、标注错误等问题，导致模型的准确性和可靠性受到影响。而现在，监管政策明确要求企业使用具有合法来源的数据和基础模型，对数据标注的质量也提出了严格要求，这使得企业不得不重视数据的真实性和可靠性，从而提高了整个行业的技术水平。

监管政策还对大模型的算法备案、服务规范等方面做出了详细规定，确保企业在合法合规的框架内开展业务。通过算法备案，监管部门可以对算法的基本原理、运营机制等进行监督，防止算法被滥用。在金融领域，大模型被用于风险评估和投资决策，如果算法存在偏见或漏洞，可能会导致不公平的金融决策，损害投资者的利益。而现在，通过算法备案和监管，这些风险得到了有效控制，保障了金融市场的稳定运行。在服务规范方面，政策要求企业明确服务的适用人群、场合、用途，指导使用者科学理性认识和依法使用大模型技术，这有助于提高用户对大模型服务的信任度，促进大模型市场的健康发展。

保障数据安全与用户权益

数据安全和用户权益保护是大模型监管政策的重要关注点。政策对数据隐私保护做出了严格规定，明确了数据收集、使用、存储的规范流程，防止数据泄露和滥用。在大模型的训练过程中，需要大量的数据作为支撑，这些数据中可能包含用户的个人隐私信息。如果数据安全得不到保障，用户的隐私就会面临泄露的风险。监管政策要求企业在收集数据时，必须取得用户的同意，并明确告知用户数据的使用目的和范围。在数据存储方面，企业需要采取加密、备份等措施，确保数据的安全性。例如，一些企业在收集用户数据时，可能会过度收集用户的敏感信息，或者将用户数据用于其他未经授权的目的。而现在，监管政策的出台使得这些行为得到了有效遏制，保护了用户的隐私权。

监管政策还保障了用户在使用大模型服务时的知情权、选择权和隐私权。企业需要与使用者签订服务协议，明确双方的权利、义务，让用户清楚了解大模型服务的功能、限制和风险。在算法透明度方面，政策要求企业对算法的运行逻辑和决策过程进行一定程度的披露，以便用户能够理解和监督。在智能客服场景中，用户可能会对大模型给出的回答产生疑问，此时企业需要提供相关的解释和说明，保障用户的知情权。同时，用户有权选择是否使用大模型服务，以及选择使用哪家企业的服务，这体现了用户的选择权。这些政策措施的实施，有效提升了用户对大模型技术的信任度，促进了大模型技术的广泛应用。

激励技术创新与合规发展

监管政策在规范大模型产业发展的同时，也为技术创新提供了有力的支持和引导。政策鼓励企业加大在大模型技术研发上的投入，推动自主创新。通过对研发创新的支持，如提供政策优惠、资金扶持等，激发了企业的创新活力。许多企业在监管政策的引导下，积极投入研发资源，致力于研发更安全、高效、可解释的大模型算法和技术。一些企业加大了在人工智能芯片、算法优化等方面的研发投入，取得了一系列技术突破，提高了大模型的性能和效率。

政策还引导企业在合规框架内进行创新，实现技术突破与风险防范的平衡。企业在追求技术创新的过程中，必须遵守相关的法律法规和监管要求，确保创新活动的安全性和可持续性。在大模型的应用创新方面，企业需要在保障数据安全和用户权益的前提下，探索新的应用场景和商业模式。在医疗领域，大模型可以辅助医生进行疾病诊断，但企业需要确保模型的准确性和可靠性，同时保护患者的隐私信息。这种合规与创新相结合的发展模式，有助于推动大模型技术的健康发展，使其更好地服务于社会经济的发展。

大模型监管政策的挑战与应对策略

监管面临的现实挑战

在大模型监管的实践过程中，诸多现实挑战亟待解决。首当其冲的便是技术的快速迭代。大模型技术日新月异，新的算法、架构和应用场景不断涌现。以 OpenAI 为例，其 GPT 系列模型的快速升级，从 GPT-3 到 GPT-4，展现出强大的技术进化能力。在 2023 年，GPT-4 在语言理解、逻辑推理和多模态处理等方面取得了显著突破，能够处理更复杂的任务，如复杂的数学问题、图像生成与理解等。这种快速的技术迭代使得监管政策难以迅速跟上步伐，监管部门往往在政策制定和更新过程中面临巨大压力，难以在技术创新与合规监管之间找到最佳平衡点。

模型的复杂性也是监管的一大难题。大模型通常具有庞大的参数规模和复杂的神经网络结构，其内部的运行机制犹如"黑箱"，难以被完全理解和解释。以谷歌的 BERT 模型和百度的文心一言为例，它们拥有数十亿甚至数万亿的参数，通过对海量数据的学习来实现各种任务。然而，这些模型在决策过程中，其内部的推理机制和数据依赖关系非常复杂，监管部门难以对其进行有效的监督和审查。这不仅增加了监管的技术难度，也使得在出现问题时，难以准确追溯责任和原因。

跨领域监管协调困难同样不容忽视。大模型广泛应用于金融、医疗、教育、交通等多个领域，不同领域的应用场景和风险特征各异，对监管的要求也不尽相同。在金融领域，大模型用于风险评估和投资决策，其准确性和可靠性直接关系到金融市场的稳定和投资者的利益，因此需要严格的风险管控和合规审查。而在医疗领域，大模型辅助医生进行疾病诊断和治疗方案制定，涉及患者的生命健康和隐私安全，对数据的安全性和模型的准确性要求极高。由于不同领域的监管标准和重点存在差异，监管部门之间的协调与合作面临挑战，容易出现监管重叠或监管空白的情况，影响监管的效果和效率。

应对挑战的可行策略

为了应对大模型监管中的挑战，建立动态监管机制至关重要。监管部门应密切关注大模型技术的发展动态和市场变化，及时调整监管政策和标准。通过建立专门的技术监测团队，实时跟踪大模型技术的最新进展，收集行业数据和市场反馈，为政策的动态调整提供依据。同时，利用大数据分析、人工智能等技术手段，对大模型的应用风险进行实时监测和预警，提前发现潜在的问题并采取相应的措施。

加强跨部门、跨领域的协同监管也是关键举措。建立由网信、科技、金融、医疗、教育等多部门组成的联合监管机制，明确各部门的职责和分工，加强部门之间的信息共享和沟通协作。在制定监管政策时，充分考虑不同领域的特点和需求，形成统一协调的监管标准和规范。针对大模型在金融和医疗领域的应用，网信部门负责监管数据安全和网络安全，金融部门负责监管金融风险和合规性，医疗部门负责监管医疗质量和患者权益保护，通过多部门的协同合作，实现对大模型应用的全面有效监管。

鼓励行业自律，发挥行业协会的作用同样不可或缺。行业协会可以组织企业共同制定行业规范和标准，引导企业自觉遵守法律法规和道德准则。通过开展行业培训、技术交流和自律检查等活动，提高企业的合规意识和技术水平。中国人工智能产业发展联盟（AIIA）等行业组织可以在大模型监管中发挥积极作用，组织企业制定大模型研发和应用的自律规范，推动行业内的技术交流与合作，促进大模型产业的健康发展。

未来展望：大模型与监管政策的协同共进

展望未来，大模型技术与监管政策将呈现协同共进的良好态势。在监管政策的引导下，大模型技术将在合规的轨道上持续创新，为经济社会发展带来更多的价值。

随着技术的不断发展，大模型将在更多领域实现突破，推动产业的智能化升级。在智能制造领域，大模型将与物联网、大数据等技术深度融合，实现生产过程的智能化控制和优化，提高生产效率和产品质量。在智能交通领域，大模型将助力自动驾驶技术的发展，实现交通流量的智能调控，提高交通安全性和流畅性。在智能家居领域，大模型将使家居设备更加智能化，能够根据用户的需求和习惯自动调节设备运行状态，为用户提供更加便捷、舒适的生活体验。

监管政策也将不断完善，以适应大模型技术的发展变化。监管部门将持续关注大模型技术的发展动态，及时调整监管政策和标准，确保监管的有效性和适应性。监管部门可能会根据大模型技术在不同领域的应用特点，制定更加细化、针对性更强的监管规则，以更好地应对技术发展带来的新挑战。监管部门还将加强国际合作，积极参与全球大模型监管规则的制定，推动形成国际共识，共同应对大模型技术发展带来的全球性问题。

大模型技术与监管政策的协同共进，将为我们创造一个更加智能、安全、公平的未来。在这个过程中，政府、企业、科研机构和社会各界应共同努力，充分发挥大模型技术的优势，实现技术创新与社会发展的良性互动。

2. 筑牢数字安全防线

在全球数字化浪潮中，数据已成为驱动人工智能发展的核心燃料。DeepSeek 作为人工智能领域的重要参与者，凭借其先进的技术和创新的应用，在全球范围内吸引了大量用户。然而，随着数据隐私问题日益受到关注，DeepSeek 也面临着严峻的挑战。

在韩国，DeepSeek 遭遇了数据隐私的滑铁卢。韩国个人信息保护委员会（PIPC）宣布，由于 DeepSeek 未能完全遵守韩国的数据保护法规，已暂停该应用在韩国的新下载。据悉，PIPC 审查发现 DeepSeek 在第三方数据传输方面缺乏透明度，还可能存在过度收集个人信息的情况。这一事件迅速引发了韩国民众对数据隐私的担忧，许多政府机构和公司纷纷在其网络中屏蔽 DeepSeek 或禁止员工使用该应用程序工作。尽管 DeepSeek 在韩国任命了法定代表人，并承认忽视了当地的某些数据法律规定，表示愿意与韩国政府合作解决隐私问题，但这一事件已对其在韩国市场的发展造成了负面影响。

无独有偶，在美国，DeepSeek 也因数据隐私和安全问题受到了严格审查。NASA 禁止员工使用 DeepSeek AI 技术并阻止其系统访问该平台，原因是 DeepSeek 的服务器在美国境外运营，引发了国家安全和隐私方面的担忧。美国海军也指示其成员避免使用 DeepSeek，认为该模型的来源和使用存在潜在的安全和道德问题。数百家与政府相关的机构出于对隐私泄露的忧虑，决定封锁 DeepSeek 服务，他们担心该人工智能模型可能会向中国政府泄露敏感数据。此外，旧金山的福克斯·罗斯柴尔德（Fox Rothschild）律师事务所也宣布封锁 DeepSeek，进一步凸显了市场对其安全性和隐私保护的担忧。

除了韩国和美国，意大利的数据保护机构 Garante 也曾因隐私政策问题要求 DeepSeek 暂停其聊天机器人服务。这些来自不同国家的限制和审查，充分表明 DeepSeek 的数据隐私问题已成为其全球化发展道路上的重大阻碍。

对于 DeepSeek 而言，数据隐私问题不仅仅是合规性的挑战，更是关乎用户信任和市场竞争力的核心问题。在当今数字化时代，用户对数据隐私的关注度越来越高，一旦出现数据隐私泄露事件，用户对平台的信任将受到严重打击，甚至可能导致用户大量流失。从市场竞争角度来看，竞争对手也可能会利用数据隐私问题来攻击 DeepSeek，削弱其市场份额。因此，解决数据隐私问题，构建完善的数据隐私保护方案，已成为 DeepSeek 实现可持续发展的当务之急。

数据隐私保护的重要性

在数字时代的浪潮下，数据隐私保护已然成为数字社会健康发展的关键支柱，其重要性体现在多个维度，对用户、企业和社会都有着深远影响。

从用户角度来看，数据隐私是个人基本权利的数字化延伸。在日常生活中，用户在使用各类互联网服务时，会产生大量包含个人敏感信息的数据，如姓名、身份证号、银行账户信息、健康数据等。这些数据一旦被泄露，用户将面临严重的后果。身份盗窃是最为常见的风险之一，不法分子利用用户泄露的个人信息，冒充用户身份进行欺诈活动，可能导致用户的财产遭受损失，信用记录受损。例如，在 2017 年，美国 Equifax 公司数据泄露事件涉及近 1.47 亿美国消费者的个人信息，包括姓名、社会安全号码、出生日期和地址等，许多用户因此遭遇了信用卡盗刷、贷款诈骗等问题，给个人带来了巨大的经济损失和精神困扰。此外，隐私泄露还会侵犯用户的个人尊严和生活安宁，用户的私人生活细节被曝光，可能会受到无端的骚扰和歧视，对日常生活造成极大的干扰。

对于企业而言，数据隐私保护是赢得用户信任和市场竞争力的关键。在竞争激烈的市场环境中，用户更倾向于选择那些能够妥善保护其数据隐私的企业。一旦企业发生数据泄露事件，用户对企业的信任将瞬间崩塌，导致用户流失，企业声誉受损。以雅虎为例，2013 年至 2014 年，雅虎遭遇了大规模的数据泄露事件，涉及数十亿用户账户信息。这一事件严重损害了雅虎的品牌形象，使其在市场竞争中处于劣势，最终被 Verizon 以较低的价格收购。此外，良好的数据隐私保护还有助于企业合规经营，避免因违反数据保护法规而面临巨额罚款和法律诉讼。随着全球数据保护法规的日益严格，如欧盟的《通用数据保护条例》（GDPR）和中国的《中华人民共和国个人信息保护法》，企业必须遵守相关法规，否则将面临高昂的违法成本。

从社会层面来看，数据隐私保护是维护社会稳定和促进经济健康发展的重要保障。在数字化社会中，数据已成为一种重要的生产要素，广泛应用于各个领域。如果数据隐私得不到有效保护，将阻碍数据的合理流通和利用，影响数字经济的发展。例如，在医疗领域，患者的医疗数据包含大量敏感信息，如果这些数据被泄露，患者可能会对医疗机构失去信任，不愿意配合治疗，从而影响医疗服务的质量和效率。同时，数据隐私泄露还可能引发社会恐慌，破坏社会的稳定秩序。在一些涉及国家安全和公共安全的数据泄露事件中，可能会对国家和社会的安全造成严重威胁。

DeepSeek 数据隐私保护面临的挑战

国际监管差异带来的困境

在全球化进程中，不同国家和地区对数据隐私监管的差异犹如一道道复杂的关卡，给 DeepSeek 的全球拓展之路设置了重重障碍。以欧盟的《通用数据保护条例》（GDPR）为例，它被视为全球数据保护法规的标杆，对数据主体的权利给予了极为全面和细致的保护。GDPR 规定，数据控制者在收集和处理个人数据时，必须获得数据主体的明确同意，且这种同意必须是基于充分、清晰且易懂的信息。同时，数据主体享有被遗忘权，即有权要求数据控制者删除其个人数据。在数据跨境传输方面，GDPR 要求接收方必须提供与欧盟同等水平的数据保护，否则数据传输将受到严格限制。

　　而在美国，数据隐私监管呈现出分散化的特点，没有一部统一的联邦层面的数据隐私法。不同州根据自身情况制定了各自的数据保护法规，其中加利福尼亚州的《加利福尼亚消费者隐私法案》（CCPA）具有较大影响力。CCPA 赋予消费者对其个人数据的多项权利，包括知情权、访问权、删除权和拒绝出售权等。与 GDPR 不同的是，CCPA 更侧重于消费者对个人数据商业使用的控制，要求企业在出售消费者个人数据时必须获得消费者的明确同意。在数据跨境传输方面，美国主要通过安全港协议等机制来保障数据的跨境流动，但这些机制在实践中也面临诸多挑战。

　　除了欧美地区，其他国家和地区也在不断加强数据隐私监管。巴西的《通用数据保护法》（LGPD）在很多方面借鉴了 GDPR 的规定，对数据处理者提出了严格的合规要求。在亚洲，日本的《个人信息保护法》也在不断完善，对个人信息的保护范围和力度逐渐加大。这种全球范围内的监管差异，使得 DeepSeek 在制定数据隐私保护策略时面临巨大挑战。DeepSeek 需要投入大量的人力、物力和财力来研究和遵守不同国家和地区的法规，确保其数据处理活动符合当地法律要求。这不仅增加了企业的运营成本，还可能导致企业在不同地区的业务发展受到限制。

用户数据安全的潜在威胁

　　在数据的整个生命周期中，从存储、传输到使用，每一个环节都潜藏着安全隐患，其中数据泄露风险尤为突出。在数据存储环节，数据库系统的安全漏洞是一个常见的问题。如果数据库的访问控制机制不完善，未授权的用户可能会获取到数据库的访问权限，从而窃取用户数据。一些数据库管理系统可能存在 SQL 注入漏洞，攻击者可以通过构造恶意的 SQL 语句，绕过身份验证，直接访问数据库中的敏感数据。2017 年，美国 Equifax 公司的数据库遭受黑客攻击，导致约 1.47 亿消费者的个人信息被泄露，包括姓名、社会安全号码、出生日期和地址等敏感信息，这一事件给用户带来了巨大的损失，也给企业敲响了数据存储安全的警钟。

数据传输过程同样面临着诸多风险。在网络通信中，数据可能会被黑客截获、篡改或窃取。如果数据在传输过程中没有进行加密处理，那么攻击者就可以轻易地获取到数据的明文内容。即使数据进行了加密传输，但如果加密算法不够强大或密钥管理不善，也可能导致加密后的信息被破解。常见的网络攻击手段，如中间人攻击，攻击者可以在数据传输的过程中，插入自己的设备，获取数据的副本，甚至篡改数据内容，然后再将修改后的数据发送给接收方，从而导致数据的完整性和机密性受到严重威胁。

在数据使用阶段，内部人员的不当操作和外部恶意攻击都可能导致数据安全问题。企业内部员工如果对数据安全意识淡薄，可能会在未经授权的情况下访问、使用或传播敏感数据。一些员工可能会将包含用户数据的文件随意存储在不安全的位置，或者通过不安全的网络渠道传输数据，从而增加了数据泄露的风险。外部攻击者则可能通过网络钓鱼、恶意软件等手段，诱使用户或企业员工泄露数据，或者直接攻击企业的应用系统，获取数据访问权限。网络钓鱼攻击通常通过发送虚假的电子邮件或短信，诱使用户点击链接或输入个人信息，从而窃取用户数据。恶意软件则可以在用户不知情的情况下，感染用户的设备，获取设备中的数据，并将其发送给攻击者。

技术发展带来的新挑战

随着人工智能技术的飞速发展，新的隐私问题也随之涌现，其中模型训练中的数据隐私风险尤为引人关注。在人工智能模型训练过程中，需要大量的数据作为支撑，这些数据往往包含了用户的敏感信息。如果在训练过程中对数据隐私保护不当，就可能导致用户数据的泄露。在数据收集阶段，可能会存在过度收集用户数据的问题。一些人工智能应用为了提高模型的性能，可能会收集超出实际需求的用户数据，这些多余的数据不仅增加了数据存储和管理的成本，还加大了数据泄露的风险。在数据标注过程中，如果标注人员对数据隐私保护意识不足，可能会将敏感信息泄露出去。

多方数据融合训练也带来了新的隐私挑战。在实际应用中，为了获取更全面、更准确的数据，往往需要将来自不同数据源的数据进行融合训练。在这个过程中，如何确保各方数据的隐私安全成为了一个难题。如果不能有效地解决数据融合过程中的隐私问题，就可能导致数据所有者的权益受到侵害。不同数据源的数据格式、数据质量和数据安全标准可能存在差异，这给数据融合带来了技术上的困难。如果在数据融合过程中不能对这些差异进行有效的处理，就可能导致数据泄露或数据被滥用。

人工智能模型的可解释性与隐私保护之间也存在一定的矛盾。随着人工智能技术的不断发展，模型的复杂度越来越高，其决策过程也变得越来越难以理解。在一些涉及用户隐私的应用场景中，如医疗诊断、金融信贷等，需要对模型的决策过程进行解释，以确保用户的权益得到保护。但是，对模型进行解释可能会涉及到泄露模型训练数据的隐私信息，这就需要在模型的可解释性和隐私保护之间寻求平衡。如果在解释模型时不能有效地保护数据隐私，就可能导致用户对人工智能技术的信任度下降。

DeepSeek 数据隐私保护方案设计原则

合法性原则

合法性原则是 DeepSeek 数据隐私保护方案的基石，它要求 DeepSeek 在数据处理的每一个环节都必须严格遵循相关法律法规。在数据收集阶段，DeepSeek 必须依据明确的法律依据进行操作。根据《中华人民共和国个人信息保护法》，收集个人信息应当遵循合法、正当、必要和诚信原则，不得通过误导、欺诈、胁迫等方式处理个人信息。DeepSeek 在收集用户数据时，必须确保收集行为有明确的法律授权，比如获得用户的明示同意，且同意的获取方式必须符合法律规定，不能采用强制或隐蔽的手段。在数据存储方面，要符合数据存储相关法规的要求，确保数据存储环境的安全性，防止数据被非法访问和泄露。数据传输过程也需遵循网络安全法规，采用加密等技术手段保障数据传输的安全，防止数据在传输途中被窃取或篡改。

合法性原则不仅是对法律的尊重，更是 DeepSeek 合规运营的保障。一旦违反合法性原则，DeepSeek 将面临严重的法律后果，包括巨额罚款、法律诉讼以及声誉受损等。在欧盟，若企业违反《通用数据保护条例》（GDPR），可能会被处以高达上一年度全球营业额 4% 的罚款，或 2000 万欧元（以较高者为准）。这对于企业来说，无疑是巨大的经济打击，同时也会引发用户对企业的信任危机，导致用户流失，影响企业的可持续发展。因此，DeepSeek 必须将合法性原则贯穿于数据隐私保护的全过程，确保每一项数据处理活动都在法律的框架内进行。

正当性原则

正当性原则要求 DeepSeek 在处理数据时，目的必须明确、合理，且符合社会伦理和行为规范。在实际运营中，DeepSeek应在用户使用服务前，以清晰、易懂的语言向用户说明数据处理的目的。当用户使用DeepSeek的智能搜索服务时，DeepSeek应告知用户，收集其搜索关键词等数据是为了提供更精准的搜索结果，优化用户体验。这种告知不仅要明确目的，还要让用户能够理解数据处理与服务之间的关联，确保用户在充分知情的情况下做出同意与否的决策。

避免过度收集和滥用用户数据是正当性原则的关键要求。DeepSeek不应为了潜在的商业利益或其他不当目的，无限制地收集用户数据。在收集用户个人信息时，应严格限定在实现服务目的所必需的范围内。如果DeepSeek提供的是语言学习服务，那么收集的用户数据应主要围绕用户的学习行为、学习进度等与语言学习直接相关的信息，而不应收集用户的健康数据、财务数据等与服务无关的敏感信息。对于已收集的数据，DeepSeek也应按照既定目的合理使用，不得将用户数据用于未经用户同意的其他商业用途，如将用户数据出售给第三方广告商用于精准营销等。

必要性原则

必要性原则强调DeepSeek只收集实现特定目的必需的数据，这是减少数据隐私风险的重要举措。在数据收集过程中，DeepSeek需要对所需数据进行精准评估。以图像识别服务为例，若该服务的目的是识别图像中的物体类别，那么DeepSeek只需收集图像本身以及与图像识别相关的元数据，如图像的分辨率、拍摄时间等，而无需收集用户的地理位置、设备型号等与图像识别无关的数据。通过这种精准的数据收集策略，可以有效减少数据量，降低数据存储和管理的成本，同时也减少了数据泄露的风险点。

在数据使用环节，必要性原则同样发挥着重要作用。DeepSeek 应根据服务的实际需求，合理确定数据的使用方式和频率。如果某项数据分析任务只需要使用部分用户数据就能达到分析目的，那么就不应使用全部用户数据。在进行用户行为分析时，通过抽样的方式选取一部分具有代表性的用户数据进行分析，既能满足分析需求，又能减少对用户数据的访问和使用，从而降低数据隐私风险。必要性原则还要求 DeepSeek 在数据处理过程中，采用对用户权益影响最小的方式。在数据存储时，应选择安全可靠的数据存储方式，如加密存储，以保护用户数据的安全；在数据传输时，应采用加密传输协议，确保数据在传输过程中的机密性和完整性。

DeepSeek 数据隐私保护技术手段
加密技术

加密技术是 DeepSeek 数据隐私保护的重要基石，它为数据在存储和传输过程中的安全提供了坚实保障。在加密技术的大家族中，对称加密算法和非对称加密算法各显神通。

对称加密算法，如 AES（高级加密标准），以其高效的加密和解密速度，在数据处理中发挥着重要作用。在 DeepSeek 的实际应用中，当用户上传数据至服务器进行存储时，系统会采用 AES 算法对数据进行加密。AES 算法使用相同的密钥进行加密和解密，在数据加密时，系统会生成一个高强度的密钥，然后根据 AES 算法的规则，将用户数据转化为密文存储在服务器的数据库中。当用户需要读取数据时，系统再使用相同的密钥对密文进行解密，还原出原始数据。这种方式极大地提高了加密和解密的效率，适合处理大量数据的场景。然而，对称加密也存在一个明显的问题，即密钥的管理难度较大。因为加密和解密使用同一密钥，所以在密钥的传输和存储过程中，一旦密钥泄露，数据的安全性就会受到严重威胁。

为了解决对称加密的密钥管理难题，非对称加密算法应运而生，RSA 算法就是其中的典型代表。RSA 算法基于数论中的大整数分解难题，生成一对密钥，即公钥和私钥。在数据传输过程中，DeepSeek 会使用接收方的公钥对数据进行加密，然后将密文发送出去。接收方在接收到密文后，使用自己的私钥进行解密，从而获取原始数据。在用户向 DeepSeek 的服务器发送敏感数据时，服务器会将自己的公钥发送给用户，用户使用该公钥对数据进行加密后再传输。由于公钥可以公开分发，而私钥只有接收方持有，所以即使公钥被他人获取，也无法解密数据，从而保证了数据在传输过程中的安全性。非对称加密算法虽然解决了密钥管理的问题，但由于其加密和解密过程涉及复杂的数学运算，计算速度相对较慢，不太适合处理大量数据的加密。

在实际应用中，DeepSeek 通常会结合使用对称加密和非对称加密算法，充分发挥它们各自的优势。在数据存储阶段，使用对称加密算法对数据进行加密，以提高存储和读取的效率；在数据传输阶段，使用非对称加密算法来传输对称加密的密钥，确保密钥的安全传输，然后再使用对称加密算法对数据进行加密传输，这样既保证了数据的安全性，又提高了数据处理的效率。

访问控制

访问控制是 DeepSeek 保障数据隐私的重要防线，它通过身份验证和权限管理等手段，确保只有授权用户能够访问敏感数据，有效防止数据泄露和滥用。

　　身份验证是访问控制的第一道关卡，它的目的是确认用户的真实身份。DeepSeek 采用了多种身份验证方式，以适应不同的安全需求。常见的密码验证方式，用户在注册时设置一个密码，在登录时输入正确的密码才能进入系统。为了提高密码的安全性，DeepSeek 会要求用户设置强密码，包含字母、数字和特殊字符，并且定期更换密码。同时，DeepSeek 还采用了加密技术对用户密码进行存储，即使数据库中的密码信息被泄露，攻击者也难以破解出原始密码。

　　除了密码验证，DeepSeek 还支持多因素身份验证，如短信验证码、指纹识别、面部识别等。在用户登录时，除了输入密码，还需要输入手机收到的短信验证码，或者通过指纹识别、面部识别等生物识别技术进行验证。这种多因素身份验证方式大大增加了身份验证的安全性，即使密码被泄露，攻击者也无法轻易登录用户账号。

　　权限管理是访问控制的核心环节，它根据用户的角色和职责，为用户分配相应的数据访问权限。在 DeepSeek 的系统中，用户角色可以分为普通用户、管理员、数据分析师等。普通用户通常只能访问自己的数据，如个人的使用记录、偏好设置等；管理员则拥有更高的权限，可以对系统进行配置、管理用户信息、查看系统日志等；数据分析师则被授权访问特定的数据集，用于数据分析和模型训练等工作。

　　DeepSeek 通过访问控制列表（ACL）和角色—基于访问控制（RBAC）等技术来实现权限管理。访问控制列表是一种简单直接的权限管理方式，它为每个数据对象（如文件、数据库表等）设置一个访问控制列表，列出了可以访问该数据对象的用户及其权限。

在一个数据库中，对于用户信息表，只有管理员和授权的用户管理模块才能进行读写操作，普通用户只能进行只读操作。角色—基于访问控制则是根据用户的角色来分配权限，将权限与角色相关联，而不是与具体的用户相关联。这样，当用户的角色发生变化时，只需要修改其角色的权限，而不需要逐一修改每个用户的权限，大大简化了权限管理的工作。在一个企业中，新入职的员工如果被分配为数据分析师角色，那么他将自动获得数据分析师角色所对应的权限，如访问特定的数据集、使用数据分析工具等。

数据去标识化

数据去标识化是 DeepSeek 保护用户隐私的关键技术手段，它通过对个人身份和敏感信息进行处理，使数据无法直接关联到具体个人，从而在保护用户隐私的同时，实现数据的有效利用。

在数据去标识化的过程中，DeepSeek 采用了多种技术方法。泛化是一种常用的手段，它将数据中的具体值替换为更一般的值，从而降低数据的精度，减少隐私泄露的风险。在处理用户的年龄信息时，将具体的年龄值替换为年龄段，如将"30 岁"替换为"25—35 岁"；在处理用户的地理位置信息时，将详细的地址替换为更宽泛的区域，如将"北京市海淀区中关村大街 1 号"替换为"北京市海淀区"。通过这种方式，即使数据被泄露，攻击者也难以从泛化后的数据中获取到用户的准确个人信息。

抑制也是一种重要的数据去标识化方法，它通过删除或隐藏数据中的敏感信息，达到保护隐私的目的。对于用户的身份证号码，只保留部分数字，将中间的几位数字用星号代替，如"11010119900101****"；对于用户的银行卡号，只显示前几位和后几位数字，隐藏中间的关键信息。这种方式可以有效地防止敏感信息的泄露，保护用户的隐私安全。

除了泛化和抑制，数据扰乱也是一种有效的去标识化技术。它通过在原始数据上添加噪声或干扰数据，使得数据无法直接关联到具体个人。在处理用户的收入信息时，可以在真实收入的基础上添加一个随机的噪声值，如真实收入为 5000 元，添加一个在 –100—100 之间的随机噪声值，得到一个新的收入值用于数据分析。这样，既可以保留数据的统计特征，用于数据分析和模型训练，又能保护用户的隐私，因为攻击者无法从扰乱后的数据中准确推断出用户的真实收入。

在实际应用中，DeepSeek 会根据数据的特点和应用场景，综合运用多种数据去标识化技术，以达到最佳的隐私保护效果。在进行用户行为分析时，为了保护用户隐私，会对用户的行为数据进行泛化处理，将具体的行为时间精确到小时或天，同时对用户的身份信息进行抑制处理，隐藏用户的真实姓名和身份证号码等敏感信息。在进行数据分析时，还会采用数据扰乱技术，在不影响数据分析结果准确性的前提下，进一步保护用户隐私。通过这些技术手段的综合运用，DeepSeek 能够在充分挖掘数据价值的同时，最大限度地保护用户的隐私安全。

DeepSeek 数据隐私保护的实践案例
科研保密场景

在科研领域，数据的保密性至关重要，尤其是未发表的研究数据，一旦泄露，可能会导致科研成果被窃取，影响科研人员的学术声誉和科研项目的进展。某高校的生物实验室就面临着这样的挑战，他们在进行一项前沿的基因测序研究，研究数据包含了大量的敏感信息，如实验样本的基因序列、患者的个人健康信息等，这些数据一旦泄露，不仅会侵犯患者的隐私，还可能导致研究成果被竞争对手抢先发表。

为了解决这一问题，该实验室采用了 DeepSeek 的本地蒸馏版和断网模式。本地蒸馏版采用了 1.5B 参数模型，并进行了量化压缩，使得 8G 显存的电脑即可轻松部署。在断网模式下，数据处理完全在本地闭环进行，避免了数据通过网络传输时可能面临的泄露风险。在长达 3 个月的实验过程中，使用本地版处理未发表测序数据，未出现任何数据外传的痕迹。这种方式不仅保证了数据的安全性，还为科研人员提供了一个稳定、高效的研究环境，让他们能够专注于科研工作，无需担心数据隐私问题。

企业办公场景

对于企业来说，商业机密是企业的核心竞争力所在，一旦泄露，可能会给企业带来巨大的经济损失。某电商企业在进行促销方案测试时，就面临着商业机密泄露的风险。他们的促销方案涉及到大量的客户信息、商品价格策略以及营销活动细节等敏感信息，如果这些信息被竞争对手获取，将会对企业的市场竞争地位产生严重影响。

为了保护商业机密，该企业采用了 DeepSeek 的虚拟数据沙盒和 API 白名单技术。虚拟数据沙盒能够自动生成脱敏测试数据，这些数据在保留了原始数据的统计特征和业务逻辑的同时，去除了敏感信息，如客户姓名、联系方式、真实订单金额等。在促销方案测试阶段，企业使用虚拟数据替代真实订单数据进行测试，有效地保护了真实客户信息和商业策略。

API 白名单则限制了外部访问 IP，只有在白名单中的 IP 地址才能访问企业的数据接口，就像给数据仓库装上了智能门禁。通过这种方式，企业可以精确控制数据的访问权限，防止未经授权的第三方访问和窃取数据。在实际应用中，该企业将内部数据分析团队的 IP 地址添加到 API 白名单中，确保他们能够正常访问数据进行分析工作，而其他外部 IP 地址则无法访问，从而保障了数据的安全性。

跨境协作场景

跨国企业在进行跨境业务协作时，往往需要处理来自不同地区的数据，而不同地区的数据隐私法规存在差异，这给企业的数据管理带来了巨大的挑战。某跨国制药集团在进行全球多中心临床试验时，就面临着这样的问题。他们需要整合来自中国、欧洲等多个地区的实验数据，以进行药物疗效和安全性的综合分析，但不同地区的数据隐私法规对数据存储、传输和使用的要求各不相同，如欧盟的 GDPR 对数据主体的权利保护非常严格，要求数据在跨境传输时必须采取充分的保护措施。

为了满足不同地区的法规要求，该制药集团借助了 DeepSeek 的数据隔离舱和合规适配器。数据隔离舱获得了欧盟认证，采用物理隔离方案，将不同地区的数据存储在独立的空间中，确保数据的安全性和独立性。中国区的实验数据存储在深圳的数据中心，欧洲的临床数据存储在法兰克福的数据中心，两地的数据相互隔离，互不干扰。

合规适配器则能够自动识别所在地法律，动态调整数据留存策略。当数据在不同地区之间传输时，合规适配器会根据目标地区的法规要求，对数据进行相应的处理，如加密、脱敏等，以确保数据传输的合法性和安全性。在将中国区的数据传输到欧洲进行分析时，合规适配器会自动对数据进行加密处理，并按照 GDPR 的要求，确保数据主体的知情权和选择权等权利得到保障。通过这些措施，该跨国制药集团成功地实现了跨境数据的安全协作，满足了不同地区的法规要求，推动了全球多中心临床试验的顺利进行。

展望未来，DeepSeek 在数据隐私保护领域有着广阔的发展前景。随着人工智能技术的不断普及和应用场景的日益拓展，DeepSeek 有望在更多领域发挥其技术优势，为用户提供更加安全、可靠的数据隐私保护服务。在医疗领域，DeepSeek 可以利用其强大的数据处理能力，对患者的医疗数据进行加密和去标识化处理，确保患者的隐私安全，同时为医疗研究提供高质量的数据支持。在金融领域，DeepSeek 可以协助金融机构加强对客户数据的安全管理，防范数据泄露和欺诈风险，提升金融服务的安全性和可信度。

为了更好地应对未来的数据隐私保护挑战，DeepSeek 需要在多个方面持续努力。在技术创新方面，DeepSeek 应加大研发投入，不断探索和应用新的数据隐私保护技术，如联邦学习、同态加密等。联邦学习可以在不交换原始数据的情况下，实现多个参与方之间的联合模型训练，有效保护各方的数据隐私。同态加密则允许在密文上进行计算，而无需解密数据，从而在数据处理过程中保护数据隐私。通过这些新技术的应用，DeepSeek 可以进一步提升数据隐私保护的水平，为用户提供更加安全可靠的服务。

在应对监管方面，DeepSeek 需要密切关注全球数据隐私法规的动态变化，及时调整自身的数据隐私保护策略，确保符合不同国家和地区的法规要求。DeepSeek 可以建立专门的法规研究团队，跟踪各国法规的更新情况，提前做好应对准备。同时，DeepSeek 还应积极参与行业标准的制定，为推动数据隐私保护行业的规范化发展贡献力量。通过与监管机构的积极沟通与合作，DeepSeek 可以更好地理解法规要求，及时解决可能出现的合规问题，树立良好的企业形象。

在用户沟通方面，DeepSeek 应加强与用户的互动和沟通，提高用户对数据隐私保护的认知和信任。DeepSeek 可以通过多种渠道，如官方网站、社交媒体、用户手册等，向用户详细介绍其数据隐私保护措施和政策，让用户了解自己的数据是如何被收集、使用和保护的。DeepSeek 还可以定期举办用户交流活动，解答用户的疑问，收集用户的意见和建议，不断改进自身的数据隐私保护工作。通过与用户的紧密合作，DeepSeek 可以增强用户对其数据隐私保护能力的信任，提高用户的满意度和忠诚度。

3. 内容合规审查：AI 时代的关键防线

在 AI 技术蓬勃发展的当下，AI 生成内容已深度融入信息传播的各个角落。从新闻写作、广告文案创作到艺术作品生成，AI 的身影无处不在。然而，AI 生成内容在带来高效与创新的同时，也引发了一系列不容忽视的问题。

以 ChatGPT 为例，其在全球范围内的广泛应用，使得大量由 AI 生成的文本在网络上传播。这些内容涵盖了各种领域和主题，其中不乏存在虚假信息、偏见性言论以及侵犯他人权益的风险。在一些案例中，ChatGPT 生成的新闻报道被发现存在事实性错误，误导了公众；还有一些生成的文案因含有歧视性内容，引发了社会争议。同样，在图像生成领域，AI 生成的图像也可能涉及版权侵权问题。微软必应聊天 AI 图像生成器曾因生成涉及米老鼠版权的图像及与"9·11"相关的不当画面，引发了轩然大波，最终导致该图像生成器被关闭。

这些现象充分表明，AI生成内容如果缺乏有效的监管和审查，就可能对社会秩序、公众认知和个人权益造成严重的负面影响。虚假信息的传播会扰乱社会舆论环境，误导公众决策；偏见性言论可能加剧社会矛盾，破坏社会和谐；而版权侵权行为则会损害创作者的合法权益，阻碍创新发展。因此，内容合规审查成为了AI时代不可或缺的关键防线，它是保障AI生成内容健康、有序传播的重要手段，对于维护社会稳定、保护公众利益具有至关重要的意义。

DeepSeek 内容合规审查流程全解析

面对 AI 生成内容带来的诸多问题，DeepSeek 构建了一套全面且精细的内容合规审查流程，从数据来源合法性审查、授权协议体系构建，到技术保护机制、法律合规框架、伦理治理体系的建立，再到行业协作生态的打造以及持续优化机制的运行，形成了一个闭环式的、全方位的合规审查体系。

数据来源合法性审查

在数据来源合法性审查方面，DeepSeek 建立了多层级版权审核体系，对训练数据实施三重过滤。第一层为自动化筛查，利用版权识别算法，如哈希值比对、特征提取等技术，快速过滤已知版权内容。这就像是在数据的入口处设置了一道智能滤网，能够高效地拦截那些明显存在版权问题的数据。第二层为人工审核，对于自动化筛查中疑似侵权的内容，由专业法务人员进行深入评估。这些法务人员凭借其专业的法律知识和丰富的经验，能够对复杂的版权问题进行准确判断。第三层为溯源验证，对关键数据源进行供应链回溯审查，确保数据的来源清晰、合法。同时，DeepSeek还构建了数据来源图谱系统，通过对数据来源的详细记录和关联分析，实现训练数据的全生命周期可追溯。这就如同为每一份数据都建立了一个"身份档案"，从数据的采集、存储到使用，每一个环节都能被清晰地追踪，一旦出现问题，能够迅速定位到数据的源头。

授权协议体系构建

授权协议体系构建是确保内容合规的重要环节。DeepSeek采用分级授权管理模式，对商业版权内容，通过与出版集团等版权方建立版权内容开发战略合作，采用授权采购模式，确保合法使用。这就像是在购买正版书籍一样，只有获得了版权方的许可，才能合法地使用其中的内容。对UGC内容（用户生成内容），建立动态授权确认机制，实时更新用户协议，明确用户与平台之间的权利和义务。对开源数据，实施兼容性审查，验证CC协议（知识共享许可协议）与MIT许可证(软件授权条款)等开源许可的合规性，确保在使用开源数据时符合相关的开源协议。此外，DeepSeek还开发了智能合约系统，利用区块链技术的不可篡改和自动执行特性，实现授权条款的自动化执行与监控。这使得授权过程更加透明、公正，也提高了授权管理的效率和准确性。

技术保护机制

在技术保护机制方面，DeepSeek采用了先进的内容脱敏技术。例如基于GAN（对抗生成网络）的数据重构技术，通过生成器和判别器的对抗训练，对原始数据进行重构，在保留数据关键特征的同时，去除可能涉及版权或敏感信息的部分。同时应用保持语义的文本混淆算法，如语义向量空间变换，对文本数据进行处理，使数据在保持语义不变的情况下，难以被直接识别和侵权。DeepSeek 还实施了特征级去标识化处理，对数据中的敏感特征进行去除或替换，进一步保护数据的安全性。在部署输出过滤系统时，DeepSeek 采取实时版权检测 API（应用程序编程接口）集成，接入全球版权数据库，能够在内容生成的瞬间对其进行版权检测。同时实施生成内容相似度动态监测，将阈值设定小于 15% 行业标准，一旦发现生成内容与已有版权内容相似度超过阈值，立即进行预警和处理。此外，还建立了跨模态侵权预警机制，实现文本—图像—代码多维度检测，全面防范侵权风险。

法律合规框架

DeepSeek 建立了跨国法律适配体系，针对不同国家和地区的法律法规，开发了相应的专项合规模块。例如，在中国，遵循《生成式人工智能服务管理暂行办法》，将相关合规要求嵌入到技术和业务流程中；在欧盟，依据《通用数据保护条例》（GDPR）的数据条款进行嵌入式设计，确保数据处理活动符合欧盟的严格标准；在美国，实现《数字千年版权法》避风港原则的技术落地，明确平台在版权侵权责任方面的界限。为了及时应对全球法律环境的变化，DeepSeek 开发了风险动态评估模型。该模型实时追踪全球超 50 个司法辖区的立法动态，通过对法律法规的文本分析和数据挖掘，提取关键信息和变化趋势。同时，构建法律风险预测算法，利用机器学习和大数据分析技术，对未来可能出现的法律风险进行预测和评估，为企业的决策提供及时、准确的法律风险预警。

伦理治理体系

伦理治理体系是确保 AI 生成内容符合道德和伦理标准的重要

保障。DeepSeek 实施技术伦理审查委员会机制，委员会成员包括知识产权专家、法律顾问、技术伦理学家等多元成员。他们从不同的专业角度出发，每季度对模型输出进行合规性审计，检查模型生成的内容是否存在侵权、偏见、虚假信息等问题。在开发价值对齐系统时，DeepSeek 基于强化学习的版权尊重奖励机制，对模型在生成内容过程中遵循版权规则的行为给予奖励，对违反版权规则的行为进行惩罚，引导模型生成符合版权要求的内容。同时，构建知识产权伦理评估矩阵，从多个维度对模型输出进行评估，确保模型生成的内容在知识产权方面符合伦理标准。

行业协作生态

在行业协作生态方面，DeepSeek 积极参与建立人工智能版权联盟，与其他企业、机构共同推动行业性版权数据池建设。通过区块链存证系统，对版权数据的来源、使用情况等进行记录和追溯，确保版权数据的真实性和合法性。在创新收益共享模式上，DeepSeek 开发了智能版税分配系统，基于内容贡献度计算，自动执行创作者收益智能合约。这使得创作者能够根据自己在内容创作中的贡献获得相应的收益，激励了创作者的积极性，也促进了版权内容的合法创作和传播。

持续优化机制

为了不断提升内容合规审查的效果，DeepSeek 构建了反馈驱动的迭代系统。通过用户侵权举报的 72 小时响应机制，及时处理用户反馈的侵权问题，对被举报的内容进行快速审查和处理。设立争议内容的隔离审查沙箱，将存在争议的内容隔离出来，进行专门的审查和分析，避免争议内容对其他用户产生不良影响。同时，按照季度合规性模型微调流程，根据审查过程中发现的问题和新的法律法规要求，对合规审查模型进行调整和优化。在研发自适应学习约束算法时，DeepSeek 动态调整知识吸收边界，使模型在学习新知识的过程中，能够更好地遵循版权和合规要求。通过实施版权敏感度自评估，模型能够自动评估自身对版权问题的敏感程度，及时发现潜在的版权风险，并进行自我调整和优化。

未来，DeepSeek 内容合规审查流程将在推动 AI 技术健康、可持续发展中发挥更为关键的作用。随着 AI 技术的不断演进，其应用场景将更加广泛，所面临的合规挑战也将日益复杂多样。DeepSeek 的内容合规审查流程也将不断创新和完善，以适应新的发展需求。

在技术层面，DeepSeek 将持续投入研发，进一步提升内容合规审查的智能化水平。通过引入更先进的人工智能算法和机器学习模型，实现对内容的更精准、高效的审查。例如，开发基于深度学习的语义理解模型，能够更深入地理解文本的含义和语境，从而更准确地判断内容是否存在侵权、虚假信息等问题。同时，加强对多模态内容的审查技术研究，实现对图像、音频、视频等多种形式内容的全面合规审查，为 AI 在多媒体领域的应用提供更坚实的保障。

在法律和伦理层面，DeepSeek 将密切关注全球法律法规和伦理标准的变化，及时调整和优化合规审查流程。随着各国对 AI 监管的加强，相关法律法规将不断完善，DeepSeek 将积极响应，确保自身的合规审查流程符合最新的法律要求。同时，在伦理方面，DeepSeek 将进一步深化伦理治理体系建设，加强对 AI 生成内容的伦理审查和引导，推动 AI 技术在符合人类价值观和道德准则的轨道上发展。

在行业协作方面，DeepSeek 将继续发挥引领作用，加强与其他企业、机构和行业组织的合作。通过共同建立行业标准、分享合规经验和技术成果，推动整个 AI 行业的合规发展。例如，与其他 AI 企业共同开展合规审查技术的研究和开发，形成行业合力，提高整个行业的合规审查水平；与版权机构、法律机构等合作，建立更完善的版权保护和法律支持体系，为 AI 生成内容的合规使用提供有力保障。

DeepSeek 内容合规审查流程的持续发展和完善，将为 AI 技术的广泛应用和创新发展保驾护航。它不仅有助于保护知识产权、维护社会公序良俗，还将促进 AI 技术与社会的和谐共生，推动人类社会向智能化、数字化的未来迈进。